U0384117

国家骨干高职院校建设
机电一体化技术专业（能源方向）系列教材

典型机械结构的分析与设计

燕晓红　刘　芳　主　编
雷晓燕　甄继霞　副主编
袁　广　　　主　审

化学工业出版社
·北京·

本书按照"项目引领、任务驱动"的模式编写而成，由 4 个任务和 1 个项目组成，全部采用最新国家标准。主要内容有：绪论、常用机构的识别与应用、带传动的设计、齿轮传动的设计、减速器输出轴的设计和带式输送机一级直齿圆柱齿轮减速器的设计，每个任务包含任务描述、任务目标、基本知识。基本知识后设有知识小结、知识考查。附录提供了必要的数据和资料可供查阅。

本书主要作为高职高专院校机械类和近机械类各专业机械设计课程的教材，也可作为成人教育和在职人员培训用书。

图书在版编目（CIP）数据

典型机械结构的分析与设计/燕晓红，刘芳主编．—北京：化学工业出版社，2014.5（2017.11 重印）

国家骨干高职院校建设机电一体化技术专业（能源方向）系列教材

ISBN 978-7-122-19970-6

Ⅰ. ①典… Ⅱ. ①燕…②刘… Ⅲ. ①机械设计-结构设计-高等职业教育-教材 Ⅳ. ①TH122

中国版本图书馆 CIP 数据核字（2014）第 042379 号

责任编辑：李 娜　　　　　　　　　装帧设计：张 辉
责任校对：吴 静

出版发行：化学工业出版社（北京市东城区青年湖南街 13 号　邮政编码 100011）
印　　装：北京科印技术咨询服务公司海淀数码印刷分部
787mm×1092mm　1/16　印张 16　字数 395 千字　2017 年 11 月北京第 1 版第 2 次印刷

购书咨询：010-64518888（传真：010-64519686）　售后服务：010-64518899
网　　址：http://www.cip.com.cn
凡购买本书，如有缺损质量问题，本社销售中心负责调换。

定　　价：39.00 元

前　　言

本书将常用机构的识别与应用、带传动的设计、齿轮传动的设计、减速器输出轴的设计和带式输送机一级圆柱齿轮减速器的设计以任务加项目的形式展现，打破传统的章节编写方式，切实落实"够用、适用"的教学指导思想，采用"项目引领、任务驱动"的教学模式，最大程度地适应"理实一体"教学方法的要求，较好地处理了理论教学与技能训练的关系，注重基础理论的应用与实践能力培养的有机结合，简练直观、深入浅出、通俗易懂，突出体现了高职高专的教育特色。

本书的编写，是在对相关专业人才培养模式和教学体系改革进行充分调研并多方面吸收了高等职业教育在培养高素质技能型人才方面取得的经验和成果的基础上完成的，充分体现了高等职业教育的应用特色和能力本位，调整了高职技术人才必须具备的文化基础和技术基础，兼顾了人才的创新素质和创新能力的培养。在教材内容的选取上，既总结了教学成果又兼顾教学现状，丰富了力学、机械原理等方面的知识，在弱化设计计算的基础上，进一步强化学生对实用图表、手册等应用能力的培养，提升学生对就业岗位群的适应能力。本教材全部采用了最新国家标准，在例题、习题的选择、编排上也更加注重实用性、针对性。

本教材既是编写团队多年教学实践经验的高度总结，也是深入企业调研、校企合作教学模式改革的成果，团队中既有从事一线教学的双师型教师，也有神东天隆集团有限责任公司的工程技术人员。本书是近年来高等职业教育课程改革成果的集中体现，是一本特色鲜明，集高质量和较强实用性于一体的教材。

本书内容由绪论、常用机构的识别与应用、带传动的设计、齿轮传动的设计、减速器输出轴的设计和带式输送机一级直齿圆柱齿轮减速器的设计4个任务和1个项目组成，在任务的基本知识后设有知识小结、知识考查，便于读者更好地巩固、掌握所学内容，同时附有必要的数据和资料可供查阅。

本书由燕晓红、刘芳担任主编，雷晓燕、甄继霞担任副主编，袁广担任主审。编写的具体分工为：燕晓红、张建新、陈庆丰共同编写任务一，刘芳编写任务二，甄继霞编写任务三，燕晓红编写绪论及任务四，刘芳、雷晓燕共同编写项目。

本书主要适用于高职高专院校机械类和近机械类各专业机械设计基础类课程的教材，适用学时150～200。也可作为成人高校和在职人员培训用书。

由于作者水平有限，书中难免存在一些疏漏和不妥之处，恳请广大读者批评指正。

编　者

目　　录

绪 论

机器是人类为了提高劳动生产率而创造出来的工具。随着生产的不断发展，品种繁多的机械进入了社会的各个领域，大量的新机器从传统的纯机械设备演变成机电一体化的设备。机器的设计、制造进入了个性化、智能化的新阶段。机器不仅能减轻或代替人的体力劳动，又提高了劳动生产率和产品质量，同时也便于对生产进行严格分工和科学管理，易于实现产品的标准化、系列化和通用化，并向着高速、精密、智能等方面发展。使用机器进行生产的水平成为衡量一个国家科学技术水准、核心竞争力和现代化程度的重要标志之一。

一、本课程的研究对象与基本概念

本课程的研究对象是机械。在生产和生活中，常见到的飞机、汽车、起重机、自行车和各种机床等都是机器。机械种类繁多，性能、用途各异，但它们有共同的特征，从它们的特征出发，剖析其结构、研究其组成原理，以达到掌握、运用的目的。

（一）机器、机构、机械

如图 0-1-1 所示的单缸内燃机，是由汽缸体（机架）1、活塞 2、进气阀 3、排气阀 4、连杆 5、曲轴 6、凸轮 7、顶杆 8、齿轮 9 和齿轮 10 组成的。汽缸的气体燃烧膨胀，推动活塞做往复移动，通过连杆 5 使曲柄连续转动，齿轮、凸轮和顶杆的作用是启闭进气阀和排气阀，以吸入空气和排出废气，这样，就能把燃烧的热能转换为机械能。

从以上的例子中可以看出，机器有三个共同的特征：①都是人为的实物组合体；②组成

图 0-1-1　单缸内燃机

1—汽缸体（机架）；2—活塞；3—进气阀；4—排气阀；

5—连杆；6—曲轴；7—凸轮；8—顶杆；9、10—齿轮

机器的各实物体形成运动单元，各运动单元之间具有确定的相对运动；③可实现能量和信息的转化，完成有用的机械功。同时具备上述三个特征的称为机器，而仅具备前两个特征的称为机构。单缸内燃机就是由以下三种机构组合而成的：①由汽缸体（机架）1、活塞 2、连杆 5、曲轴 6 组成的曲柄滑块机构，将活塞的往复移动转变为曲柄的连续转动，是机器的主体部分；②由汽缸体（机架）1、齿轮 9 和齿轮 10 组成的齿轮机构，将曲轴的转动传递给凸轮轴并可以改变转速的大小和方向；③由汽缸体（机架）1、凸轮 7、顶杆 8 组成的凸轮机构，将凸轮轴的转动变换为顶杆的直线往复运动，从而保证进、排气阀有规律地启闭。可见若干机构组成了机器，简单的机器也可以只有一个机构，如电动机等。总之，机构主要用来传递和转换运动，机器主要用来传递和转换能量，但仅从结构和运动的角度看两者之间并无差别，因此，工程上把机器和机构通称为"机械"。

图 0-1-2　连杆简图
1—连杆体；2—螺栓；
3—螺母；4—连杆盖

（二）零件、构件、部件

机器是由若干个不同的零、部件组装而成的。零件是机器的最小制造（加工）单元，是组成机器的基本要素。它可分为通用零件和专用零件两类。在各种机器中普遍采用的零件为通用零件，如螺钉、螺母、轴、齿轮等；特殊机器中才会使用的零件为专用零件，如汽轮机中的叶片、内燃机中的曲轴、连杆、活塞等。

构件是机器的最小运动单元。构件可以是单一的零件，如齿轮既是零件又是构件；也可以是两个以上的零件组成的刚性结构，如图 0-1-2 所示的内燃机连杆就是由连杆体、连杆盖、螺栓、螺母等组成的构件。

部件是机器装配的最小单元，是由彼此协同完成同一工作的若干零件或构件组成的组合体，如联轴器、离合器、滚动轴承、减速器等。

（三）机器的组成

一部机器不管它的内、外部结构如何，一般都由四个部分组成。

1. 动力系统（原动机）

动力系统是机器的动力来源，可采用人力、畜力、风力、水力、电力、热力、磁力等动力源。常用的原动机有电动机、内燃机。

2. 执行系统（工作机）

执行系统处于整个机器的终端，是完成工作任务的部分。

3. 传动系统（传动机）

传动系统介于动力系统和执行系统之间，能把原动机的运动或动力传递给执行系统。

4. 控制系统

控制系统包括各种控制、操纵机构，能够使机器的原动机、传动机、工作机按一定的顺序和规律运动，从而完成所需的工作任务。

二、本课程的性质、内容和任务

本课程是一门综合的专业技术基础课。内容涵盖零件、构件的受力分析、承载能力分析及机械设计基本知识。本课程打破传统的章节编写方式，采用"项目引领、任务驱动"模式，由 4 个任务 1 个项目组成，其具体内容如下。

1. 常用机构的识别与应用

主要讲述机械中常用机构的工作原理、结构特点、运动特性等。

2. 带传动的设计

主要介绍带传动的工作原理、类型与设计，通过实例分析重点讲授 V 带传动的设计。

3. 齿轮传动的设计

主要讲授典型齿轮传动机构的传动特性、结构特点、材料选择及受力分析、承载能力分析等内容，通过实例分析重点讲授直齿轮传动的设计。

4. 减速器输出轴的设计

主要讲授轴的结构设计、材料选择、承载能力分析方法，通过实例分析重点讲授转轴设计的内容。

5. 带式输送机一级直齿圆柱齿轮减速器的设计

介绍了减速器设计的内容、步骤、方法和要求，使读者具有完成带式输送机一级圆柱齿轮减速器设计的能力。

本课程的任务是：

（1）熟悉常用机构的工作原理、结构特点、运动特性。

（2）掌握典型零件、构件材料的选择、受力分析、承载能力分析及减速器相关设计方法。

（3）具备正确分析、使用和维护机械的能力，具有运用机械设计相关手册、图册、标准、规范等有关技术资料设计简单机械的能力。

（4）通过本课程的学习为后续专业课的学习打好基础。

任务一　常用机构的识别与应用

>> 任务描述

　　能够进行机械运动简图的识读与分析；掌握平面连杆机构、凸轮机构和间歇机构等常用机构的工作特性与应用；对典型机构进行受力、平衡及承载能力分析。

>> 任务目标

　　（1）能从实际结构中找出平面连杆机构、齿轮机构、凸轮机构等常用机构，并熟悉机构的工作特性、使用特点及应用。
　　（2）能熟练识读平面机构的计算简图。
　　（3）能熟练计算机构的自由度并判断运动状态。
　　（4）对常用典型机构进行静力平衡、承载能力的分析。

分任务一　平面机构运动简图与自由度计算分析

一、运动副

　　机构由若干个构件组合而成，构件之间都以一定的方式相互连接，这种使两个或两个以上的构件直接接触并能产生相对运动的活动连接，称为运动副。两构件组成的运动副，可以有点、线、面三种接触方式，按照组成运动副两构件之间接触方式的不同，运动副分为低副和高副。

1. 低副

　　两构件通过面接触构成的运动副称为低副。根据它们之间的相对运动是转动还是移动，又分为转动副和移动副。

(a) 转动副　　　　　　　(b) 移动副

图 1-1-1　低副

　　（1）转动副　组成运动副的两构件之间只能绕某一轴线做相对转动的运动副。如图 1-1-1(a) 所示，通常转动副的具体形式是用铰链连接。
　　（2）移动副　组成运动副的两构件只能做相对直线移动的运动副。如图 1-1-1(b) 所示，两构件互相限制了沿 y 轴的移动和在 xy 平面内绕任一点的转动，只允许沿 x 轴移动。

2. 高副

　　两构件通过点或线接触所构成的运动副称为高副。常见的高副主要有齿轮副和凸轮副。
　　图 1-1-2(a) 所示为齿轮副，轮齿 1 与轮齿 2 为线接触。它们的相对运动是绕 A 点转动和沿齿廓公切线 t-t 的移动，限制了沿 A 点公法线 n-n 方向的移动。

图 1-1-2(b) 所示为凸轮副，凸轮 1 与从动件 2 为点接触。

(a) 齿轮副　　　　　　　　(b) 凸轮副

图 1-1-2　高副

二、平面机构的运动简图

对机构进行运动分析时，如果使用实际结构图，绘制很复杂且不便于分析，为了简化问题，提高效率，方便工作，通常把与运动无关的因素（如构件的形状、运动副的构造等）剔除，仅用简单的线条和规定的符号表示构件和运动副，并按一定比例画出各运动副的位置。这种用线条和规定符号绘制的能反映机构各构件间相对运动关系的简单图形，称为机构运动简图。

（一）构件的分类及表示方法

通常机构中的构件可分为以下两类。

1. 固定件（机架）

机构中相对固定不动用来支承可动构件的部分。

2. 活动件

机构中可动的部分。活动件包括原动件和从动件。

（1）**原动件**　机构中接受外部给定运动规律的，有驱动力或驱动力矩的构件，一般与机架相连。在机构运动简图中原动件用箭头标注。

（2）**从动件**　机构中随原动件运动而运动的其余活动构件。

在任何机构中，必有一个是相对固定的构件（机架），另有一个或几个原动件，其余的都是从动件。例如：汽车发动机的汽缸体虽然随着汽车运动，但在研究发动机中各构件的运动时，仍将汽缸体视为机架，活塞是原动件，其余构件为从动件。

构件的表示方法：采用实线表示出构件几何图形特征即可。如：杆件用直线、齿轮用圆、凸轮用椭圆表示等。

如图 1-1-3 所示，图（a）、图（b）为不同形状的连杆，图（c）为曲轴，虽然它们的外形、结构和截面尺寸都不相同，但它们都是杆件，两端各有一个转动副，因此，表示成一个件和两个转动副，如图（d）所示。

（二）机构运动简图常用符号

机构运动简图常用符号如表 1-1 所示。

（三）平面机构运动简图的绘制方法

（1）观察并分析机构的结构特点和运动情况，找出机架、原动件和从动件。

（2）从原动件开始，按照运动传递的顺序，分析各构件之间相对运动的性质，确定组成机构的构件数目、运动副的数目和类型，测出各运动副相对位置的尺寸。

(a)   (b)   (c)   (d)

图 1-1-3　构件及转动副的表示方法

表 1-1　机构运动简图常用符号（部分摘自 GB 4460—1984）

名　称	符　号	名　称	符　号
固定构件		外啮合圆柱齿轮机构	
两副元素构件		内啮合圆柱齿轮机构	
三副元素构件		齿轮齿条机构	
转动副		圆锥齿轮机构	
移动副		蜗杆蜗轮机构	
平面高副		带传动	类型符号，标注在带的上方 V 带 ▽ 圆带 ○ 平带 —
凸轮机构		链传动	类型符号，标注在轮轴连心线上方 滚子链 ♯ 齿形链 W
棘轮机构			

（3）通常选择平行于构件运动的平面为视图平面，确定适当的比例尺

$$\mu_l = \frac{实际尺寸(m)}{图上尺寸(mm)}。$$

（4）用简单的线条和规定的运动副符号，绘制机构运动简图。

绘制时应撇开与运动无关的构件复杂外形和运动副的具体构造。同时应注意，选择恰当的原动件位置进行绘制。避免构件相互重叠或交叉，用箭头标明机构的原动件。

【例 1-1】　绘制图 1-1-4（a）所示颚式碎矿机主体机构的运动简图。

解：（1）分析并确定构件类型：颚式碎矿机由电动机（图中未画出）通过带传动的大带轮 5 驱动偏心轴 2 绕轴线 A 转动时，驱动动颚板 3 做周期性平面复杂运动，实现将动、静颚板间的物料轧碎的目的。分析可知其主体机构由机架 1、偏心轴 2、动颚 3、肘板 4 四个构件通过转动副连接而成。

（2）由原动件开始，按照传递顺序确定构件的数目、运动副的种类和数目：

构件 1 是机架；偏心轴 2 是原动件；动颚 3 和肘板 4 是从动件。偏心轴 2 与机架 1 形成转动副 A，见图 1-1-4（b），偏心轴 2 与动颚 3 形成转动副 B，动颚 3 与肘板 4 形成转动副 C，肘板 4 与机架 1 形成转动副 D。

（3）选择合适的比例尺和投影视图，确定各运动副位置，用构件和运动副的规定符号绘制机构运动简图：测量各运动副之间相对位置尺寸，选择投影平面和适当比例尺，绘制机构运动简图。如图 1-1-4（c）所示。

图 1-1-4　颚式碎矿机结构图及平面机构运动简图

【例 1-2】　绘制图 1-1-5（a）所示单缸内燃机机构运动简图。

解：（1）分析并确定构件类型：单缸内燃机由曲柄滑块机构、凸轮机构和齿轮机构三部分组成。缸体 1 为机架，活塞 2 为原动件，连杆 3、曲轴 4、齿轮 5、齿轮 6、凸轮轴 7、进气门顶杆 8、排气门顶杆 9 均为从动件。

（2）由原动件开始，按照传递顺序确定构件的数目、运动副的种类和数目：

曲柄滑块机构中活塞 2 与缸体 1 组成移动副，活塞 2 与连杆 3、连杆 3 与曲轴 4、曲轴 4 与缸体 1 分别组成转动副。齿轮机构中齿轮 5 与缸体 1、齿轮 6 与缸体 1 分别组成转动副，齿轮 5 与齿轮 6 组成高副。凸轮机构中凸轮轴 7 与缸体 1 组成转动副，顶杆 8 与缸体 1 组成移动副，凸轮轴 7 与顶杆 8 组成高副。

（3）选择合适的比例尺和投影视图，定出各运动副位置，用构件和运动副的规定符号绘

制机构运动简图：选择连杆运动平面为视图方向。选择比例尺并绘制简图。

（4）先画出滑块导路中心线及曲轴中心位置，然后根据构件尺寸和运动副之间的尺寸，按选定的比例尺和规定符号绘出内燃机机构运动简图。如图 1-1-5（b）所示。

(a)　　　　　　　　　　　　　　　　　　(b)

图 1-1-5　单缸内燃机结构图及平面机构运动简图
1—缸体；2—活塞；3—连杆；4—曲轴；5,6—齿轮；7—凸轮轴；
8—进气门顶杆；9—排气门顶杆；10—进气门；11—排气门

三、平面机构的自由度

构件是机构的运动单元，若干构件通过运动副的连接组成了机构从而完成运动和动力的转换与传递。机构能否按照工作和设计的要求有规律地完成运动和动力的传递，需要判断机构的运动状态。机构运动状态的判断首先要进行自由度的计算。自由度是构件或机构具有的独立运动数目。

1. 构件的自由度

图 1-1-6　构件的自由度

如图 1-1-6 所示，自由运动的构件 AB 可以在 xOy 平面内绕 A 点转动，也可以沿 x 轴或 y 轴方向移动。显然，一个做平面运动的构件有 3 个独立的运动，也就是具有 3 个自由度。

2. 平面机构的自由度

当两个构件通过运动副连接后，构件间的相对运动受到限制，自由度数目就会减少。运动副对两构件间的相对运动所起的限制作用称为约束。每引入 1 个约束，机构就减少 1 个自由度。

不同类型的运动副，引入的约束数目不同，保留的自由度也不同。

如图 1-1-1 所示，转动副引入了 2 个限制移动的约束，只保留了 1 个转动的自由度。移动副引入了 1 个移动和 1 个转动的约束，只保留了 1 个移动的自由度。既低副引入了 2 个约束，保留了 1 个自由度，如图 1-1-2 所示，高副引入 1 个约束，保留了 2 个自由度。

若一个平面机构由 N 个构件组成，则机构中的活动件数目为：$n=N-1$。在未用运动副连接之前，这些构件都是自由的，应有 $3n$ 个自由度。当用 P_L 个低副、P_H 个高副将各构件连接起来组成机构时，由于 1 个低副引入 2 个约束，保留 1 个自由度；1 个高副引入 1 个约束，保留 2 个自由度；因此该机构引入的约束总数为 $2P_L+P_H$。用 F 表示机构的自由度，则平面机构自由度的计算公式如下：

$$F=3n-2P_L-P_H \tag{1-1}$$

由公式可知，机构的自由度的数目取决于活动件的数目（件数）和运动副的类型和数目（副数）。

机构自由度计算的目的是判断机构是否具有确定的运动状态。

3. 机构运动状态的判断

机构具有确定运动的条件是：机构的自由度大于零，且原动件的数目等于自由度数目。通常表达为：**$F>0$ 且等于原动件的数目。**

在图 1-1-7(a) 中，3 个构件用 3 个转动副连接，其机构自由度 $F=3n-2P_L-P_H=3\times2-2\times3=0$，它是一个静定桁架。图 1-1-7(b) 中，4 个构件用 5 个转动副连接，其机构自由度 $F=3n-2P_L-P_H=3\times3-2\times5=-1$，表明该机构约束的数目超过了自由度的数目，称为超静定桁架。图 1-1-7(c) 中，4 个构件用 4 个转动副连接，其机构自由度 $F=3n-2P_L-P_H=3\times3-2\times4=1$，由于 $F>0$ 且等于原动件的数目，该机构具有确定的运动状态，这是一个铰链四杆机构。图 1-1-7(d) 中，5 个构件用 5 个转动副连接，其机构自由度 $F=3n-2P_L-P_H=3\times4-2\times5=2$，由于 $F>0$ 且等于原动件的数目，该机构也具有确定的运动状态。

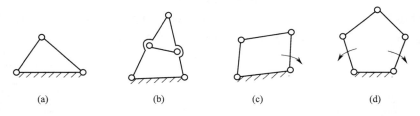

图 1-1-7　机构简图

在计算机构自由度时，必须注意以下三种特殊情况，要准确识别它们的存在，正确确定构件和运动副的数目。

（1）复合铰链　两个以上的构件在同一处用转动副相连接就构成了复合铰链。如图1-1-8(a) 所示，构件在 A 处构成复合铰链。由图 1-1-8(b) 可知，此 3 个构件共组成 2 个转动副。因此，当有 m 个构件在同一处构成复合铰链时，就构成 $m-1$ 个转动副。

图 1-1-8　复合铰链

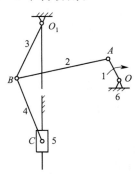

图 1-1-9　钢板剪切机

【**例 1-3**】　判断图 1-1-9 所示钢板剪切机的运动状态。

解：该机构有 5 个活动构件，6 个转动副（B 处为复合铰链，含 2 个转动副），1 个移动副，没有高副，$n=5$，$P_L=7$，$P_H=0$；机构自由度为：

$$F=3n-2P_L-P_H=3\times 5-2\times 7-0=1$$

由于 $F>0$ 且等于原动件的数目，该机构具有确定的运动状态。

（2）**局部自由度**　机构中出现的与整个机构输出、输入运动无关的自由度称为**局部自由度**。

如图 1-1-10（a）所示平面凸轮机构中，在从动件顶部安装一个滚子 2，使其与凸轮 1 的轮廓线为滚动接触，减小了接触处的磨损，改善了局部的运动状态。很显然，在这个机构中，滚子 2 绕其自身轴线的转动方式并不影响从动件 3 的运动，因此，滚子绕其中心的转动是一个局部自由度。

在计算机构自由度时，要去掉这个局部自由度，即将滚子 2 与从动件 3 视为一个构件，同时也消除了它们之间的转动副，如图 1-1-10（b）所示，简称为："减件也减副"。

图 1-1-10　局部自由度

凸轮机构的自由度计算为：$n=2$，$P_L=2$，$P_H=1$；

$$F=3n-2P_L-P_H=3\times 2-2\times 2-1=1$$

由于 $F>0$ 且等于原动件的数目，该机构具有确定的运动状态。

（3）**虚约束**　在特殊的几何条件下，有些约束对机构自由度所起的限制作用是重复的，这种重复的约束称为虚约束。在计算机构自由度时，应除去虚约束。

图 1-1-11　运动轨迹重合
引入的虚约束

图 1-1-12　轴线重合
引入的虚约束

图 1-1-13　导路平行
引入的虚约束

平面机构中通常存在下列 4 种虚约束。

① **轨迹重合**：如图 1-1-11 所示，由于 CD 平行于 AB 和 EF 且相等，构件 3 上的点 C 和构件 2 上 C 点的轨迹重合，即构件 3 和转动副 C、D 是否存在对整个机构的运动无影响，所以构件 3 和转动副 C、D 引入的约束对机构不起限制作用，是虚约束，计算该机构的自由度时，应先将其除去。

需要注意的是，如果构件 3 不平行于 AB 和 EF，则 CD 杆不是虚约束。

② **转动副轴线重合**：两构件组成多个转动副且轴线相互重合，此时只有 1 个转动副起约束作用，其余转动副均为虚约束。如图 1-1-12 所示，A、B 两处转动副只需考虑其中一处。

③ **移动副导路平行**：两构件构成多个移动副且导路相互平行，此时只有 1 个移动副起约束作用，其余移动副均为虚约束。如图 1-1-13 所示，A、B、C 三处移动副只需考虑一处。

④ **对称结构**：机构中对运动不起独立作用的对称部分会形成虚约束，如图 1-1-14 所示的行星轮系，只要有一个行星轮 2 就可以满足运动要求，但为了机构受力均衡运动平稳，采用三个行星轮对称布置的形式，在计算自由度时将行星轮 $2'$ 和 $2''$ 连同它们所引入的运动副一起除去不计。

【例 1-4】　计算图 1-1-15 所示发动机配气机构的自由度并判断运动状态。

图 1-1-14　行星轮系

图 1-1-15　发动机配气机构

解： 该机构原动件为凸轮 1，P 点处为局部自由度、GF 处为虚约束，因此，$n=6$，$P_L=8$，$P_H=1$；则机构的自由度为：

$$F=3n-2P_L-P_H=3\times6-2\times8-1=1$$

由于 $F>0$ 且等于原动件的数目，该机构具有确定的运动状态。

分任务二　常用机构的识别与应用

一、平面连杆机构

平面连杆机构是若干个构件用低副连接而成的机构，又称平面低副机构。由于低副是面接触，压强低且便于润滑，能有效降低磨损并传递较大的载荷，具有成本低、制造简单等优点。通过改变构件的数目、长度等，可以实现较复杂的预期运动。因此，平面连杆机构在各种机械和仪器中得到广泛的使用。其缺点是：低副存在的间隙会引起运动误差，在高速工作时会产生较大的惯性力和冲击，因此，连杆机构不适用于高速运动。

最简单的平面连杆机构是由四个构件组成的，称为平面四杆机构。当平面四杆机构中的运动副都是转动副时，称为铰链四杆机构。铰链四杆机构是平面连杆机构的典型形式。

（一）四杆机构的组成

图 1-2-1 所示的铰链四杆机构中，固定不动的杆 4 是机架，与机架相连的杆 1、3 为连架杆，不与机架相连的杆 2 为连杆。在铰链四杆机构中，如果杆 1 或杆 3 能绕其轴线做整周运动，

图 1-2-1　铰链四杆机构

称为曲柄；若只能在小于 360°做往复摆动则称为摇杆或摆杆。

（二）四杆机构的类型

1. 基本类型

在四杆机构中，机架和连杆总是存在的，因此，根据两连架杆运动形式的不同，可将铰链四杆机构分成以下 3 种基本类型。

（1）曲柄摇杆机构　在铰链四杆机构中，若两个连架杆中，一个为曲柄，另一个为摇杆，则称为曲柄摇杆机构。

如图 1-2-2 所示为雷达天线的曲柄摇杆机构。曲柄 1 匀速转动，通过连杆 2，使摇杆 3 在一定角度范围内摆动，达到调整天线俯仰角大小的目的。

（2）双曲柄机构　在铰链四杆机构中，若两连架杆均为曲柄，则称为双曲柄机构。

图 1-2-2　雷达天线调整机构

图 1-2-3　惯性筛机构

如图 1-2-3 所示的惯性筛，其中的构件 1、构件 2、构件 3、构件 4 组成的机构为双曲柄机构。主轴曲柄 AB 等角速度回转一周，曲柄 CD 变角速度回转一周，进而带动筛子 EF 往复运动筛选物料。

在双曲柄机构中还包括平行双曲柄机构和反向双曲柄机构。

如图 1-2-4 所示。这种机构的两个曲柄等长，连杆与机架也等长，且两曲柄转向相同。当杆 AB 等角速度转动时，杆 CD 也以相同角速度同向转动，连杆 BC 则做平移运动。

如图 1-2-5 所示的公共汽车车门启闭机构。当主动曲柄转动时，通过连杆使从动曲柄朝相反方向转动，从而保证两扇车门同时开启和关闭。

图 1-2-4　平行双曲柄机构

图 1-2-5　公共汽车车门启闭机构

（3）双摇杆机构　两个连架杆均为摇杆的铰链四杆机构称为双摇杆机构。

如图 1-2-6 所示为鹤式起重机用于变幅的双摇杆机构 $ABCD$。当主动件摇杆 AB 摆动时，从动摇杆 CD 随之摆动，而且可以通过设计找到合适的杆长参数，使悬挂点 E 的轨迹近似为水平直线，以免被吊重物做不必要的上下运动而造成功耗。此外，生活中的折叠椅、折叠桌等都是按照双摇杆机构的原理制成的。

2. 演化类型

将铰链四杆机构中的杆件变成滑块、用移动副取代转动副，可以演化成为滑块四杆机构，主要包括如下几种类型。

（1）曲柄滑块机构　将铰链四杆机构中的摇杆件变成滑块、用移动副取代转动副，就成为曲柄滑块机构。

根据滑块移动的导路中心线是否通过曲柄转动中心，可将曲柄滑块机构分为偏置曲柄滑块机构和对心曲柄滑块机构，如图 1-2-7 所示。

图 1-2-6　鹤式起重机

(a) 偏置曲柄滑块机构　　　　(b) 对心曲柄滑块机构

图 1-2-7　曲柄滑块机构

曲柄滑块机构广泛应用于活塞式内燃机、空气压缩机、冲床等机械中。有时为了简化结构，提高曲柄的强度和刚度，会把曲柄做成偏心轮或偏心轴。

（2）导杆机构　在图 1-2-8(a) 所示的曲柄滑块机构中，若将机架杆 4 改为杆 1，则得到如图 1-2-8(b) 所示的导杆机构。通常取杆 2 为原动件，杆 4 称为导杆。若杆 1 长度小于杆 2 长度，则杆 2 和杆 4 均可做整周转动，称为转动导杆机构。若杆 1 长度大于杆 2 长度，则杆 4 只能做往复摆动，称为摆动导杆机构。

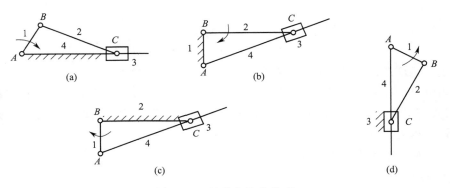

图 1-2-8　演化机构的类型

（3）摇块机构　若取杆 2 为机架，则成为图 1-2-8(c) 所示的摇块机构。这种机构广泛应用于摆缸式内燃机和液压驱动装置，如自卸卡车翻转卸料机构用的就是摇块机构。

（4）定块机构　若取曲柄滑块机构中的滑块 3 作为机架，则可得到如图 1-2-8(d) 所示的定块机构。这种机构常用于抽水机构和液压泵。

（三）四杆机构类型的判别

由前述可知：在铰链四杆机构中，当某杆件的长度变为无穷大时，铰链四杆机构将演化成滑块四杆机构。同时，无论是在铰链四杆机构还是滑块四杆机构中，取不同的杆件作为机架可得到不同的对应机构。那么，四杆机构类型的判别主要取决于连架杆是否存在曲柄和选哪个杆件为机架。

1. 曲柄存在的条件

分析表明，铰链四杆机构存在一个曲柄的条件如下。

（1）曲柄是最短杆。

（2）最短杆与最长杆长度之和小于或等于其余两杆长度之和。

2. 铰链四杆机构类型的判别

根据曲柄存在的条件，按照下述方法判断铰链四杆机构的类型。

若最短杆与最长杆长度之和小于或等于另外两杆长度之和，则：

（1）分别以最短杆的两个邻边为机架时，该机构是曲柄摇杆机构。

（2）以最短杆为机架时，该机构是双曲柄机构。

（3）以最短杆的对边为机架时，该机构是双摇杆机构。

若最短杆与最长杆长度之和大于其余两杆长度之和，机构中不存在曲柄，则不论取任何杆作为机架，机构都为双摇杆机构。

若构件的长度具有特殊的关系，如不相邻的杆长两两分别相等，该机构不论以哪个杆件作为机架，都是双曲柄机构（平行四杆机构或反向双曲柄机构）。

图 1-2-9　铰链四杆机构

【**例 1-5**】　如图 1-2-9 所示的铰链四杆机构，各杆长度见图中所示。

（1）判别 A、B、C、D 四个转动副中，哪个能整转？哪个不能整转？

（2）分别说明该机构以 AB、BC、CD 和 AD 杆为机架时，属于哪种机构？

解：（1）该机构中最短杆为 $AD=20$，最长杆为 $CD=50$，

$$20+50=70<30+45$$

故最短杆 AD 两端的转动副 A、D 能整转，而 B、C 不能。

（2）当以 AB 杆或 CD 杆（最短杆 AD 的邻杆）为机架时，机构为曲柄摇杆机构；当以 BC 杆（最短杆 AD 的对边杆）为机架时，该机构为双摇杆机构；当以 AD 杆（最短杆）为机架时，该机构为双曲柄机构。

（四）铰链四杆机构的工作特性

1. 急回特性

（1）急回特性及应用

从动件做往复运动的四杆机构，一般只用一个行程完成工作，称为工作行程；另一个行程不承受工作载荷，称为空回行程。这两个行程所占用的时间可能相等，也可能不相等。我们将具有一个时间较短的空回行程的机构称为有急回特性的机构。在实际生产中常常利用机

构的急回特性来缩短非生产时间，提高生产效率。

在曲柄摇杆机构中，以曲柄为原动件，摇杆空回行程速度比工作行程速度快，我们把这个性质称为机构的急回特性。

通常用行程速比系数 K 表示摇杆的急回特性

$$K=\frac{v_2}{v_1}=\frac{\varphi_1}{\varphi_2}=\frac{180°+\theta}{180°-\theta}\qquad(1-2)$$

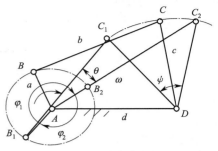

图 1-2-10　曲柄摇杆机构的急回特性

式(1-2)中，θ 角为摇杆处于两极限位置（极位）时，对应的曲柄位置线所夹的锐角，称为极位夹角。如图 1-2-10 所示，θ 角越大急回特性越明显。当 $\theta=0$ 时，$K=1$，机构无急回特性；当 $\theta>0$ 时，$K>1$，机构具有急回特性。在一般机械中 K 取 1.1～1.3。

在牛头刨床、往复式运输机等机构中应用急回特性可提高生产效率。如刨床的刨刀在切削时（工作行程），为保证切削质量需要速度较慢；回刀时（空回行程）刀具不切削，速度快些。这样，既可以保证产品质量又可以提高生产效率。

（2）压力角和传动角　在实际生产中，不仅要求连杆机构能实现预定的运动规律，而且希望其运转轻便，传动性能好，效率高。

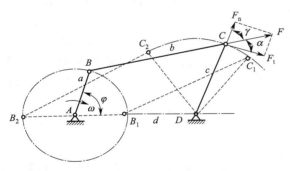

图 1-2-11　曲柄摇杆机构的压力角和传动角

在图 1-2-11 所示的曲柄摇杆机构，如不考虑各构件的质量和运动副中的摩擦等，则连杆 BC 为二力杆，它作用于从动摇杆 CD 上的力 F 是沿 BC 方向的。**从动件受力方向与受力点绝对速度 v_c 之间所夹的锐角 α 称为压力角**。力 F 在 v_c 方向的有效分力为 $F_t=F\cos\alpha$。

显然，压力角越小，有效分力就越大，越有利于机构的传动。也就是说，压力角可作为判断机构传力性能好坏的一个重要参数。

在实际应用中，为了度量方便，习惯用压力角 α 的余角 γ（即连杆与从动摇杆之间所夹的锐角）来判断传力性能，**γ 称为传动角**。因 $\gamma=90°-\alpha$，所以，α 越小，γ 越大，机构的传力性能越好；反之，α 越大，γ 越小，机构传力越费劲，传动效率越低。如果 α 过大或 γ 过小，机构将不能运动。

在机构运转过程中，传动角是变化的，为了保证机构的正常传动工作，必须保证最小传动角 γ_{min}。对于一般功率机械，通常取 $\gamma_{min}>40°$；对于颚式破碎机、冲床等大功率机械，最小传动角应当取大一些，可取 $\gamma_{min}>50°$；对于小功率的控制机构和仪表，γ_{min} 可略小于 40°。

2. 死点位置

在曲柄摇杆机构中，以摇杆为原动件，在两极位时，机构的从动件出现卡死或运动不确定状态的位置称为机构的死点位置，此时传动角为 0，由于 $F_t=0$，则无论力 F 多大，都不能驱动从动件运动。

例如家用缝纫机的踏板机构，在使用过程中有时会出现踏不动或倒车现象，就是由于机构处于死点位置而引起的。

机构处于死点位置时从动件将静止不动，因而必须设法使机构顺利通过死点。在工程实际中常用的办法如下。

（1）采取机构错位排列的办法（如图 1-2-12 所示），蒸汽机车两边的车轮联动机构错位排列。

（2）安装飞轮，利用飞轮惯性闯过死点（如缝纫机曲轴上的大皮带轮就兼有飞轮的作用）。

图 1-2-12　蒸汽机车车轮联动机构

图 1-2-13　飞机起落架机构

（3）给从动件施加一个不通过其转动中心的外力〔如缝纫机停在死点位置后需重新启动时，给手轮（小皮带轮）一个外力，便可通过死点〕。

虽然死点位置对于传动是不利的，应当设法消除其影响，但有时在工程上也经常利用死点位置来实现某种特殊工作要求。如图 1-2-13 所示的飞机起落架机构，在机轮放下时，杆 BC 与 CD 成一直线，此时虽然机轮上可能受到很大的力，但由于机构处于死点位置，起落架不会反转，这样可使降落更加安全可靠。

二、凸轮机构

1. 凸轮机构的应用及特点

凸轮机构主要由凸轮、从动件和机架 3 个基本构件组成。凸轮通常作为主动件并做等速回转或移动，借助其曲线轮廓（或凹槽）使从动件做相应的运动（摆动或移动）。凸轮机构结构简单、紧凑，通过改变凸轮轮廓的外形，就可以使从动件实现特殊或复杂的运动规律。其广泛用于自动化和半自动化机械中作为控制机构。因凸轮轮廓与从动件间为点、线接触而易于磨损，所以不宜承受重载或冲击载荷；而且凸轮轮廓的要求比较高，加工起来困难，费用昂贵。

图 1-2-14 所示为内燃机配气凸轮机构。当具有一定曲线轮廓的凸轮 1 以等角速度回转时，凸轮轮廓迫使从动件 2（阀杆）按内燃机工作循环的要求来启闭阀门。图 1-2-15 所示为自动送料机构中实现往复摆动的凸轮机构。带凹槽的圆柱凸轮 1 等速转动，槽中的滚子带动从动件 2 做往复移动实现自动送料。

2. 凸轮机构的分类

工程实际中使用的凸轮机构种类很多，对心尖顶直动从动件盘形凸轮机构是最基本的形式。常用的分类方法有以下几种。

（1）按凸轮的形状分类，有盘形凸轮机构、移动凸轮机构和圆柱凸轮机构（如图 1-2-16 所示）。

（2）按从动件形状分类，有尖顶从动件凸轮机构、滚子从动件凸轮机构和平底从动件凸轮机构（如图 1-2-17 所示）。

图 1-2-14　内燃机配气机构

图 1-2-15　实现往复摆动的自动送料机构

图 1-2-16　盘形凸轮机构、圆柱凸轮机构和移动凸轮机构

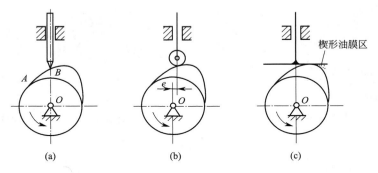

图 1-2-17　尖顶从动件、滚子从动件、平底从动件凸轮机构

（3）按从动件运动形式分类，有直动从动件凸轮机构（如图 1-2-14 所示）和摆动从动件凸轮机构（如图 1-2-15 所示）。

（4）按锁合形式分类，有力锁合凸轮机构（如图 1-2-14 所示）和形锁合凸轮机构（如图 1-2-18 所示）。

三、间歇机构

主动件做连续运动，从动件做周期性间

图 1-2-18　常见形锁合方式凸轮机构

歇运动的机构称为间歇运动机构。在自动和半自动机械中，除了前面已经识读过的平面连杆机构、凸轮机构外，经常会用到类型繁多、功能各异的间歇机构。

（一）棘轮机构

1. 棘轮机构的组成及工作原理

图 1-2-19　棘轮机构

1—摇杆；2—主动棘爪；3—棘轮；
4—制动棘爪；5—片簧

棘轮机构是间歇运动机构的一种，如图 1-2-19 所示。它由摇杆 1、主动棘爪 2、棘轮 3、制动棘爪 4、片簧 5 和机架等组成。当摇杆 1 逆时针摆动时，摇杆上铰接的主动棘爪 2 插入棘轮 3 的齿槽中，推动棘轮同向转过一定角度，制动棘爪则在棘轮的齿背上滑过；当摇杆顺时针摆动时，主动棘爪 2 在棘轮 3 的齿背滑过，此时制动棘爪 4 在片簧作用下插入棘轮 3 的齿槽中，阻止棘轮 3 顺时针转动，故棘轮 3 静止不动。因此，当摇杆做往复摆动时，棘轮做单方向时动时停的间歇运动。

2. 棘轮机构的种类

棘轮机构按照结构特点可分为齿式棘轮机构和摩擦式棘轮机构两大类。

（1）齿式棘轮机构　齿式棘轮机构有外啮合（图 1-2-20）、内啮合（图 1-2-21）两种形式。按棘轮齿形分，可分为锯齿形齿（图 1-2-19、图 1-2-20）和矩形齿（图 1-2-22）。矩形齿用于双向转动的棘轮机构。图 1-2-23 所示棘轮机构为双动式棘轮机构，它有两个主动棘

图 1-2-20　外啮合式棘轮机构

图 1-2-21　内啮合式棘轮机构

图 1-2-22　矩形齿棘轮机构

图 1-2-23　双动式棘轮机构

爪，它们可以同时工作也可以单独工作。同时工作时，两个棘爪交替推动棘轮转动，摇杆往复摆动一次，可使棘轮转动两次。当提起一个棘爪使另一个棘爪单独工作时，其工作原理与单动式相同。

齿式棘轮机构在机构中应用广泛，常用来实现送进、输送、制动和超越等工作要求。

（2）摩擦式棘轮机构　为减少棘轮机构的冲击及噪声，并实现转角大小的无级调节，可采用图 1-2-24、图 1-2-25 所示的摩擦式棘轮机构。摩擦式棘轮机构是依靠主动棘爪与无齿棘轮之间的摩擦力来推动棘轮转动的，摩擦力应足够大。外摩擦式棘轮机构由主动棘爪 1、棘轮 2 和止回棘爪 3 组成。滚子式内摩擦棘轮机构由外套 1、星轮 2 和滚子 3 组成。滚子式内摩擦棘轮机构，当外套 1 逆时针转动时，在摩擦力的作用下使滚子 3 楔紧在外套 1 与星轮 2 之间，从而带动星轮 2 转动；当外套顺时针转动时，滚子 3 松开，星轮 2 不动。

图 1-2-24　外摩擦式棘轮机构　　　　　　图 1-2-25　滚子式内摩擦式棘轮机构

（二）槽轮机构

1. 槽轮机构的工作原理和基本类型

槽轮机构又称马氏机构，也是一种间歇运动机构。它可分为外槽轮机构和内槽轮机构。其结构如图 1-2-26 所示，由带圆销的拨盘 1、具有径向槽的从动槽轮 2 和机架等组成。当拨盘 1 做连续匀速转动时，其上的圆销进入槽轮相应的槽内，迫使槽轮转动。当拨盘转过 $2\varphi_1$ 角时，槽轮转过 $2\varphi_2$ 角，此时圆销开始脱离槽轮。拨盘继续转动，槽轮上的凹弧（称为锁止弧）与拨盘上的凸弧相接触，此时槽轮不能转动，等到拨盘的回见销再次进入槽轮的另一槽时，槽轮又开始转动。由此将主动拨盘的连续转动变为从动槽轮周期性的间歇运动。

(a) 外槽轮机构　　　　(b) 内槽轮机构

图 1-2-26　槽轮机构

2. 槽轮机构的特点和应用

槽轮机构结构简单，转位迅速，工作可靠，机械效率高且转动平稳。但槽轮转角不可调整，在工作中会产生柔性冲击，因此一般应用在转速较低且有间歇转动要求的场合。

图 1-2-27 所示为六角车床刀架的转位槽轮机构。与六槽外槽轮固定在一起的刀架 3 上可装 6 把刀具，拨盘 1 旋转一周，驱使槽轮 2（即刀架）转过 60°，从而将下一工序所需的

刀具转换到工作位置。

（三）不完全齿轮机构

不完全齿轮机构由具有一个或几个齿的不完全主动齿轮1、具有正常轮齿和带锁止弧的从动齿轮2及机架组成，如图1-2-28所示。它与棘轮机构、槽轮机构同属于间歇运动机构。

当主动齿轮1等速连续转动时，主动齿轮1上的有齿部分作用时，从动齿轮2被驱使转动；当主动齿轮1的无齿圆弧部分作用时，从动齿轮2歇止不动并停在确定位置上，从而将主动齿轮的连续转动转变为从动齿轮周期性的单向间歇运动。图1-2-28所示的不完全齿轮机构，主动齿轮每转一周，从动齿轮只转1/6周。

图 1-2-27　六角车床刀架转位槽轮机构　　　　图 1-2-28　不完全齿轮机构

与其他间歇运动机构相比，不完全齿轮机构的结构更简单、工作更可靠，能传递较大的力，而且从动轮转动和停歇的次数、时间、转角大小等不受结构的限制；不足之处是工艺复杂，而且从动轮在转动开始和结束时角度有突变，会产生较大的冲击。因此，不完全齿轮机构多用于低速、轻载场合，如自动机械和半自动机械中工作台的间歇转位机构、间歇进给机构以及计数装置等。

分任务三　静力学基础与物体的受力分析

一、静力学的基本概念

（一）静力学的研究对象

静力学是研究物体在力作用下的平衡规律。**平衡，是指物体相对于地球保持静止或做匀速直线运动的状态**。物体的运动是绝对的，平衡是相对和暂时的。如地面上的建筑物是静止不动的，但它相对于太阳系，却随着地球不停地运动着，因此，以后所说的物体处于平衡状态，都是相对于地球这个参考系而言的。

由于静力学仅研究物体在力作用下的平衡规律，并不研究力作用下物体的变形，为了突出事物的主要矛盾，忽略一些次要的因素，将静力学研究的物体抽象成一个理想的力学模型——刚体。**刚体，是指在外力作用下，几何尺寸和形状不发生变化的物体**。

事实上，任何物体在力的作用下都或多或少会产生变形。而实际工程中的构件在力的作用下产生的变形非常微小，忽略这一微小变形不会对研究结果产生实质性影响，同时又能将所研究的问题简化。但是，将物体抽象为刚体是有条件的。这与所要研究问题的性质和内容有关，在研究物体承载能力时，变形这一因素在所研究的问题中成为主要矛盾，就必须以变形体为研究对象。

（二）静力学的研究内容

静力学主要研究两个问题。

1. 力系的简化

作用在物体上的若干个力，称为**力系**。在研究物体的平衡问题时，为了方便地显示出各种力系对物体作用的总效应并从中找出平衡规律，就需要将一个比较复杂的力系用另一个简单的力系来代替，但必须保证简化前后力系对物体的作用效应完全相同，这个过程称为**力系的简化**，由于力系简化前后并不改变物体原有的运动状态，这两个力系互称为**等效力系**。若一个力对物体的作用和一个力系等效，则称这个力为这个力系的**合力**，而该力系中的所有各力称为这个合力的**分力**。力系简化的理论和工具主要是**静力学公理**。

2. 力系的平衡

若物体在某一力系作用下处于平衡状态，则该力系称为**平衡力系**。欲使物体处于平衡状态，则作用于物体的力系必须满足一定的条件，这些条件称为**力系的平衡条件**。

静力学的主要任务是：已知物体在某力系作用下处于平衡状态时，应用力系的平衡条件求解力系中的未知力（约束反力）。因此，力系平衡条件的建立及应用是静力学研究的主要内容。

（三）力的概念

1. 力的定义及其三要素

力是物体间相互的机械作用，这种作用使物体的运动状态发生改变或使物体产生变形。

力对物体机械作用的效应表现为两个方面：一是使物体的机械运动状态发生改变，如使物体运动速度的大小或方向改变，这种效应称为力的**运动效应**或**外效应**，二是使物体产生变形，例如使轴弯曲或弹簧伸长，这种效应称为力的**变形效应**或**内效应**。力的这两种效应是同时出现的，因此，静力学只研究力的外效应，而材料力学将研究力的内效应。

由于力对物体的作用效应取决于**力的大小**、**方向**和**作用点**，这三个因素通常称为**力的三要素**。

力的大小是指物体间相互机械作用的强弱程度。力的国际单位制为牛顿（N）、千牛顿（kN），且 $1kN=1000N$。

力的方向包含方位和指向两个意思。方位是力在空间的位置。如重力是"铅直向下"。"铅直"是力的方位；"向下"是力的指向。

力的作用点是物体相互作用位置的抽象化结果。实际上，力的作用位置不是一个点而是分布作用在一定的面积或体积上的。一般来说，如果作用面积或体积很小，则可将其抽象为一个点，称为力的作用点，我们把这种力称为**集中力**；如果力分布作用的面积或体积比较大且不可忽略时，则称为**分布力**。

在力的三要素中，如果改变其中任何一个要素，也就改变了力对物体的作用效果。

2. 力的表示方法

力是一个有大小和方向的量，所以**力是矢量**。常用一条带箭头的线段来表示，如图1-3-1所示。图中线段 AB 的长度（按一定的比例尺）表示力的大小；线段与某一参考线之间的夹角（如 θ 角）表示力的方位；箭头则表示力的指向；线段的起点 A（或终点 B）表示力的作用点，与线段重合的直线 KL 称为**力的作用线**。

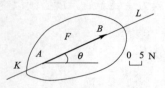

图 1-3-1　力的表示方法

本书中力矢量一律用黑体字母表示，例如 **F**；而不用黑体字母表示的力只是表示该力矢量的大小，例如 F。

二、静力学公理

公理，就是无需证明已为大家公认的真理。静力学公理是人们从长期的生产和生活实践中对客观现实经过观察、分析、归纳和总结而得出的结论。它揭示了力的一系列基本性质，是静力学的理论基础。

公理一（二力平衡公理）

作用在同一刚体上的两个力，使刚体处于平衡的必要和充分条件是：这两个力大小相等（等值），指向相反（反向），作用在同一条直线上（共线）。如图 1-3-2 所示。

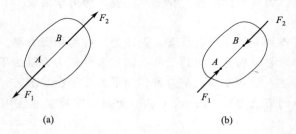

(a)　　　　　　　　　　　(b)

图 1-3-2　二力平衡公理

公理一说明，两个等值、反向、共线的力系构成了最简单的平衡力系。

只受两个力作用而处于平衡的杆件或构件称为**二力杆**（或**二力构件**），如图 1-3-3 所示，其中（a）图为轴向拉杆，（b）图为轴向压杆。

(a)　　　　　　　　　　　　　　(b)

图 1-3-3　轴向拉、压杆

需要强调的是，二力平衡公理只适用于刚体，不适用于变形体。对于变形体来说，二力平衡公理中的条件只是必要条件而不是充分条件。

公理二（加减平衡力系公理）

在作用于刚体上的任一力系中，加上或减去任意一个平衡力系，不会改变原力系对刚体的作用效应。

公理二的正确性是显而易见的，由平衡力系的定义可知，平衡力系不改变刚体的平衡或运动状态。公理二常被用来简化力系和推导一些定理。

同公理一相同，公理二也只适用于刚体。对于变形体来说，加上或减去一个平衡力系后，将会引起物体形状的改变。

由前面两个公理可以推导出作用于刚体上力的一个重要性质。

推论 I（力的可传性原理）

作用在刚体上的力可沿其作用线移动到该刚体内的任一点，而不改变力对刚体的作用效应。

　　问题：力 F 作用在刚体上的 A 点，现在要将力 F 移至刚体内力作用线上的任意一点 B。如图 1-3-4(a) 所示。

　　证明：在 B 点沿 AB 线加上一对平衡力 F_1 与 F_2，并令 $F_1 = F_2 = F$，如图 1-3-4(b) 所示，由于 F_1 与 F_2 为平衡力系，加上之后并不改变原力 F 对刚体的作用效应，在 F、F_1 和 F_2 组成的力系中，F 和 F_1 也是一个平衡力系，因此，除去这两个力，也不改变 F 对刚体的原有效应。除去 F 与 F_1 后，剩下一个作用于 B 点的 F_2。F 与 F_2 大小相等，指向相同，在一条作用线上，这相当于把原来作用于 A 点的力 F 沿着作用线移到了任意一点 B。如图 1-3-4(c) 所示。

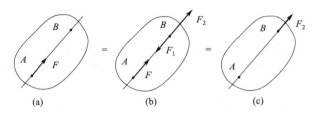

图 1-3-4　力的可传性原理

　　必须注意的是，力的可传性原理也只适用于刚体，而不适用于变形体。另外，力的可传性原理多用于理论的推导和论证，在研究具体的平衡问题进行受力分析时，不能应用力的这一性质将力沿作用线随意移动。

　　公理三（力的平行四边形法则）

　　作用在物体上同一点的两个力可以合成为作用于该点的一个合力，它的大小和方向由这两个力的矢量为邻边所构成的平行四边形的对角线来表示。如图 1-3-5(a) 所示。

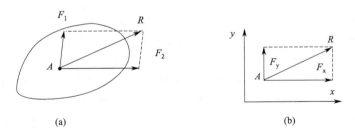

图 1-3-5　力的平行四边形法则

　　作用在 A 点的两个力 F_1 和 F_2 与合力 R 的数学关系式为：

$$R = F_1 + F_2$$

　　上式为矢量表达式，即作用在物体上同一点的两个力的合力 R 等于两个分力 F_1 和 F_2 的矢量和。求解合力 R 的大小和方向时，可以根据力的平行四边形法则应用图解或几何关系求解，这种合成的方法称为**几何法**。

　　力的平行四边形法则是力系简化的基础。它表明作用于物体上同一点的两个力可以合成为一个合力；反之，一个力也可以分解为同一平面内的两个分力，但两个分力并不是唯一的，即进行力的分解时必须给定分解方向，否则没有唯一解。

　　在工程实际中，常把一个力沿直角坐标轴方向分解，从而得到两个相互垂直的分力 F_x 和 F_y，这样的分解称为力的**正交分解**。如图 1-3-5(b) 所示。

推论Ⅱ （三力平衡汇交定理）

刚体受共面且互不平行的三个力作用而平衡，则此三力的作用线必汇交于一点。

证明：刚体受不平行的三个力 F_1、F_2 和 F_3 作用处于平衡状态，A、B、C 分别为三个

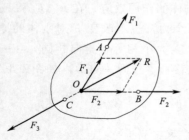

图 1-3-6　三力平衡汇交定理

力的作用点，如图 1-3-6 所示，应用力的平行四边形法则求出 F_1 和 F_2 的合力 R，此时，刚体只在两个力 F_3 和 R 作用下处于平衡状态，由二力平衡公理可知 F_3 必与 R 等值、反向、共线，即 F_1 和 F_2 的作用线的交点 O 与 F_3 的作用点 C 共线。因此，F_1、F_2 和 F_3 三力的作用线共面，且汇交于一点 O 点。

公理四（作用力与反作用力定律）

两个物体间的相互作用力，总是同时存在，它们的大小相等，指向相反，沿着同一条直线分别作用在这两个相互作用的物体上。

公理四揭示了任何两个物体间相互作用的关系，不论物体是处于平衡状态还是处于运动状态，也不论物体是刚体还是变形体，公理四都是普遍适用的。公理四表明在相互作用的物体之间的力总是成对出现，有作用力就必定有反作用力，两者总是同时存在，同时消失。

值得注意的是，公理四容易与公理一（二力平衡公理）混淆。作用与反作用力定律中的两个力分别作用在两个物体上，而二力平衡公理中的两个力是作用在同一刚体上的。

一般习惯上将作用力与反作用力用同一个字母表示，其中一个字母加上一撇表示区别。

一物体置于水平面上处于平衡状态，如图 1-3-7（a）所示，现分析各物体所受的力及它们之间的关系。

G 为物体受到的重力，F_N 为水平面对物体的支承力（法向约束反力，属于光滑面约束，见本章第二节相关内容），如图 1-3-7（b）所示，由于系统静止，所以力 G 与 F_N 必定满足公理一的条件，是平衡力系。F'_N 为物体对水平面的压力，如图 1-3-7（c）所示，而力 F_N 和 F'_N 则是一对作用力与反作用力。这两对力尽管都是等值、反向、共线的，但它们的物理意义是不同的，即力 G 与 F_N 是作用在同一物体上的平衡力系，而力 F_N 和 F'_N 则是一对作用力与反作用力，它们同时存在，同时消失，分别作用于水平面上和物体上。在以后分析多个物体组成的物体系统的受力情况时，根据作用力与反作用力定律可以把相邻物体的受力关系联系起来，因此，该定律也是分析物体系统问题的基本力学定律。

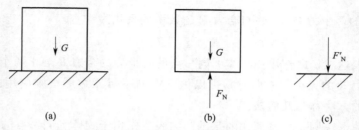

图 1-3-7　作用力与反作用力定律

三、物体的受力分析与受力图

物体无论是处于平衡状态还是运动状态，总是与周围其他物体相互联系着的。在研究力学问题时，首先需要了解物体与周围其他物体的连接方式和形式，才能正确分析物体的受力

情况，并作进一步的分析和研究。

（一）约束与约束反力

凡能在空间不受限制地做任意运动的物体称为**自由体**。例如飞行中的气球、子弹等。凡受到周围其他物体的限制，使其沿某些方向的运动或位移受到限制的物体称为**非自由体**。限制非自由体运动的其他物体（条件）称为该非自由体的**约束**。

用绳索悬挂的重物、沿铁轨行驶的火车、放置在桌子上的物品等都是非自由体，在这些例子中，绳索是重物的约束、铁轨是火车的约束、桌子是物品的约束，而重物、火车、物品称为被约束物体；绳索、铁轨和桌面则称为约束。约束是通过物体间的直接接触形成的。受到约束的物体就是非自由体。静力学主要是研究非自由刚体的平衡问题。

约束既然限制了物体的运动，改变了物体的运动状态，那么，约束对物体必然有力的作用。约束作用在被约束物体上的力称为**约束反力**简称**约束力**。

约束反力的**作用点**在约束与被约束物体相互接触处。约束反力的**方向**总是与约束所能限制的运动方向相反，约束反力的**大小**则需要根据平衡条件来确定。

（二）作用在物体上力的分类

1. 按照是否是引起物体运动的原因分

（1）主动力：促使物体有运动或具有运动趋势的力，工程上也称为**载荷**，如重力、水压力、土压力、风力等。

（2）被动力：由主动力的作用引起的，也就是约束反力。因此，约束反力也称**被动力**。约束反力随主动力的改变而改变，一般是未知的。在静力学所研究的问题中，主动力是作为已知条件给出的，被动力是需要求解的对象，因此，静力学研究的核心问题是根据平衡条件求解约束反力。

2. 按照载荷作用范围分

（1）集中载荷：如果载荷的作用范围与结构尺寸相比很小，则可认为其作用在一点。集中载荷包括集中力和集中力偶。

（2）分布载荷：也称分布力。载荷作用的范围比较大且不可忽略。分布载荷包括体积分布载荷（在体积中分布的力）、面积分布载荷（在面积中分布的力）和线分布载荷（在长度上分布的力）。

3. 按照载荷作用性质分

（1）静载荷：由零开始逐渐缓慢地加在物体上的力，作用到物体上后，力的大小方向不再改变。

（2）动载荷：加力过程中物体有明显的加速度产生，作用到物体上后，力的大小方向会发生改变。

本书主要讨论的是静载荷中的集中载荷和线分布的均布载荷。

（三）约束类型与约束反力

约束反力除了与作用在物体上的主动力有关外，还与约束本身的性质有关。工程中实际约束的形式和结构是各种各样的，通常将工程中常见的约束理想化，归纳为几种基本类型，掌握这些基本类型约束反力的表达是绘制受力图进而应用平衡方程求解约束反力的关键，下面就介绍几种常见的典型平面约束和各种约束的特性与约束反力的确定方法。

1. 柔性约束

由绳索、链条、皮带等柔性体对物体构成的约束称为**柔性约束**。如图 1-3-8 所示，因柔性体只能承受拉力，不能承受压力，即只能限制物体沿柔性体伸长方向的运动，因此，**柔性体对物体的约束反力只能是拉力，作用在物体的连接点处，作用线沿柔性体的中心线，指向背离物体**。即沿柔性体的中心线而背离物体。用 F_T 表示。

如图 1-3-8(a) 所示，起吊重物时，A、B 两处绳索的约束反力分别为 F_{TA}、F_{TB}。又如图 1-3-8(b) 所示的带传动中，带对主动带轮 O_1 和从动带轮 O_2 的拉力分别为 F_{T1}、F_{T2} 和 F'_{T1}、F'_{T2}。F_{T1} 与 F'_{T1}、F_{T2} 与 F'_{T2} 为作用力与反作用力。

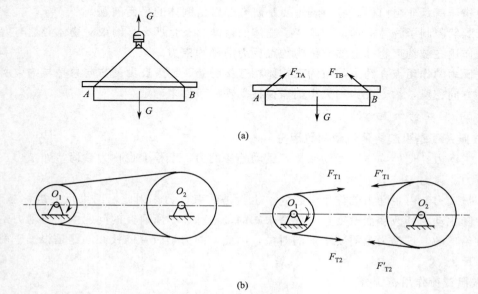

(a)

(b)

图 1-3-8　柔性体约束

2. 光滑面约束

两物体的接触可能是面接触或是点、线接触。

当忽略两物体接触处的摩擦力时，它们的接触就可认为是光滑的。不考虑摩擦的接触面（点、线）约束称为**光滑面约束**。这类约束的特点是不能限制物体沿接触处公切线任何方向的运动，只能限制物体沿接触处公法线而指向接触面方向的运动。因此，**光滑面约束的约束反力只能是压力，作用在接触处，沿接触处的公法线指向被约束物体**。用 F_N 表示。

如图 1-3-9 所示，各物块受到光滑面约束，约束反力均作用在接触处并沿接触处的公法线而指向物体。

3. 光滑铰链约束

在工程结构和机械设备中，铰链约束（也称转动副）常用来连接构件或零部件，它是一个圆柱形零件称为**销钉**。两物体连接后，接触处的摩擦忽略不计，这类约束只能限制被连接物体间的相对移动，不能限制它们绕销钉轴线的相对转动，这种约束称为**光滑铰链约束**，简称**铰链约束**。常见的铰链约束有以下三种形式。

（1）圆柱铰链（或称中间铰链）　**圆柱铰链**约束是用圆柱销钉 A 插入两个构件 B、C 的圆孔而构成，如图 1-3-10 (a)、(b) 所示。圆柱铰链常用作连接两个或多个构件并处在结构物的内部，所以，也把它们称为**中间铰链**，简称**中间铰、铰接**。例如螺栓、铆钉、活塞销连

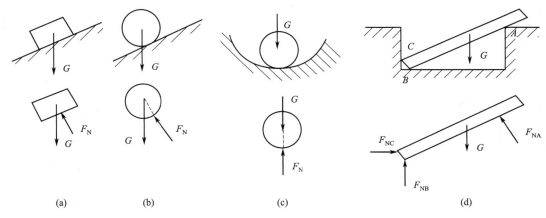

图 1-3-9 光滑面约束

接等，都可抽象为这类约束。由其结构可见，当构件 C 受主动力作用后，与销钉 A 的接触点为 D，如图 1-3-10（c）所示。由于销钉与孔都是光滑的，按光滑接触面约束反力的特点，可知销钉 A 给构件 C 的约束反力沿接触点 D 处的公法线，即必须通过销钉中心（铰链中心），指向构件 C。但是，构件运动趋势的变化无法事先确定，因此，接触点的位置不确定，故**中间铰链约束的约束反力作用在垂直于销钉轴线的平面内，通过销钉中心，垂直于销钉轴线，方向未定**。通常将其分解为相互垂直的两个分力 F_{Ax} 和 F_{Ay}，如图 1-3-10（d）所示，力的指向可以任意假定，所设指向正确与否由计算结果校正。铰接的简化符号如图 1-3-10（e）所示。

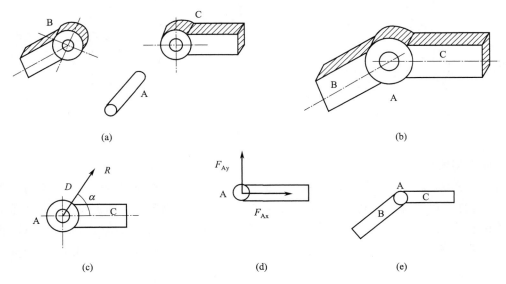

图 1-3-10 圆柱铰链约束

（2）固定铰链支座 用中间铰连接的两个构件中，若其中一个构件（支座）固结于地面或机架上，这种约束称为**固定铰链支座**，如图 1-3-11（a）所示，其简图如图 1-3-11（b）所示。

由固定铰链支座的构造特点可见，它的性质与中间铰链的性质相同，其约束反力的表示方法也与中间铰链相同，如图 1-3-11（c）所示。

图 1-3-11   固定铰链支座

（3）活动铰链支座（辊轴支座）   如果固定铰链支座的座体，用几个圆柱形辊轴支承在光滑面上，这种支座称为**辊轴支座**或**活动铰链支座**，如图 1-3-12（a），其简图如图 1-3-12（b）所示。由于支承面光滑，活动铰链支座可以在支承面上有微小移动，只限制构件沿支承面法线方向的运动。因此，**活动铰链的支座的约束反力通过铰链中心，垂直于支承面，指向未定**。约束反力的表示方法如图 1-3-12（c）所示。

图 1-3-12   活动铰链支座

4. 固定端约束

工程实际中，经常碰到物体的一部分固嵌（插入）到另一物体中所构成的约束称为**固定端约束**。构件在固定端不能沿任何方向移动和转动。如建筑物阳台下的挑梁，被水泥等固定在墙中不能做任何方向的移动和转动；装在车刀架上的车刀，当旋紧螺钉后，刀杆被牢固地固定在刀架上使车刀相对于刀架不能做任何方向的移动和转动。其简图如图 1-3-13（a）所示。

固定端约束有约束反力 F_{Ax}、F_{Ay} 和约束反力偶 M_A。指向和转向未定。固定端的约束反力的表示方法如图 1-3-13（b）所示。一端是固定端支座，另一端自由的结构为悬臂梁。

5. 二力构件约束

一个不计自重、两端都用光滑铰链与其他物体连接，而且在杆的长度范围内（除杆端外）不受其他任何外力作用的杆称为**二力构件或称二力杆**，如果二力杆是直杆通常又称为**连**

图 1-3-13　固定端约束

杆。这种性质的约束称为**二力构件约束**。二力构件约束的约束反力沿杆两端铰中心的连线，**指向未定**。如图 1-3-14 所示，其中（a）图为拉杆；（b）图为压杆。

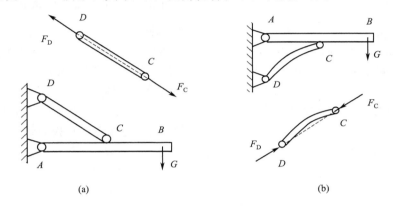

图 1-3-14　二力构件约束

　　上面介绍的是几种常见的、典型的平面约束，由于各种约束的结构不同，各种约束所能限制的被约束物体运动特点也就不同，但是，约束反力与约束所能限制的物体的运动方向相反。

　　需要指出的是，静力学的主要任务是在研究力系简化的基础上，建立力系的平衡条件并应用平衡条件求解约束反力。在进行平衡问题的求解时，首先遇到的就是如何正确地用约束反力代替约束对物体的作用，即对物体的受力进行分析并正确绘制受力图。

　　（四）物体的受力分析与受力图

　　分析物体受到哪些力的作用，以及每个力的作用位置和方向。这一过程称为**物体的受力分析**。为了便于分析和清晰地表示出物体的受力情况，要将所受的全部主动力和相应的约束反力以绘图的方式表达出来，这样的图形称为**受力图**。正确绘制受力图是求解静力学问题的第一步也是最重要的工作，不能省略，更不允许有任何错误。进行受力分析画受力图的关键是对约束性质及约束反力的分析，为了画好受力图，建议按以下步骤进行。

　　（1）明确研究对象，画分离体图　为正确分析物体的受力，根据求解未知力的需要，选定一个或几个物体作为研究对象，并将研究对象从周围的约束中分离出来，单独画出其轮廓简图，即为**分离体图**。恰当地选取研究对象是进行受力分析画受力图的关键，需要根据题意以及已知和未知条件综合考虑。

　　（2）画出分离体上的全部主动力　在分离体上画出该物体所受到的全部主动力，如重力、风载、水压、油压、电磁力等。

　　（3）根据约束类型画出分离体上的全部约束反力　就是把所解除的全部约束代之以约束反力。画约束反力时要根据约束的不同类型确定约束反力的方向和作用位置，其方向不能确定时，可以假设。

　　画受力图应注意：

① 在受力图上，只画上研究对象所受的全部作用力，而研究对象对周围物体的作用力不要画出。

② 不要画错力的作用位置和方向，特别要注意相互接触两物体间的约束反力必须符合作用与反作用定律。

③ 正确判断和分析二力构件约束。

④ 依据约束类型画约束反力，不能多画也不能漏画。

1. 单个物体受力分析实例

【例 1-6】 将重量为 W 的小球 O 放在光滑的斜面上，并用绳索 AC 将其与铅直面连接，小球处于静止状态，如图 1-3-15(a) 所示，画出小球的受力图。

解： （1）以小球 O 为研究对象，并画出球的分离体图，如图 1-3-15(b) 所示。

（2）画出全部主动力。作用在小球上的主动力只有重力 W，作用点在球心 O，铅直向下。

（3）根据约束类型画出全部约束反力。球在 C 处受柔性体约束，其约束反力 F_{TC} 作用于接触点 C，沿绳的中心线且背离小球（拉力），其作用线必通过球心 O。球在 B 点受光滑面约束，其约束反力 F_{NB} 作用在接触点 B，沿着公法线（通过球心 O）指向球体。受力图如图 1-3-15(b) 所示。小球的受力满足三力平衡汇交定理。

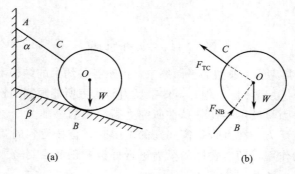

(a)　　　　　　　　　　　　(b)

图 1-3-15　小球受力图

【例 1-7】 简支梁 AB 中点受已知力 F 的作用，A 端为固定铰支座，B 端为活动铰链支座，如图 1-3-16(a) 所示，不计梁的自重，画出梁 AB 的受力图。

解： （1）以梁 AB 为研究对象，画出其分离体，如图 1-3-16(b) 所示。

（2）画出全部主动力。作用在梁 AB 上的主动力只有 F。

（3）根据约束类型画出全部约束反力。

A 端固定铰链支座的约束反力由于方向不确定，用两个正交分力 F_{Ax} 和 F_{Ay} 表示，指向均为假设；B 端活动铰链支座的约束反力为 F_B，作用线垂直于支承面，指向假设。受力图如图 1-3-16(b) 所示。

(a)　　　　　　　　　　　　(b)

图 1-3-16　简支梁受力图

2. 物体系统受力分析实例

若干个物体通过适当的约束组成的系统称为**物体系统**，简称**物系**。物系的受力图与单个物体受力图画法相同，只是所选取的研究对象可能是整个系统也可能是系统的某一部分或某一物体。但绘制物体系统受力图时特别要注意：

（1）正确表达作用力与反作用力。画系统的某一部分或某一物体的受力图时，要注意被拆开的相互联系处约束反力要遵循作用力与反作用力定律。

（2）正确区分并表达内力与外力。物系内各部分之间的相互作用力为**内力**，系统以外的物体对系统的作用力为**外力**。在受力图上只画出外力，不画内力。内力与外力的区分是相对的，它随着研究对象选择的不同而改变。

【例 1-8】　如图 1-3-17（a）所示为路灯支架简图，路灯重量为 G，A、C、D 三处均为光滑铰链连接，各杆自重不计。试分别画出路灯、曲杆 CD、水平杆 AB 及整体的受力图。

图 1-3-17　支架受力图

解：由图 1-3-17（a）可见，A、C、D 三处均为光滑铰链连接，因此，曲杆 CD 为二力杆，路灯支架受力分析研究对象的选择可分别按路灯、曲杆 CD、水平杆 AB 及整体的顺序进行。

（1）以路灯为研究对象　其上作用有重力 G 和绳子的拉力 F_B，路灯处于平衡状态，满足二力平衡公理，如图 1-3-17（b）所示。

（2）以 CD 杆为研究对象　杆 CD 是二力杆，作用于点 C、D 的二力等值、反向，作用线沿 CD 的连线，指向假定。受力如图 1-3-17（c）所示。

（3）以水平杆 AB 为研究对象　水平杆 AB 上 A 处为固定铰支座，约束反力过铰链 A 的中心，可用两个正交分力 F_{Ax} 和 F_{Ay} 表示，指向假定。C 处的约束反力与 CD 杆是一对作用力与反作用力。因此，F_C 和 F'_C 平行、反向、分别作用在两个物体上，同理 B 处的约束反力与路灯在此处的反力是一对作用力与反作用力。受力如图 1-3-17（d）所示。

（4）以整体为研究对象　如图 1-3-17（e）所示，先画出主动力 G，再画出 A 处固定铰链支座的约束反力 F_{Ax} 和 F_{Ay}，以及 D 处的固定铰支座的约束力为 F_D。

需要注意的是，整体受力图中某约束反力的指向，应与局部受力图中（单件）同一约束力的指向相同。例如画 CD 杆的受力图时，已假定固定铰支座 C 的约束反力为压力，在画整体的受力图时，C 处的约束反力也应与之相同。即同一作用位置约束反力的表达要一致。

在整体的受力图中，没有画出铰支座 C 处的约束反力，这一对约束反力是整体的两部分（杆 AB 和杆 CD）之间的相互作用力，对整体而言，属于内力。因此在整体的受力图上不画出。显然，内力与外力的区分是相对的，它随着研究对象选择的不同而改变，在本例中铰支座 C 处的约束反力就因研究对象的不同而由外力转为内力，或由外力转为内力。

【例 1-9】 如图 1-3-18（a）所示三铰拱桥，由左、右两拱铰接而成。设各拱自重不计。在 AC 拱上载荷 F 作用下，试分别画出拱 AC、BC 及整体的受力图。

图 1-3-18　三铰拱受力图

解：（1）**以 AC 拱为研究对象**　由于 AC 拱不计自重、在拱长范围内也不受任何外力，且拱两端的 A、C 分别受到中间铰和固定铰链支座的约束。因此 AC 拱为二力构件，作用于 A、C 两点处的约束反力 F_A、F_C 沿 AC 的连线，等值、反向，如图 1-3-18（c）所示，图中假设为压力。

（2）**以 AB 拱为研究对象**　先画出主动力 W。A 处铰链的约束反力 F'_A 和 F_A 是一对作用力与反作用力，因此，F'_A 和 F_A 等值、反向、作用线平行。B 处是固定铰链支座，其约束反力可用两个正交分力 F_{Bx} 和 F_{By} 表示，如图 1-3-18（b）所示。

（3）**以整体为研究对象**　先画出主动力 W，再画出 C 处的约束力 F_C、B 处的约束力 F_{Bx} 和 F_{By}，整体受力图如图 1-3-18（d）所示。

【例 1-10】 如图 1-3-19（a）所示支架由杆 AC 与 AB 组成，A、B、C 三处都是铰链连接，各杆自重不计。在铰 A（销钉）悬挂重量为 G 的重物。画出 AB、AC 杆及铰 A（销钉）的受力图。

图 1-3-19　支架受力图

解： 根据题目所给条件可知，杆 AB 和 AC 均为二力杆（链杆），分别以杆 AB 和 AC 为研究对象，它们两端所受铰链的约束反力的作用线都沿它们的轴线，指向假设，以 F_{BA}、F'_{AB}、F_{CA}、F'_{AC} 表示，它们的受力图如图 1-3-19(b)、（c）所示。其中 F'_{AB} 是铰 A（销钉）对杆 AB 的约束反力；F'_{AC} 是铰 A 对杆 AC 的约束反力，但 F'_{AB} 和 F'_{AC} 不是作用力与反作用力的关系。再以铰 A 为研究对象，如图 1-3-19(d) 所示，铰 A 所受主动力为重物的重量 G。根据作用与反作用定律，杆 AB 作用于铰 A 的力 F_{AB} 与 F'_{AB} 是一对等值、反向、共线的力；杆 AC 作用于铰 A 的力 F_{AC} 与 F'_{AC} 也是等值、反向、共线，是一对作用力与反作用力。

综上各例，将物体系统受力分析的注意事项归纳如下。

（1）画受力图时，首先要明确画哪一个物体或物体系统的受力图，即明确研究对象，然后将其所受的全部约束去掉，单独画出该研究对象分离体的简图。

（2）分析受力时先画出主动力，再画约束反力。原则上每解除一个约束，就有与之相应的约束反力作用在研究对象上，约束反力的方向要依据约束的类型来画，切不可根据主动力的情况来臆测约束力。

（3）正确判别二力构件约束。是否能准确判断二力构件约束成为分析某些题目受力的关键。固定铰链支座和中间铰的约束反力过铰链的中心但方向未知，一般用两个正交的分力表示。但是，当固定铰链支座或中间铰连接二力构件时，其约束反力作用线的位置是可以确定的。

（4）注意作用力与反作用力的关系及正确表达。在分析两物体之间相互作用时，作用力方向一旦确定，反作用力的方向就必与它平行、反向。

（5）如果取若干个物体组成的系统为研究对象，只画研究对象所受外力，不画内力。

（6）同一约束处的约束反力，在各受力图中假设的指向必须一致。

分任务四　力在直角坐标轴上的投影、力矩、力偶

一、力在直角坐标轴上的投影

1. 力在直角轴上投影的计算

如图 1-4-1(a) 所示，在直角坐标系 oxy 平面内的 A 点作用有一力 F，从力矢 F 的两端 A 和 B 分别向 x 和 y 轴作垂线，得垂足 a、b、a' 和 b'，线段 ab 和 $a'b'$ 的长度冠以适当的正负号，就表示力在 x 和 y 轴上的投影，并记为 F_x、F_y。并规定力 F 投影的走向（从 a 到 b 或从 a' 到 b' 的指向）与投影轴 x、y 的正向一致时为正；反之为负，如图 1-4-1(b) 所示。

力在直角坐标轴上的**投影是代数量**，若力 F 与 x 轴所夹锐角为 α，其投影表达式如下：

$$\begin{cases} F_x = F\cos\alpha \\ F_y = F\sin\alpha \end{cases} \tag{1-3}$$

如果已知 F_x、F_y 值，可以求出力 F 的大小和方向：

$$\begin{cases} F = \sqrt{F_x^2 + F_y^2} \\ \tan\alpha = |F_y/F_x| \end{cases} \tag{1-4}$$

式中，α 为力 F 与 x 轴所夹锐角，力 F 的指向由 F_x、F_y 正负号通过判断所在象限确定。

当力与坐标轴平行时，力在该轴上投影的绝对值等于力本身的大小；当力与坐标轴垂直时，力在该轴上的投影为零。

注意：力在坐标轴上的投影与力沿坐标轴的分解是两个不同的概念。分力是矢量，投影是代数量；在直角坐标系中，力在轴上的投影的绝对值与力沿该轴的分力的大小相等。

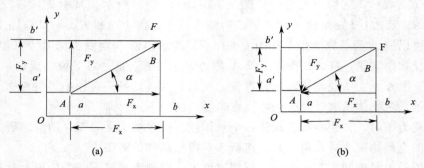

图 1-4-1　力在直角坐标轴上的投影

【例 1-11】　求图 1-4-2 中各力在 x 轴和 y 轴上的投影。已知 $F_1=10\text{kN}$、$F_2=20\text{kN}$、$F_3=30\text{N}$、$F_4=40\text{kN}$，各力方向如图所示。

图 1-4-2　投影的求解

解：由式（1-3）可得出各力在 x 轴和 y 轴上的投影分别为：

$$F_{1x}=F_1\cos45°=10\times\frac{\sqrt{2}}{2}=5\sqrt{2}(\text{kN})$$

$$F_{1y}=F_1\sin45°=10\times\frac{\sqrt{2}}{2}=5\sqrt{2}(\text{kN})$$

$$F_{2x}=-F_2\cos30°=-20\times\frac{\sqrt{3}}{2}=-10\sqrt{3}(\text{kN})$$

$$F_{2y}=-F_2\sin30°=-20\times\frac{1}{2}=-10(\text{kN})$$

$$F_{3x}=-F_3=-30(\text{N})$$

$$F_{3y}=0$$

$$F_{4x}=0$$

$$F_{4y}=F_4=40(\text{kN})$$

2. 合力投影定理

合力投影定理建立了合力的投影与分力的投影之间的关系。即**合力在任一坐标轴上的投影，等于分力在同一轴上投影的代数和**。此即为**合力投影定理**。若力系的合力用 **R** 表示，其表达式如下：

$$\begin{cases} R_x = F_{1x} + F_{2x} + \cdots + F_{nx} = \displaystyle\sum_{i=1}^{n} F_{ix} = \sum F_x \\[3mm] R_y = F_{1y} + F_{2y} + \cdots + F_{ny} = \displaystyle\sum_{i=1}^{n} F_{iy} = \sum F_y \end{cases} \tag{1-5}$$

以力在直角坐标轴上的投影和合力投影定理为基础求解力学问题的方法，称为**解析法**。解析法是解决力学问题的主要方法。

二、力矩

1. 力对点之矩

力作用在物体上会使物体的运动状态发生改变，这种改变包括移动效应和转动效应。力对物体的移动效应取决于力的大小、方向和作用点。那么，力对物体转动的效应与哪些因素有关呢？

如图1-4-3所示，用扳手拧螺母时，在扳手上作用一个力 F，使扳手和螺母绕螺钉中心 O 转动，就是力 F 使扳手产生的转动效应。用扳手拧紧螺母时，必须在扳手上作用一个适当的力 F，才能使扳手和螺母一起绕 O 点转动；而加在扳手上的力 F 离 O 点越远，拧紧螺母就越省力；力 F 离 O 点越近，就越费力。若施力方向与图示力 F 的方向相反，扳手将绕相反的方向转动，就会使螺母松动。以上例子说明，力 F 使物体绕任一点 O 转动的效应取决于：①力 F 的大小和方向；②点 O 到力 F 作用线的垂直距离 d。

度量力对刚体绕某点转动效应的物理量称为**力矩**。在平面问题中，我们把乘积 $F \cdot d$ 加上适当的符号，作为力 F 使物体绕点 O 转动效应的度量，称为**力 F 对 O 点之矩**，简称力矩，并用 $M_O(F)$ 表示，其计算公式为：

图1-4-3　力对点之矩

$$M_O(F) = \pm F \cdot d \tag{1-6}$$

式(1-6)中 O 点称为**力矩中心**（简称矩心）；O 点到力 F 作用线的垂直距离 d 称为**力臂**，并规定：**力使物体绕矩心做逆时针方向转动时为正，反之为负**。显然，在平面问题中，力矩是一个代数量。在国际单位制中，力矩的单位为牛顿·米（N·m），或千牛顿·米（kN·m）。

2. 力矩的基本性质

（1）力 F 对 O 点的矩，不仅取决于力的大小，还与矩心的位置有关。矩心位置不同，力矩随之不同。

（2）若将力 F 沿其作用线移动，则因为力的大小、方向和力臂都没有改变，所以不会改变该力对某一矩心的力矩。

（3）力的大小等于零（$F=0$）或力的作用线通过矩心（$d=0$），则力矩等于零。

（4）相互平衡的两个力对同一点的矩的代数和等于零。

3. 合力矩定理

合力矩定理：合力对平面上某点之矩等于力系中所有分力对同一点力矩的代数和。即：

$$M_O(R) = M_O(F_1) + M_O(F_2) + \cdots + M_O(F_n) = \sum M_O(F_i) \tag{1-7}$$

式中，力 R 为力 F_1、F_2、$\cdots$、F_n 的合力。

合力矩定理阐述了合力对某点的力矩与其分力对同一点力矩之间的关系。

图 1-4-4　简支梁

【例 1-12】　求图 1-4-4 所示简支梁上各力对支座 B 的力矩。已知：$F_1 = 2.5\text{kN}$，$F_2 = 3\text{kN}$，$F_3 = 8\text{N}$。

解：根据力矩的计算公式（1-6），各力对 B 的矩为：

$$M_B(F_1) = F_1 \times d_1 = 2.5 \times 3 = 7.5(\text{kN} \cdot \text{m})$$

$$M_B(F_2) = F_2 \sin 60° \times d_2 = 3 \times \frac{\sqrt{3}}{2} \times 2 = 3\sqrt{3}(\text{kN} \cdot \text{m})$$

$$M_B(F_3) = -F_3 \times d_3 = -8 \times 1 = -8(\text{N} \cdot \text{m})$$

计算力矩时的注意事项：

（1）正确找出力臂的长度，正确判断力矩的转向以便确定力矩的正负。

（2）注意取矩点在公式中的正确表达、力矩的单位。

（3）当直接计算力臂几何关系较复杂时，可灵活运用力矩的性质及合力矩定理，使求解得以简化。

【例 1-13】　如图 1-4-5（a）所示的直齿圆柱齿轮啮合时轮齿受到啮合力 F_n 的作用，设 $F_n = 400\text{N}$，压力角为 $α = 20°$，F_n 作用在齿轮的节圆上，其半径为 $r = 240\text{mm}$，试计算力 F_n 对于轴心 O 的力矩。

解：将力 F_n 分解为两个分力：圆周力 F_t 和径向力 F_r，如图 1-4-5（b）所示。根据合力矩定理得：

$$M_O(F_n) = M_O(F_t) + M_O(F_r)$$

（a）

（b）

图 1-4-5　力 F_n 对 O 点之矩

由于径向力 F_r 的作用线通过矩心 O，故：

$$M_O(F_r) = 0$$

所以有：

$$M_O(F_n) = M_O(F_t) = F_n \cos α \cdot r = 400 \times \cos 20° \times 0.24 = 90(\text{N} \cdot \text{m})$$

三、力偶

1. 力偶和力偶矩

在日常生活及生产实践中，常见到某些物体受到一对大小相等、方向相反，作用线平行但不共线的力作用。如图 1-4-6（a）所示汽车司机用双手转动方向盘，如图 1-4-6（b）所示攻丝锥时的用力等。

图 1-4-6　力偶

　　作用在同一物体上的一对**等值、反向、不共线**的平行力组成的力系称为**力偶**，以符号 $(\boldsymbol{F},\boldsymbol{F}')$ 表示，两力作用线所决定的平面称为**力偶的作用面**，两力作用线之间的垂直距离称为**力偶臂**，用 d 表示。由上述实例可知，力偶对物体作用的外效应是使物体产生转动运动的变化。

　　力偶对物体的作用效果，不仅取决于组成力偶的力的大小，而且取决于力偶臂的大小和力偶的转向。因此，力偶对物体的作用效应可用力与力偶臂的乘积 $F\cdot d$ 来度量。称为**力偶矩**，记作 $M(\boldsymbol{F},\boldsymbol{F}')$。简写为 M。即：

$$M(\boldsymbol{F},\boldsymbol{F}')=M=\pm F\cdot d \tag{1-8}$$

　　在平面问题中，力偶矩是一个代数量，其大小的绝对值等于力的大小与力偶臂的乘积，力偶在作用面内的转向用正负号表示，一般规定：使物体做逆时针转动的力偶矩为正，反之则为负。力偶矩的单位与力矩的单位相同，在国际单位制中是 N·m（牛顿·米），或 kN·m（千牛顿·米）。

　　力偶对物体的转动效应取决于力偶的三要素：**力偶矩的大小、力偶的转向及作用面**。三要素中的任何一个要素发生改变，力偶对物体的转动效应就会发生改变。

2. 力偶的基本性质

力偶具有以下基本性质。

性质一　力偶无合力。即力偶在任意轴上投影的代数和为零。

　　由于力偶无合力，因此，力偶对物体只有转动效应而没有移动效应，所以力偶不能用一个力来代替，也不能用一个力来平衡。即力偶不能与一个力等效。只能与另一个力偶等效。因此力和力偶是力学中的两种基本元素。

性质二　力偶对其作用面内任意一点的力矩恒等于力偶矩，而与矩心的位置无关。

　　不论 O 点选择在何处，力偶对物体的力矩，恒等于其力偶矩，而与力偶对矩心的相对位置无关。

性质三　在同一平面内的两个力偶，如果转向相同、力偶矩相等，则两力偶彼此等效。这就是平面力偶的等效条件，这两个力偶称为**等效力偶**。

　　根据力偶的等效条件，可得出以下推论：

推论1　力偶可以在它的作用面内任意移转，而不改变它对刚体的作用效应。即力偶对刚体的作用效应与力偶在其作用面内的位置无关。

推论2　只要保持力偶矩的大小和力偶的转向不变，可以同时改变力偶中力的大小和力

图 1-4-7　力偶的表示

偶臂的长短，而不改变力偶对刚体的作用效果。

　　由此可见，力偶中力偶臂和力的大小都不是力偶的特征量，只有力偶矩才是力偶作用效果的唯一度量。所以在研究与力偶有关的问题时，只需要考虑力偶矩的大小和转向。因此，常用带箭头的弧线表示力偶，箭头方向表示力偶的转向，弧线旁边的字母 M 或数字表示力偶矩的大小，如图 1-4-7 所示。

分任务五　平面力系的平衡方程及应用

　　力系按各力作用线是否在同一平面内，分为平面力系和空间力系。在平面力系中又包含平面汇交力系、平面平行力系和平面任意力系（也称平面一般力系）。

　　平面任意力系是平面力系中最一般、最常见的力系，平面汇交力系和平面平行力系是平面任意力系的特殊力系。只要掌握了平面任意力系的平衡方程及应用，其他特殊力系的平衡问题就可以迎刃而解了。

一、平面任意力系的平衡方程

　　若力系中各力作用线既不完全汇交于一点，也不完全平行，该力系称为平面任意力系，如图 1-5-1 所示。

　　平面任意力系的平衡方程为：

$$\begin{cases} F_x = 0 \\ F_y = 0 \\ \sum M_O(F) = 0 \end{cases} \qquad (1\text{-}9)$$

图 1-5-1　平面任意力系

　　上式表明，平面任意力系平衡的必要和充分条件是：力系中所有各力在两个任选的坐标轴上投影的代数和分别等于零；各力对任意点力矩的代数和也等于零。

　　式(1-9)也称为平面任意力系平衡的解析条件。式中的前两个方程为投影方程，第三个方程为力矩方程。

二、平面特殊力系的平衡方程

1. 平面汇交力系的平衡方程

　　若力系中各力作用线全部汇交于一点，则该力系称为平面汇交力系，如图 1-5-2 所示。

　　平面汇交力系的平衡方程为：

$$\begin{cases} F_x = 0 \\ F_y = 0 \end{cases} \qquad (1\text{-}10)$$

　　由此可得出结论，平面汇交力系平衡的必要和充分条件是：力系中所有各力在两个任选的坐标轴上的投影的代数和分别等于零。

　　式(1-10)的两个方程称均为投影方程。

2. 平面平行力系的平衡方程

　　若力系中各力作用线全部平行，则称该力系为平面平行力系，如图 1-5-3 所示。

图 1-5-2 平面汇交力系

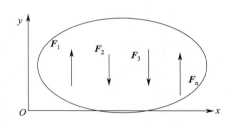

图 1-5-3 平面平行力系

平面平行力系的平衡方程为：

$$\begin{cases} \sum F_x = 0 (或 \sum F_y = 0) \\ \sum M_O(F) = 0 \end{cases} \quad (1-11)$$

由此可得出结论，平面平行力系平衡的必要和充分条件是：力系中所有各力在与力系作用线平行的坐标轴上的投影的代数和等于零；各力对任意点的力矩的代数和也等于零。

式（1-11）的前一个方程是投影方程，后一个方程是力矩方程。

三、平衡方程应用实例

1. 解题步骤和要求

（1）明确研究对象。根据题意恰当选择研究对象。

（2）画受力图。对研究对象进行受力分析并绘制受力图。

（3）列平衡方程求解。

2. 注意事项

（1）应用力系平衡方程求解约束反力时，要注意分析平衡方程的独立性。独立方程的数目意味着可求解未知力的数目，这样的分析在平衡问题选择研究对象时是非常重要的。从以上各力系的平衡方程中可知：平面任意力系独立的平衡方程是三个，一次最多能求解三个未知量；平面汇交力系和平面平行力系独立的平衡方程是两个，一次最多能求解两个未知量。

（2）为了避免求解联立方程，应使所选的坐标轴尽量垂直于未知力（通常选择直角坐标轴）；所选矩心尽量位于两个未知力的汇交点（可在研究对象之外）上，以便简化计算。

【**例 1-14**】 如图 1-5-4（a）所示，单缸内燃机曲柄连杆机构由曲柄 OA、连杆 AB 及活塞 B 组成，在力 F 和力偶矩为 M 的力偶作用下在图示位置处于平衡状态，机构中各物体的自重忽略不计，已知：$OA = 100\text{mm}$，$F = 433\text{N}$。试求：连杆 AB 所受的力、活塞所受的侧压力、支座 O 处的约束反力以及曲柄 OA 上的力偶 M。

解：根据题意观察结构，连杆 AB 为二力构件，假设为一压杆，但无法求解未知量；如果以整体为研究对象，未知量（F_{Ox}、F_{Oy}、F_B 及 M）超出了所能写出的独立平衡方程数，因此，必须分别研究活塞和机构整体。

（1）以活塞 B 为研究对象。画受力图，如图 1-5-4（b）所示。

以三力汇交点 B 为坐标原点，建立如图 1-5-4（b）所示的坐标系 Bxy。

活塞 B 上作用的是平面汇交力系，其平衡方程由公式（1-10）可得：

图 1-5-4　单缸内燃机曲柄连杆机构

$$F_x = 0, \quad F'_{BA}\sin 30° - F_B = 0$$

$$F_y = 0, \quad -F + F'_{BA}\cos 30° = 0$$

解得：

$$F_{BA} = \frac{F}{\cos 30°} = \frac{433}{0.866} = 500(N)$$

$$F_B = F_{BA} \times \sin 30° = 250(N)$$

（2）以机构整体为研究对象。画受力图，如图 1-5-4（c）所示。机构整体上作用的是平面任意力系，其平衡方程由公式(1-9)可得：

$$\sum M_O(F) = 0 \qquad F_B \times OB - M = 0$$

而 $OB = \dfrac{OA}{\cos 60°} = \dfrac{100}{0.5} = 200(mm)$，代人可得：

$$M = 250 \times 200 = 50000(N \cdot mm) = 50(N \cdot mm)$$

$$F_x = 0 \qquad F_{Ox} - F_B = 0,\ 所以\ F_{Ox} = F_B = 250(N)$$

$$F_y = 0 \qquad F_{Oy} - F = 0,\ 所以\ F_{Oy} = F = 433(N)$$

【例 1-15】　如图 1-5-5（a）所示为一台可沿轨道移动的塔式起重机，机身重 $G = 500kN$，

图 1-5-5　塔式起重机

重心在 C 点，其作用线至右轨的距离 $e=1.5\text{m}$。起重机的最大起重量 $W_{\max}=250\text{kN}$，其作用线至右轨的距离 $L=10\text{m}$。欲使起重机满载和空载时均不致倾倒，试确定平衡重 W_Q 之值。已知 $a=6\text{m}$，$b=3\text{m}$。

解：（1）以起重机为研究对象。

（2）画受力图。在一般情况下，起重机所受的主动力有 $\boldsymbol{G}$、$\boldsymbol{W}$、$\boldsymbol{W}_Q$；约束反力有轨道的光滑面约束反力 $\boldsymbol{F}_A$、$\boldsymbol{F}_B$，这些力组成一个平面平行力系，如图 1-5-5(b) 所示。

（3）列平衡方程并求解。

① 满载时，$W=W_{\max}=250\text{kN}$，设此时平衡重为 $\boldsymbol{W}_{Q1}$，要保证起重机不倾倒，必须满足平衡方程

$$\sum M_B(F)=0 \qquad -F_A b+W_{Q1}(a+b)-Ge-W_{\max}L=0$$

及限制条件 $\qquad\qquad\qquad\qquad F_A\geqslant 0$

因为，若起重机在这种情况下倾倒，将是绕 B 点转动，轮 A 将悬空，则 F_A 不存在。要使起重机不倾倒的临界状况是 $F_A=0$，所以，理论上的限制条件必须是 $F_A\geqslant 0$，由此解得：

$$W_{Q1}(a+b)-Ge-W_{\max}L\geqslant 0$$

即 $\qquad\qquad W_{Q1}\geqslant\dfrac{Ge+W_{\max}L}{a+b}=\dfrac{500\times 1.5+250\times 10}{6+3}=361(\text{kN})$

② 空载时，$W=0$，设此时平衡重为 $\boldsymbol{W}_{Q2}$，类似上述分析，要保证起重机不倾倒，必须满足平衡方程

$$\sum M_A(F)=0 \qquad W_{Q2}a+F_B b-G(b+e)=0$$

及限制条件 $\qquad\qquad\qquad\qquad F_B\geqslant 0$

解得： $\qquad\qquad\qquad G(b+e)-W_{Q2}a\geqslant 0$

即： $\qquad\qquad W_{Q2}\leqslant\dfrac{G(b+e)}{a}=\dfrac{500\times(3+1.5)}{6}=375(\text{kN})$

因此，为保证起重机平衡，平衡重 $\boldsymbol{W}_Q$ 之值应满足以下关系：

$$W_{Q1}<W_Q<W_{Q2}$$

即 $\qquad\qquad\qquad 361\text{kN}<W_Q<375\text{kN}$

【例 1-16】 如图 1-5-6(a) 所示悬臂梁受载荷集度为 $q=40\text{kN/m}$ 的均布载荷和 $F=80\text{kN}$ 的集中力作用，已知 $a=2\text{m}$，不计梁的自重，试求 A 端的约束反力。

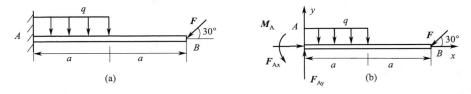

图 1-5-6　悬臂梁

解：（1）以梁 AB 为研究对象。

（2）画受力图。梁上作用有主动力均布载荷和集中力；约束类型为固定端约束，其约束反力有 $\boldsymbol{F}_{Ax}$、$\boldsymbol{F}_{Ay}$ 和矩为 $\boldsymbol{M}_A$ 的约束力偶，它们的指向和转向都是假设的，受力图如图 1-5-6(b) 所示。

（3）列平衡方程并求解。

$$\sum F_x = 0 \qquad F_{Ax} - F\cos30° = 0$$

$$\sum F_y = 0 \qquad F_{Ay} - qa - F\sin30° = 0$$

$$\sum M_A(\boldsymbol{F}) = 0 \qquad M_A - q \times a \times \frac{a}{2} - F \times \sin30° \times 2a = 0$$

将已知数分别代入上面三个方程解得：

$$F_{Ax} = 69\text{kN} \qquad F_{Ay} = 120\text{kN} \qquad M_A = 240\text{kN} \cdot \text{m}$$

分任务六　承载能力分析基础

一、材料力学的研究对象与任务

材料力学是研究工程结构及构件承载能力的一门学科。

1. 构件承载能力的概念

承载能力是指结构或构件承受具体载荷作用的能力。主要包括两个指标，强度和刚度。在机械设计中判断结构正常工作必须满足强度、刚度的要求，即对其进行承载能力的计算。

（1）**强度：构件抵抗破坏的能力。**在工程实际中，要保证机械和结构能正常工作，每个构件都必须安全可靠，而要保证构件安全可靠，首先要求构件在载荷作用下不发生破坏。如：起吊重物用的钢丝绳不能被拉断；齿轮传动中的轮齿不允许被折断；传动轴不被扭断等。

（2）**刚度：构件抵抗过大变形的能力。**即要求构件在规定的适用条件下不产生过大的弹性变形。如：钢板轧机在轧制过程中，轧辊会因钢板坯的反作用力而产生弯曲变形，如图 1-6-1(a) 所示，若轧辊的变形过大，将造成钢板沿宽度方向的厚度不均匀，影响产品的质量。如图 1-6-1(b) 所示的齿轮轴，在啮合力作用下所产生的弯曲变形如果过大，不但会造成齿轮间的啮合不良及影响传动的平稳性又会加剧轴承的磨损，降低其使用寿命。为了保证结构的正常工作，要将变形控制在一定的范围内，从而使结构和构件具有足够的刚度。

(a)　　　　　　　　　　　　　　　(b)

图 1-6-1　变形分析

2. 材料力学的研究对象

工程中，实际构件的形状是多种多样的，大致可简化为杆件如图 1-6-2(a) 所示、壳如图 1-6-2(b) 所示、板如图 1-6-2(c) 所示和块体如图 1-6-2(d) 所示，共四类。

材料力学的主要研究对象是**杆件**。凡长度尺寸远远大于其他两个方向尺寸的构件称之为杆件。杆件的几何形状可用其**轴线**（杆件各横截面形心的连线）和**横截面**（垂直于杆件轴线的几何图形）来表示，如图 1-6-3 所示。轴线是直线的杆件，称为**直杆**；轴线是曲线的杆件，称为**曲杆**；轴线是折线的杆件，称为**折杆**。各横截面形状和大小完全相同的直杆，称之为**等截面直杆**，反之称之为**变截面直杆**。本书主要研究**等截面直杆**。

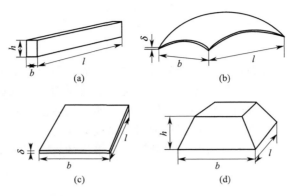

图 1-6-2　构件的种类

3. 材料力学的研究任务

材料力学的任务是：研究各种构件在外力作用下的内力、变形和破坏规律，在保证满足强度、刚度和稳定性的前提下，提供必要的理论基础、计算方法和试验技术，为构件选择适宜的材料，确定合理的截面形状和尺寸，以达到既安全又经济的目的。

图 1-6-3　杆件的几何要素

二、变形固体的基本假设

（一）变形固体的概念

各种构件或杆件均为固体，与刚体相对应，**变形固体是指在受力作用后可以产生变形的物体**。

在各种实际工程结构中，构件或杆件或多或少都会发生变形，即其形状和尺寸会有所改变，这些改变有的可以直接观察到，有的则需要通过仪器才能测出。如：房屋中的柱子，在一定压力的作用下会有所缩短；梁受横向力作用后会产生微弯；钢板的连接部分在钢板受力的作用后会产生相对错动等都是变形的实例。应当指出的是，上述所说的这些变形，相对于物体本身的尺寸来说是非常微小的，在进行受力计算时可先不予考虑，只是在需要知道变形量时才对其进行计算。

变形固体在外力作用下产生的变形，按其变形的性质分为弹性变形和塑性变形。所谓**弹性**，是指变形物体在外力撤除后能恢复其原来形状和尺寸的性质。如弹簧在拉力作用下会伸长，如果拉力不太大，当撤除拉力后，弹簧能恢复原状，这表明弹簧具有弹性。**弹性变形**是指变形物体上的外力撤除后可恢复的变形。如果撤除外力后，变形不能全部消失而留有残余，此残余部分称为**塑性变形或称为残余变形**。

撤除外力后能完全恢复原状的物体称为**理想弹性变形体或理想弹性体**。实际上，在自然界并不存在理想弹性体，但实验研究表明，常用的工程材料如金属、木材等，当外力不超过某一限度时（称为弹性阶段），很接近于理想弹性体，这样，可以将它们近似地视为理想弹性体进行研究；如果外力超过了这一限度，就会产生明显的塑性变形（称为弹塑性阶段）。

（二）变形固体的基本假设

为了分析和研究构件的强度、刚度和稳定性，在进行理论分析时，为了使计算简便，往往忽略变形固体的一些次要性质而将它们简化抽象为一种理想的模型即理想弹性体，为此，对其作如下基本假设。

1. 连续均匀性假设

假设变形固体内毫无空隙地、均匀地充满了物质，而且各点处的力学性质完全相同。尽管实际材料内部存在着不同程度的空隙，是非均匀、非连续的，但这些空隙与构件的尺寸相比要小得多，当从宏观角度去研究构件的强度等问题时，这些空隙对材料的性质和计算结果所引起的误差很小，可以忽略不计，从而认为材料是连续均匀的。

根据这个假设，构件变形的一些物理量就可以用坐标的连续函数来表示，使理论分析和计算大为简化。

2. 各向同性假设

假设材料沿各个方向的力学性能都相同。工程中常用的金属材料，就其每一晶粒来说，力学性质是具有方向性的，但是，由于构件中所含晶粒数量极多，而其排列又是不规则的，因此，他们的统计平均性质在各个方向就基本趋于一致了。这样的材料可以认为是符合各向同性假设的，称为**各向同性材料**。铸钢、铸铜、混凝土和玻璃等可视为各向同性材料。但也有一些材料，如木材、轧制的钢材其力学性能在不同的方向上不一定相同，故称为各向异性材料。

3. 小变形假设

构件在载荷的作用下所产生的变形，与构件的原始尺寸相比是非常微小的。根据这个假设，在分析计算构件的平衡问题时，可以不考虑外力作用点在构件变形时的位置改变，而用变形前的原始尺寸进行分析计算，这样可使计算大为简化，而产生的误差却非常微小。

三、杆件变形的形式

在不同形式的外力作用下，杆件产生的变形形态各不相同，分为基本变形和组合变形。

（一）基本变形

1. 轴向拉伸和压缩

如图 1-6-4(a)、(b) 所示，在一对大小相等、方向相反、作用线与杆轴线重合的外力（称为轴向拉力或压力）作用下，杆件将发生长度的改变（伸长或缩短），相应的，横截面则

(a) 轴向拉伸　　　　　　　　　　　(b) 轴向压缩

(c) 剪切　　　　　　　　　　　　　(d) 扭转

(e) 弯曲

图 1-6-4　杆件的基本变形

变细或变粗。

2. 剪切

如图 1-6-4(c) 所示，在一对作用线相距很近、方向相反的横向外力作用下，杆件的横截面将沿外力方向发生相对错动。

3. 扭转

如图 1-6-4(d) 所示，在一对大小相等、转向相反、位于垂直与杆轴线的两平面内的力偶作用下，杆的任意两横截面将发生绕轴线的相对转动。

4. 弯曲

如图 1-6-4(e) 所示，在一对大小相等、转向相反、位于纵向对称平面内的力偶的作用下，杆件将在纵向对称平面内发生弯曲，其轴线由直线变为曲线。

（二）组合变形

工程实际中的杆件或构件，可能同时承受两种或两种以上不同形式的外力作用，同时产生两种或两种以上不同形式的基本变形，称之为**组合变形**。组合变形是由以上四种基本变形组合而成的，如图 1-6-5 所示的带轮轴发生的就是弯、扭组合变形。

图 1-6-5 弯、扭组合变形

分任务七 轴向拉（压）内力、应力、变形分析

一、轴向拉伸和压缩的内力

工程实际中，发生轴向拉伸或压缩的构件很多。如图 1-7-1(a) 所示，螺栓连接紧固后螺杆受到沿轴线的拉力作用，将产生轴向伸长变形；单缸内燃机的曲柄连杆机构中的连杆，如图 1-7-2(a) 所示，在工作中将产生压缩变形。虽然这些构件结构形式各有差异，但其受力和变形具有共同的特点。轴向拉伸或压缩的**外力特点**是：作用在构件上的所有外力都沿着构件的轴线（或与构件轴线重合）。其**变形特征**是：构件的变形沿轴线方向伸长（拉杆）或缩短（压杆）。图 1-7-1(b)、图 1-7-2(b) 为螺杆和连杆的计算简图，其中螺杆为拉杆，连杆为压杆。

（一）内力的概念

物体受到外力作用发生变形，使组成物体的质点间相互位置发生变化，质点间的相互作用力也随之改变。这种由于外力作用而引起的物体内部**质点间相互作用力**的改变量称为**附加内力**，简称内力。

图 1-7-1　螺栓受到轴向拉伸

图 1-7-2　汽缸连杆受到轴向压缩

内力随外力的变化而改变,在一定限度内,外力增大,内力增大,变形也随之增大,内力与外力服从正比关系。当外力超过弹性限度,内力不再随外力而增加,构件就会发生破坏而丧失正常的工作能力。因此,内力的变化直接影响到杆件的失效。它是分析杆件强度、刚度的基础。

（二）截面法

研究承载能力首先要求出杆件的内力,无论何种变形求内力的方法均采用截面法。

以轴向拉压杆的内力为例说明求解内力的方法——截面法。

（1）**截开**：在所求内力处用 m—m 截面假想把杆件截为两部分,如图 1-7-3（a）所示。

（2）**代替**：可以以任意一部分为研究对象,去掉一部分,留下另一部分,去掉部分对留下部分的作用,用内力来代替（表示）。如图 1-7-3（b）所示留下左边部分,去掉右边部分,右边部分对左边部分的作用用内力代替,内力是分布内力。通常用其合力 F_N 来表示。由于轴向拉伸和压缩横截面上的分布内力的合力与杆轴线重合,称 F_N 为**轴力**。〔也可以以右部分为研究对象如图 1-7-3（c）所示〕。轴力的单位是牛顿（N）或千牛顿（kN）。轴力的**正负规定**如下：**拉伸时（背离截面）的轴力为正,压缩时（指向截面）的轴力为负**。

图 1-7-3　截面法

（3）**平衡**：利用静力学平衡方程,求解内力 F_N 的大小。

杆件在一对力 F 作用下处于平衡状态,用截面 m—m 截开后,各部分仍然保持原有的平衡状态。因此可采用静力平衡方程,可以求出内力 F_N 的大小,即

取左段为研究对象,有：

$F_x=0$，$F_N-F=0$，解得 $F_N=F$；

取右段为研究对象，有：

$$F_x=0,\quad F-F'_N=0,\quad 解得\ F'_N=F;$$

因为 $\boldsymbol{F}_N$ 与 $\boldsymbol{F}'_N$ 是杆件内力中的作用力与反作用力，所以 $F_N=F'_N=F$。因此，用 m—m 截面将杆件截开后，可以以任意一部分为研究对象，所求结果是一样的。

（三）轴力图

为了反映轴力随截面位置的变化情况并能清晰地表示最大轴力的数值，规定用垂直于杆件轴线的纵轴 $\boldsymbol{F}_N$ 表示对应截面上轴力大小，用平行于杆件轴线的横轴 x 表示横截面的位置，选定比例尺，绘制出**轴力沿轴线方向随截面位置变化规律的图形**，称为**轴力图**。拉力为正值画在 x 轴上方，压力为负值画在 x 轴下方。

【**例 1-17**】　如图 1-7-4(a) 所示一等直杆，受四个轴向外力作用。试求杆件截面 1—1、2—2、3—3 上的轴力，并绘出轴力图。已知：$F_1=10\text{kN}$、$F_2=10\text{kN}$、$F_3=50\text{kN}$、$F_4=30\text{kN}$。

图 1-7-4　轴力及轴力图

解：（1）按照外力的变化分段。根据题意可分三段，即：AB 段、BC 段和 CD 段，各段内轴力处处相等。

（2）用截面法求各段轴力。

　　AB 段，沿截面 1—1 将杆件截为两段，取杆件左段为研究对象，如图 1-7-4(b) 所示，假设轴力 F_{N1} 向右（拉力）。由静力学平衡条件可得：

$$F_x=0，即\ F_{N1}-F_1=0$$

解之得：
$$F_{N1}=10kN$$

可见，所求结果为正值，说明假设轴力的方向与实际方向一致，因此 F_{N1} 为拉力。

　　BC 段，同理求 2—2 截面的轴力，可取 2—2 截面左边一段为研究对象，如图 1-7-4(c) 所示，那么：

$$F_x=0，即\ F_{N2}-F_1-F_2=0$$

解之得：
$$F_{N2}=20kN$$

所求结果为正值，说明 F_{N2} 为拉力。

　　CD 段，再求 3—3 截面的内力时，为了简便，可取右段为研究对象，如图 1-7-4(d) 所示，设轴力为 F_{N3}，轴力向右。由静力学平衡条件可知：

$$F_x=0，即\ F_{N3}-F_4=0，$$

解得
$$F_{N3}=F_4=-30kN$$

可见，F_{N3} 为负值，说明所设轴力与实际方向相反，因此 F_{N3} 为压力。

　　(3) 绘制轴力图。如图 1-7-4(e) 所示，绘图时必须将截面位置对齐。从图中可以看出，最大的轴力发生在 *CD* 段，即 $|F|_{max}=30kN$。

二、　轴向拉伸和压缩的应力

(一) 应力的概念

　　实例分析：材料相同，粗细不同的两根杆，在受到相同的拉力作用时，尽管两杆的内力相同，但细杆更容易被拉断。这说明杆件的强度不仅与轴力的大小有关，还取决于杆件的横截面尺寸。横截面内任一点上分布内力的集度称为**应力**。

　　如图 1-7-5 所示，p 表示该横截面上 O 点处的**全应力**。根据平行四边形定律可将其沿横截面的法线和切线方向分解，沿横截面法线方向的应力称为**正应力**，用 σ 表示。沿横截面切线方向的应力称为**剪应力**，用 τ 表示。

图 1-7-5　横截面的应力

(二) 轴向拉、压杆横截面上正应力的计算

　　实验表明：轴向拉（压）杆横截面上只有正应力没有剪应力且正应力是均匀分布的，因此，轴向拉（压）杆横截面上正应力的公式为：

$$\sigma=\frac{F_N}{A} \qquad (1-12)$$

　　式中，F_N 为所求截面的轴力，N；A 为杆的横截面积，mm^2；σ 为正应力，MPa；正应力的正负号与轴力的正负号规定相同，即拉应力为正，压应力为负。

　　从式(1-12)可知：轴向拉压杆横截面上的正应力与轴力成正比，与横截面面积成反比。

　　正应力的基本单位是帕斯卡，简称帕，用符号 Pa 表示，常用单位为 MPa（兆帕），$1MPa=1N/mm^2$。应力单位的其他形式及换算关系如下：

$$1Pa = 1N/m^2$$
$$1kPa = 10^3\,Pa(kPa:千帕)$$
$$1MPa = 10^3\,kPa = 10^6\,Pa$$
$$1GPa = 10^3\,MPa = 10^6\,kPa = 10^9\,Pa(GPa:吉帕)$$

【例1-18】 阶梯轴受力如图1-7-6(a)所示，已知AD段横截面积$A_1 = 800mm^2$，DB段横截面积$A_2 = 300mm^2$，求各截面上的应力。

解：（1）求出各段轴力，并画出轴力图。

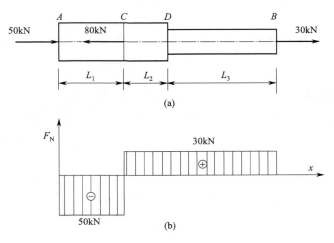

图1-7-6　阶梯轴

轴力图如图1-7-6(b)所示。从中可以看出，AC段的轴力$F_{N1} = -50kN$；CB段的轴力$F_{N2} = 30kN$。

（2）求各截面上的应力。由于各段轴力和横截面积不同，所以要分段计算应力，根据公式(1-12)解得：

$$\sigma_{AC} = \frac{F_{N1}}{A_1} = \frac{-50 \times 10^3}{800} = -62.5(MPa)$$

$$\sigma_{CD} = \frac{F_{N2}}{A_1} = \frac{30 \times 10^3}{800} = 37.5(MPa)$$

$$\sigma_{DB} = \frac{F_{N2}}{A_2} = \frac{30 \times 10^3}{300} = 100(MPa)$$

三、轴向拉伸和压缩的变形

（一）变形与应变

1. 纵向变形和纵向线应变

设杆件长为L，直径为d，受一对轴向拉力$\boldsymbol{F}$作用后，纵向长度由L变为L_1，横向直径由d变为d_1，则纵向变形$\Delta L = L_1 - L$；纵向线应变$\varepsilon = \frac{\Delta L}{L}$，纵向线应变没有量纲。对于拉杆$\Delta L$、$\varepsilon$为正值；对于压杆$\Delta L$、$\varepsilon$为负值。如图1-7-7所示。

2. 横向变形和横向线应变

横向变形$\Delta d = d_1 - d$，横向线应变$\varepsilon' = \frac{\Delta d}{d}$。

图 1-7-7　变形及表达

对于拉杆 Δd、ε' 为负值；对于压杆 Δd、ε' 为正值。

（二）泊松比 μ

当材料的变形在弹性变形范围内，横向线应变与纵向线应变之比为常量，即：

$$\mu = \left| \frac{\varepsilon'}{\varepsilon} \right| \tag{1-13}$$

μ 称为**横向变形系数**，又称**泊松比**，材料不同则 μ 值不同。当应力不超过某一限度时，在拉压过程中横向相对变形 ε' 和纵向相对变形 ε 正负号相反，且比例关系为：

$$\varepsilon' = -\mu\varepsilon$$

（三）胡克定律

实验表明，当横截面上的应力不超过某一限度（比例极限 σ_p）时，杆件的变形量 ΔL 与轴力 N 及杆件原长 L 成正比，与杆的横截面积 A 成反比，即：

$$\Delta L \propto \frac{NL}{A}。$$

引入比例常数 E，得：

$$\Delta L = \frac{NL}{EA} \tag{1-14}$$

式(1-14) 称为**胡克定律**，式中 E 称为**材料的弹性模量**，简称**弹模**，表示材料抵抗变形的能力，单位为 GPa。EA 称为**抗拉（抗压）刚度**，反映了杆件抵抗变形能力的大小。在其他条件不变的情况下，EA 值越大，杆件的变形越小；反之则相反。

式(1-14) 为拉伸与压缩胡克定律的第一种表达式。若把 $\sigma = \dfrac{N}{A}$，$\varepsilon = \dfrac{\Delta L}{L}$ 代入式(1-14)，可得到胡克定律的第二种表达式，即：

$$\sigma = E \cdot \varepsilon \tag{1-15}$$

式(1-15) 表明只要横截面上的应力不超过比例极限 σ_p 时，应力与应变成正比。其比例系数为弹性模量 E。柏松比 μ 和弹性模量 E 是材料的两个弹性常数，均可由实验测定，可查机械手册根据材料选择。表 1-2 列出了几种常用材料的 E 和 μ 的值。

表 1-2　几种常用材料的 E、μ 值

材料名称	E/GPa	μ	材料名称	E/GPa	μ
碳钢	196～216	0.24～0.28	合金钢	206～216	0.25～0.30
灰铸铁	80～150	0.23～0.27	铝合金	70～72	0.26～0.33
球墨铸铁	160	0.25～0.29			

【**例 1-19**】　若例 1-18 中阶梯轴受力情况及截面尺寸均不变［如图 1-7-6(a) 所示］，并已知各轴段长度 $L_1 = 300\text{mm}$、$L_2 = 200\text{mm}$、$L_3 = 500\text{mm}$，材料的弹性模量 $E = 200\text{GPa}$。求轴的总变形 ΔL_{AB}。

解：（1）计算各段变形量。由于各段轴力和横截面面积不同，所以要分段计算变形，根据公式(1-14)，各段变形量分别为：

$$\Delta L_{AC} = \frac{F_{N1}L_1}{EA_1} = \frac{-50 \times 10^3 \times 300}{200 \times 10^3 \times 800} = -0.09375 (\text{mm})$$

$$\Delta L_{CD} = \frac{F_{N2}L_2}{EA_1} = \frac{30 \times 10^3 \times 200}{200 \times 10^3 \times 800} = 0.0375 (\text{mm})$$

$$\Delta L_{DB} = \frac{F_{N2}L_3}{EA_2} = \frac{30 \times 10^3 \times 500}{200 \times 10^3 \times 300} = 0.25 (\text{mm})$$

变形量为正时轴段受拉，变形量为负时轴段受压。

（2）计算轴的总变形 ΔL_{AB}。

$$\Delta L_{AB} = \Delta L_{AC} + \Delta L_{CD} + \Delta L_{DB} = -0.09375 + 0.0375 + 0.25 = 0.19375 (\text{mm})$$

结果为正，说明轴的总变形为伸长。

分任务八　典型材料在拉伸和压缩时的力学性能

材料的力学性能是指材料在外力作用下其强度和变形方面所表现出的性能。表示材料力学性能的指标包括：强度极限、弹性模量 E、泊松比 μ 等。

研究材料的力学性能，不仅为强度计算提供依据，同时也为选择材料，合理制定工艺流程等提供参考数据。下面以两种典型材料——低碳钢和铸铁为例，讨论它们在拉伸和压缩时的力学性能。

各种材料的力学性能通常由试验来测定，影响力学性能的因素很多，如载荷的作用方式、温度、冶炼、材料的化学成分、加工及热处理等。通常所说的力学性能是在常温（室温）静载条件下通过试验所得到材料的力学性能，即常温静载试验，它是测定材料力学性能的基本试验。

在进行材料的力学实验时，按国家标准规定将试件做成有一定形状尺寸和光洁程度的标准试件。

金属材料拉伸标准试件如图 1-8-1(a) 所示。在试件中间等直部分取一段长度为 L 的工作段，称**标距**。标距 L 和直径 d 取 $L=5d$ 或 $L=10d$。把试件装在试验机的卡头上，开动试验机，由零开始，逐渐加力 F，试件产生相应的变形 ΔL，在加力的过程中，试验机的自动绘图仪将绘出拉力 F 与对应变形 ΔL 的曲线，即 $F\text{-}\Delta L$ 曲线，称为**拉伸图**。拉伸图与试件的几何尺寸有关。为了消除几何尺寸的影响，将载荷 F 除以试件的初始横截面面积 A，得到正应力 σ，将变形 ΔL 除以试件的初始标距，得到线应变 ε，这样的曲线称为**应力-应变曲线**，即 $\sigma\text{-}\varepsilon$ 曲线。工程中常以 $\sigma\text{-}\varepsilon$ 曲线反映材料拉伸和压缩时的力学性能。

图 1-8-1　金属材料标准试件

金属材料压缩的标准试件如图 1-8-1(b) 所示。一般做成高度略大于直径的圆柱体，高度 h 是直径 d 的 1.5～3 倍。

一、低碳钢拉伸时的力学性能

在企业生产实际中，习惯上按含碳量的多少，把非合金钢分为低碳钢（含碳量小于 0.25% 但大于 0.04%）、中碳钢（含碳量为 0.25%～0.60%）、高碳钢（含碳量大于 0.60%）三类。低碳钢中以 Q235 应用最广；中碳钢以 45 钢应用最广。

低碳钢拉伸时的拉伸图，如图 1-8-2(a) 所示。

低碳钢的应力-应变曲线如图 1-8-2(b) 所示，低碳钢拉伸的 σ-ε 曲线图可明显分为四个阶段。

图 1-8-2 低碳钢的拉伸图和应力-应变曲线

（一）低碳钢拉伸的四个阶段

1. 弹性阶段

图中 Oa 为一条斜直线，弹性变形很小。该段满足应力与应变成正比的关系。胡克定律 $\sigma = E \cdot \varepsilon$ 适用。斜直线 Oa 的最高点 a 所对应的应力值，称为**比例极限**，用 σ_p 表示。Q235A 钢在该点的应力大小约为 200MPa。Oa 斜线的倾角为 α，其斜率为 $\tan\alpha = \dfrac{\sigma}{\varepsilon} = E$，即为材料的弹性模量 E。

当应力超过比例极限 σ_p 以后，aa' 段不再是直线，胡克定律不再适用。当卸去外载荷后，变形也随之全部消失，材料发生的是弹性变形。这一阶段的最高点 a' 所对应的应力值称为**弹性极限**，用 σ_e 表示。虽然它是弹性阶段的最高点，但由于 a、a' 两点相距很近，通常两者不做严格区分。工程上使用的构件只允许在弹性限度内工作。

2. 屈服阶段

若应力超过 σ_e 后继续增加到一定值，试件变形加快，图线上出现小锯齿形的波动阶段 bc。此时应力变化不大，但应变却急剧增加。工程上把这种应力变化不大，而变形显著增加的现象称为材料的**屈服**或**流动**。屈服阶段 bc 的最低点所对应的应力称为**屈服点或屈服极限**，用 σ_s 表示，Q235A 钢的屈服极限为 235～240MPa。若达到屈服阶段时在表面很光洁的抛光试件上会发现许多与轴线成 45° 的条纹线，这种现象是由于材料的抗剪切能力低于抗拉伸的能力，剪应力达到最大值，使晶格产生滑移而形成的。这些条纹线又称为 **45°滑移线**。此时试件主要发生塑性变形。工程上不允许发生较大的塑性变形，常把屈服极限定为塑性材料的危险应力，因此屈服极限是材料的强度指标之一。

3. 强化阶段

经过屈服阶段后，要使材料继续变形，必须加大应力，于是图中 $c'd$ 段又出现上凸的趋势。这是因为经过屈服阶段后，晶格重新排列组合，材料又恢复了抵抗变形的能力，这种现象称为材料的**强化**，曲线 $c'd$ 段称为强化阶段，曲线 $c'd$ 段的最高点 d 点所对应的应力值称为材料的**强度极限**，用 σ_b 表示。这一阶段材料所产生的变形是塑性变形。强度极限只是一个名义指标，因为达到了强度极限时，试件的面积已经发生了变化。强度极限是材料断裂前产生的最大应力，它是衡量材料性能的另一个强度指标。Q235A 钢的强度极限约为 400MPa。

4. 颈缩阶段

应力达到强度极限 σ_b 后，在试件比较薄弱处的横截面上产生急剧的局部收缩，即材料发生**颈缩现象**，如图 1-8-3 所示，最后导致试件在横截面上断裂。在断裂时弹性变形消失，试件表面呈现杯口形状。

（二）塑性指标

衡量材料塑性变形的指标有两个，延伸率 δ 和截面收缩率 ψ。

把断裂试件对接在一起，量其标距长为 L_1，初始标距为 L，试样初始横截面积为 A，

图 1-8-3　颈缩现象

断裂后断口处的最小横截面面积为 A_1，则延伸率 δ 和截面收缩率 ψ 分别为：

$$\begin{cases} \delta = \dfrac{L_1 - L}{L} \times 100\% \\[2mm] \psi = \dfrac{A - A_1}{A} \times 100\% \end{cases} \qquad (1\text{-}16)$$

通常称 $\delta \geqslant 5\%$ 时的材料为**塑性材料**，如铜、铝、钢材等；称 $\delta < 5\%$ 的材料为**脆性材料**，如铸铁、砖石等。δ 和 ψ 越大说明材料的塑性越好。Q235A 钢的延伸率 δ 值为 $20\% \sim 30\%$，截面收缩率 ψ 值为 $60\% \sim 70\%$，是一种典型的塑性材料，具有优良的塑性和焊接性能，但强度较低，在机械制造中主要用于受力不大的普通零件，如螺钉、螺母、垫圈、法兰等。而要制造受力较大的机械零件，如机床齿轮、机床主轴、曲轴、连杆等，则以中碳钢中的 45 钢应用最广。

图 1-8-4　铸铁拉伸时的应力-应变曲线

二、铸铁拉伸时的力学性能

铸铁是工程上广泛使用的一种材料。如图 1-8-4 所示铸铁拉伸时的应力-应变曲线，在拉伸时应力很小就被拉断。观察拉断前的规律，没有明显的直线部分，没有屈服阶段，也无颈缩现象，变形很小。实际计算时常近似地用直线代替曲线，近似认为铸铁拉伸时服从胡克定律。铸铁断裂后的延伸率 $<1\%$，是典型的脆性材料。强度极限 σ_b 是脆性材料唯一的强度指标。

三、低碳钢和铸铁压缩时的力学性能

图 1-8-5 中的实线是低碳钢压缩时的图线，虚线为低碳钢拉伸时的图线。比较拉伸与压缩的两种情况，发现在屈服阶段前，两种曲线是重合的。说明低碳钢在压缩时的比例极限 σ_p、弹性极限 σ_e、弹性模量 E 和屈服极限 σ_s 与拉伸完全相同。抗拉

刚度 EA 与压缩时的抗压刚度完全相同，进入强化阶段后，拉、压两曲线逐渐分离，压缩曲线上升。试件愈压愈扁，可产生很大的塑性变形而不断裂，因而测不出材料的抗压强度极限。

图 1-8-5　低碳钢压缩时的应力-应变曲线　　　　　图 1-8-6　铸铁压缩时的应力-应变曲线

铸铁拉伸与压缩的一对曲线如图 1-8-6 所示，实线为铸铁压缩曲线，虚线为铸铁拉伸的曲线，两种曲线变形部分很相似，它们的变形都很小，近似地服从胡克定律。铸铁压缩时的强度极限约为 $\sigma_{by} = 600\text{MPa}$，是拉伸时强度极限 σ_{bl} 的 4～5 倍。拉伸时在横截面有断口，而断裂时试样略成鼓形，裂纹发生在 $45°\sim55°$ 的斜面上，说明铸铁的抗剪能力远远低于抗压能力。铸铁是典型的脆性材料，价格便宜，有良好的减振降噪作用，适宜做中等负载下的压缩部件，如各种机器的本体，机床的底座等。几种常见材料的力学性能见表 1-3 所示。

表 1-3　几种常用材料的力学性能表

材料名称	屈服极限 σ_s/MPa	抗拉强度 σ_d/MPa	伸长率 δ/%	断面收缩率 ψ/%
Q235A 钢	216～235	373～461	25～27	—
35 钢	216～314	432～530	15～20	28～45
45 钢	265～353	530～598	13～16	30～40
QT600-2	412	538	2	—
HT150	—	拉 98～275 压 637 弯 206～416	—	—

分任务九　轴向拉（压）的强度条件及应用

一、许用应力

机械或工程结构中的每一个构件，所能承受的应力都是有一定限度的，为了保证构件可靠地工作，工程上不允许构件产生较大的塑性变形或发生断裂。通常称使材料丧失正常工作能力的应力为**极限应力**或**危险应力**，用符号 σ° 表示。一般认为，塑性材料的极限应力是屈服极限 σ_s，脆性材料的极限应力是强度极限 σ_b。

构件在实际工作时，由于材料质地的不均匀性、所承受载荷难以精确估算以及构件的磨损腐蚀等，要求材料具有一定的安全储备，因此，用**许用应力**来表示构件在正常工作时，材料所允许承受的最大应力，不论是塑性材料，还是脆性材料，其许用应力均应低于材料的极限应力。许用应力用 $[\sigma]$ 表示。计算公式为：

$$[\sigma]=\frac{\sigma^{\circ}}{S} \tag{1-17}$$

式中，σ° 为材料的极限应力，塑性材料为 σ_s，脆性材料为 σ_b；S 为安全系数。

安全系数的选择要兼顾安全和经济两方面。合理选用安全系数，既可以保证构件的安全性，又可以节约材料，减轻重量，达到物尽其用。

在选取安全系数时，主要应考虑以下两点。

（1）主观与客观的差异：对外载荷估计的准确程度；应力的计算方法，取值的精确性；材料的不均匀性；构件的重要性及工作条件等。

（2）给构件必要的安全储备，防止意外事故的发生。在不同材料、不同工作条件下选取安全系数时，可从相关手册中查找。一般的机械，塑性材料取 $S=1.3\sim2.2$；脆性材料取 $S=2.0\sim5$。

二、轴向拉（压）杆的强度条件

为了保证拉（压）杆有足够的强度，构件横截面上的最大工作应力不得超过材料在拉或压时的许用应力，即：

$$\sigma_{\max}=\frac{F_{\mathrm{Nmax}}}{A}\leqslant[\sigma] \tag{1-18}$$

式（1-18）称为**拉（压）杆的强度条件**，式中 F_{Nmax} 和 A 分别为危险截面上的轴力与横截面积。应用此公式可以解决以下三方面的强度问题。

1. 校核强度

根据构件的材料、截面尺寸及所受载荷（已知 $[\sigma]$、A 及 F_{N}），可用式（1-18）验算构件是否满足强度条件。若 $\sigma_{\max}\leqslant[\sigma]$ 表明构件强度足够，可以正常工作。否则不满足强度要求，需要维修加固更换或构件。

2. 设计截面

根据构件所用材料及所受载荷（已知 $[\sigma]$ 和 F_{N}），设计合理的截面尺寸。即：

$$A\geqslant\frac{F_{\mathrm{N}}}{[\sigma]} \tag{1-19}$$

3. 确定许可载荷

根据构件的材料和截面尺寸（已知 $[\sigma]$ 及 A），确定许可载荷，即：

$$[F_{\mathrm{N}}]\leqslant A[\sigma] \tag{1-20}$$

三、强度条件的应用实例

【例 1-20】　图 1-9-1 为一根由 Q235 钢制成的圆形截面直杆，受轴向力 $F=40\mathrm{kN}$ 作用，直径 $d=20\mathrm{mm}$，材料的许用应力 $[\sigma]=160\mathrm{MPa}$，试校核该构件的强度。

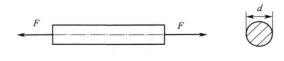

图 1-9-1　钢拉杆

解：最大轴力 $F_{\text{Nmax}}=F=40\text{kN}$

面积
$$A=\frac{\pi d^2}{4}=\frac{3.14\times20^2}{4}=314\text{（mm}^2\text{）}$$

代入式（1-18）得：

$$\sigma_{\max}=\frac{F_{\text{Nmax}}}{A}=\frac{40\times10^3}{314}=127\text{MPa}<[\sigma]=160\text{MPa}$$

满足强度要求。

【例 1-21】　单缸内燃机曲柄连杆机构，已知连杆的许用应力 $[\sigma]=160\text{MPa}$，试确定连杆的横截面积 A。

解：曲柄连杆机构的受力分析及连杆的受力计算，已经在知识点五中的例 1-14 完成，本例题是要在原题目计算的基础上，进一步进行强度计算，因此，连杆所受的轴力为 $F_{\text{N}}=F_{\text{BA}}=500\text{N}$。

代入式（1-19）得：

$$A\geqslant\frac{F_{\text{N}}}{[\sigma]}=\frac{500}{160}=3.125\text{（mm}^2\text{）}$$

【例 1-22】　如图 1-9-2(a) 所示为一个木结构支架，AB 和 AC 杆的横截面积均为 $A=600\text{mm}^2$，材料的许用应力 $[\sigma]=7\text{MPa}$，试求 A 处悬挂重物的最大许可载荷 W。

图 1-9-2　支架强度计算

解：（1）受力分析及计算。以销钉 A 为研究对象，受力如图 1-9-2(b) 所示，销钉 A 上作用一个平面汇交力系，建立直角坐标系，列平衡方程，可求出 F_{N1}、F_{N2} 与载荷 W 的关系，即：

由　$F_y=0$，$F_{\text{N1}}\sin30°-W=0$，得 $F_{\text{N1}}=2W$

由　$F_x=0$，$F_{\text{N2}}-F_{\text{N1}}\cos30°=0$，得 $F_{\text{N2}}=\sqrt{3}W$

（2）确定许可载荷。代入式（1-20）得：

$$[F_{\text{N}}]\leqslant A[\sigma]=600\times7=4200\text{N}=4.2\text{kN}$$

又因为 $F_{\text{N1}}=2W$，所以有 $W_1=\dfrac{4.2}{2}=2.1$（kN）

又因为 $F_{\text{N2}}=\sqrt{3}W$，所以有 $W_2=\dfrac{4.2}{\sqrt{3}}=2.4$（kN）

为保证构件的安全性，应选用所计算 W 值中的较小者，即最大许可载荷为 $W_{\max}=2.1\text{kN}$。

知 识 小 结

任务一由九个知识点构成，涵盖了三部分内容。

第一部分内容包含知识点一和二，在对平面机构的结构和运动特性进行分析的基础上，重点分析讨论了机构的组成及机构具有确定运动的条件、平面四杆机构的基本形式及其演化、平面四杆机构的基本特性等。并对凸轮机构、间歇机构的工作原理、类型及特点进行了介绍。

第二部分内容包含知识点三、四和五，重点分析讨论了物体受力分析的方法、受力图的绘制、平面力系平衡方程及应用。要想达到熟练应用力系的平衡方程求解约束反力，必须掌握三个重要工具：力在坐标轴上的投影、力矩和力偶。

第三部分内容包含知识点六、七、八和九，重点分析讨论了构件承载能力的研究内容和方法，以轴向拉伸和压缩为例，从内力、应力、变形和强度条件四方面进行了分析计算，并分析了两种机械中常用的典型材料——低碳钢、铸铁在拉（压）时的力学性能，为后续内容的学习和掌握奠定了基础。

知 识 考 查

1. 什么叫做运动副？常见的运动副有哪些？它们在平面机构中各引入几个约束？

2. 什么是复合铰链、局部自由度和虚约束？在计算平面机构自由度时如何处理它们？

3. 机构具有确定运动的条件是什么？

4. 什么是机构的急回特性？在生产中怎样利用这种特性？

5. 机构中传动角 γ 和压力角 α 之和为多少？传动角和机构传力性能之间有怎样的关系？

6. 试绘制题图 1-1 所示机构的运动简图。

题图 1-1

7. 试计算题图 1-2 所示大筛机构的自由度。

题图 1-2

8. 试计算题图 1-3 所示机构的自由度。（若有复合铰链、局部自由度或虚约束，必须明确指出）

题图 1-3

9. 已知铰链四杆机构（题图 1-4）各构件的长度分别为 $AB=240\text{mm}$，$BC=600\text{mm}$，$CD=400\text{mm}$，$AD=500\text{mm}$。试问，当分别取 AB、BC、CD、AD 为机架时，将各得到何种机构？

题图 1-4

10. 画出题图 1-5 所示杆件的内力图。

题图 1-5

11. 如题图 1-6 所示，重 $G=60\text{kN}$ 的物体，挂在支架 ABC 的 B 点，若 AB 和 BC 两杆材料都是铸铁，其许用拉应力 $[\sigma_\text{l}]$ $=30\text{MPa}$，许用压应力 $[\sigma_\text{y}]=90\text{MPa}$，设计 AB 和 BC 两杆的横截面面积。

12. 分别画出题图 1-7（a）～（d）中各物体的受力图。题中所有接触处均为光滑，除注明以外，物体的自重都不计。

13. 分别画出题图 1-8（a）～（f）中各物体的受力图及整体受力图。题中所有接触处均为光滑，除注明以外，物体的自重都不计。

题图 1-6

题图 1-7

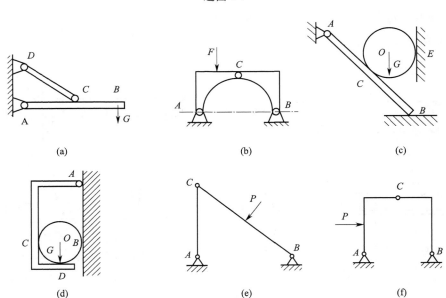

题图 1-8

14. 如题图 1-9 所示，重 20kN 的物体用两根绳索悬挂在墙壁上，不计绳索重量，试求各绳索所受的力。

题图 1-9

15. 计算题图 1-10(a)~(d) 中力 F 对 O 点之矩。

题图 1-10

16. 求题图 1-11(a)~(d) 中各梁的支座反力。已知 $F=2\text{kN}$，$M=4\text{kN} \cdot \text{m}$，$q=1\text{kN/m}$，不计梁的自重。

题图 1-11

任务二 带传动的设计

任务描述

    根据带传动的工作原理，对带传动进行分类学习，分析带传动的工作能力，分析带传动的失效形式、设计总则和安装维护等。

任务目标

    主要介绍带传动的组成、工作原理、类型特点和应用；普通 V 带传动的工作特性及设计，以及带传动的安装和维护等基本知识。

分任务一 带传动的工作原理、类型与工作情况分析

    带传动属于挠性传动，是在主动带轮、从动带轮之间通过皮带来传递运动和动力的。与齿轮传动相比，带传动具有结构简单、成本低廉、两轴间距大等优点，因此当主动轴与从动轴相距较远时，常常采用带传动。

一、带传动的工作原理

    带传动通常是由主动带轮、从动带轮和张紧在两轮上的环形传动带组成的，如图2-1-1所示。

    带传动是利用传动带与带轮的摩擦或啮合来传递运动和动力的。安装时，带被张紧在带轮上，产生的初拉力使得带与带轮之间产生压力。当主动轮转动时，依靠摩擦力或啮合拖动从动轮一起转动，并传递一定的转矩。

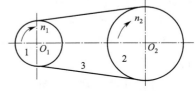

图 2-1-1 带传动

1—主动轮；2—从动轮；3—传动带

二、带传动的类型、特点和应用

1. 带传动的类型

    按工作原理可分为摩擦式带传动和啮合式带传动，如图 2-1-2 所示。

    本任务主要讲述摩擦式带传动。啮合式带传动也叫同步带传动，兼有带传动和齿轮传动的特点，传动时带和带轮间无相对滑动，能保证准确的传动比，传动功率能达数百千瓦，传动效率可高达 98%，传动比 $i < 12 \sim 20$，允许带速高至 50m/s，而且初拉力较小，作用在轴和轴承上的压力小，但制造、安装要求高、价格较贵。

    摩擦式带传动根据挠性带截面形状不同，可分为图 2-1-3 所示类型。

    （1）平带传动 ［图 2-1-3(a)］ 平带传动中带的截面形状为矩形，工作时带的内表面是工作面，与圆柱形带轮工作面接触，属于平面摩擦传动。

    （2）V 带传动 ［图 2-1-3(b)］ V 带传动中带的截面形状为等腰梯形。工作时带的两侧

图 2-1-2　摩擦式带传动和啮合式带传动

图 2-1-3　摩擦式带传动类型

面是工作面，与带轮的环槽侧面接触，属于楔面摩擦传动。在相同的带张紧程度下，V 带传动的摩擦力要比平带传动约大 70%，因此，其承载能力比平带传动高。在一般的机械传动中，V 带传动现已取代了平带传动而成为常用的带传动装置。

（3）多楔带传动［图 2-1-3(c)］　多楔带传动中带的截面形状为多楔形，其工作面为楔的侧面，它是在平带基体上由多根 V 带组成的传动带。它具有平带的柔软、V 带摩擦力大的特点，可传递很大的功率。

（4）圆带传动［图 2-1-3(d)］　圆带传动中带的截面形状为圆形，圆形带有圆皮带、圆绳带、圆锦纶带等，其传动能力小，主要用于 $v<15\mathrm{m/s}$，$i=0.5\sim3$ 的小功率传动，如仪器和家用器械中。

2. 带传动的特点和应用

带传动的优点：

① 由于带是挠性件，能缓冲、吸振，所以带传动平稳，噪声小。

② 过载时带在小带轮上打滑，防止其他零件因过载而破坏，起到过载保护作用。

③ 结构简单，制造、安装、维护方便，成本低廉，适合于两轴中心距较大的场合。

带传动的缺点：

① 由于带与带轮之间存在弹性滑动，故不能保证准确的传动比，传动精度和传动效率较低。

② 带传动外廓尺寸大，结构不紧凑，不适于高温和有腐蚀物质的场合。

③ 需要张紧装置，带的寿命较短，对轴和轴承的压力较大。

由于带传动存在上述特点，一般情况下，带传动可传递的功率为 $50\sim100\mathrm{kW}$，带速为 $5\sim25\mathrm{m/s}$，平均传动比 $i\leqslant5$，传动效率为 92%～97%。

通常，带传动用于中、小功率电动机与工作机械之间的动力传递。目前 V 带传动应用最广，近年来平带传动的应用已大为减少。但在多轴传动或高速情况下，平带传动仍然是很有效的。

3. V 带的结构和规格

（1）V 带的结构　V 带有普通 V 带、窄 V 带、宽 V 带、联组 V 带等。普通 V 带为无接头的环形带。V 带的横截面结构如图 2-1-4 所示，由包布、顶胶、抗拉体和底胶四部分组成。包布的材料是帆布，它是 V 带的保护层；顶胶和底胶的材料主要是橡胶，当带在带轮上弯曲时外侧受拉内侧受压；抗拉体主要承受带的拉力，其结构有帘布结构［图 2-1-4（a）］和绳芯结构［图 2-1-4（b）］两种。帘布结构 V 带是由几层胶帘布制成，抗拉能力强，价格低廉，应用比较广泛；绳芯结构由一排胶线绳制成，柔韧性好，抗弯强度高，但承载能力较差，适用于载荷不大、带轮直径小和转速较高的场合。为了提高 V 带抗拉强度，近年来已开始使用合成纤维（锦纶、涤纶等）绳芯作为强力层。

图 2-1-4　普通 V 带结构

（2）V 带的规格　我国生产的普通 V 带尺寸采用基准宽度制，根据横截面积大小的不同，分为 Y、Z、A、B、C、D、E 七种型号（GB/T 11544—2012），其截面尺寸见表 2-1。当带绕过带轮弯曲时，顶胶会伸长，底胶会压缩，两层中间存在既不伸长也不缩短的中性层，沿中性层形成的面称为节面，节面的宽度称为节宽 b_p（见表 2-1）。V 带在规定的张紧力下，其中性层的周线长度称为带的基准长度 L_d，V 带的公称长度用基准长度 L_d 表示。各种型号 V 带的基准长度见表 2-2。

普通 V 带的标记：由型号、基准长度、标准编号三部分组成。

标记实例：标记为 A1600　GB 11544—1989（A 型 V 带，基准长度为 1600mm）。

表 2-1　普通 V 带的横截面尺寸　　　　mm

V 带截面示意图		型号	节宽 b_p	顶宽 b	高度 h	质量 q/(kg/m)	楔角
	普通V带	Y	5.3	6.0	4.0	0.04	
		Z	8.5	10.0	6.0	0.06	
		A	11.0	13.0	8.0	0.10	
		B	14.0	17.0	11.0	0.17	$\alpha = 40°$
		C	19.0	22.0	14.0	0.30	
		D	27.0	32.0	19.0	0.60	
		E	32.0	38.0	25.0	0.87	
	窄V带	SPZ	8.0	10.0	8.0	0.07	
		SPA	11.0	13.0	10.0	0.12	
		SPB	14.0	17.0	14.0	0.20	$\alpha = 40°$
		SPC	19.0	22.0	18.0	0.37	

表 2-2　普通 V 带的基准长度（摘自 GB/T 11544—2012）

基准长度 L_d /mm	Y	Z	A	B
200	0.81			
224	0.82			
250	0.84			
280	0.87			
315	0.89			
355	0.92			
400	0.96	0.87		
450	1.00	0.89		
500	1.02	0.91		
560		0.94		
630		0.96	0.81	
710		0.99	0.82	
800		1.00	0.85	
900		1.03	0.87	0.81
1000		1.06	0.89	0.84
1120		1.08	0.91	0.86
1250		1.11	0.95	0.88
1400		1.14	0.96	0.90

基准长度 L_d /mm	Z	A	B	C	D	E
1600	1.16	0.99	0.93	0.84		
1800	1.18	1.01	0.95	0.85		
2000		1.03	0.98	0.88		
2240		1.06	1.00	0.91		
2500		1.09	1.03	0.93		
2800		1.11	1.05	0.95	0.83	
3150		1.13	1.07	0.97	0.86	
3550		1.17	1.10	0.98	0.89	
4000		1.19	1.13	1.02	0.91	
4500			1.15	1.04	0.93	0.90
5000			1.18	1.07	0.96	0.92
5600				1.09	0.98	0.95
6300				1.12	1.00	0.97
7100				1.15	1.03	1.00
8000				1.18	1.05	1.02
9000				1.21	1.08	1.05
10000				1.23	1.11	1.07

注：带的根数 Z 不应过多，否则会使各带受力不均匀，通常 $Z<8$ 且为整数。

表 2-3　普通 V 带轮的轮槽尺寸　　　　　　　　mm

槽型	Y	Z	A	B	C
基准宽度 b_d	5.3	8.5	11	14	19
基准线上槽深 h_{amin}	1.6	2.0	2.75	3.5	4.8
基准线下槽深 h_{fmin}	4.7	7.0	8.7	10.8	14.3
槽间距 e	8±0.3	12±0.3	15±0.3	19±0.4	25.5±0.5
槽边距 f_{min}	6	7	9	11.5	16
轮缘厚 δ_{min}	5	5.5	6	7.5	10
外径 d_a	$d_a = d_d + 2h_a$				

φ		基准直径 d_d			
	32°	≤60			
	34°		≤80	≤118	≤190	≤315
	36°	>60			
	38°		>80	>118	>190	>315

4. V 带轮的结构和选择

（1）V 带轮的结构　带轮一般由轮缘、轮辐和轮毂三部分组成。轮缘是带轮外圈环形部分，在其表面制有与带的根数、型号相对应的轮槽，轮槽尺寸均已标准化（GB/T 13575.1—2008）见表 2-3。V 带的楔角是 40°，而轮槽角有 32°、34°、36°和 38°等几种。这是因为带绕在带轮上弯曲时，顶胶受拉横向尺寸缩小，底胶受压横向尺寸增加，使带的楔角略减小。为保证带和带轮工作面的良好接触，故带轮的轮槽角小于 40°，带轮直径越小，弯曲越显著，所以轮槽角也越小。

V 带轮根据轮辐的不同可分为四种型号（图 2-1-5）。当带轮基准直径 $d_\mathrm{d}<100\mathrm{mm}$ 时采用 S 型——实心式带轮；当带轮基准直径 $100\mathrm{mm}\leqslant d_\mathrm{d}\leqslant300\mathrm{mm}$ 时采用 P 型——腹板式带轮；当带轮基准直径 $300\mathrm{mm}<d_\mathrm{d}\leqslant400\mathrm{mm}$ 时采用 H 型——孔板式带轮；当带轮基准直径 $d_\mathrm{d}>400\mathrm{mm}$ 时采用 E 型——轮辐式带轮。

(a) 实心轮　　　　(b) 腹板轮　　　　(c) 孔板轮

(d) 轮辐轮

$d_\mathrm{b}=(1.8\sim2)d_\mathrm{s}$；$d_\mathrm{r}=d_\mathrm{d}-2(h_\mathrm{f}+\delta)$；$\delta$ 见表 2-1；$d_0=\dfrac{d_\mathrm{b}+d_\mathrm{r}}{2}$；$h_1=290\sqrt[3]{\dfrac{P}{nA}}$

（P 为功率，kW；n 为转速，r/min；A 为辐条数）；$h_2=0.8h_1$；$a_1=0.4h_1$；$a_2=0.8a_1$；

$s=(0.2\sim0.3)B$；$L=(1.5\sim2)d_\mathrm{s}$；$s_1\geqslant1.5s$；$s_2\geqslant0.5s$；$f_1=f_2=0.2h_1$

图 2-1-5　带轮的结构

（2）V 带轮的选择　　带轮的材料根据带速的不同常采用灰铸铁、铸钢或钢板冲压件、铸铝或塑料等，其中灰铸铁使用最广泛。当 $v\leqslant30\mathrm{m/s}$ 时用 HT150 或 HT200；当 $v\geqslant25\sim45\mathrm{m/s}$ 时，宜采用铸钢或钢板冲压焊接带轮；小功率传动时可采用铸铝或塑料，以减轻带轮重量。

三、带传动的工作能力分析

1. 带传动的受力分析

（1）外力分析　　带呈环形，以一定的张紧力 F_0 套在带轮上，使带和带轮相互压紧。静止时，带两边的拉力相等，均为 F_0 [图 2-1-6(a)]；传动时，由于带与轮面间摩擦力的作用，带两边的拉力不再相等 [图 2-1-6(b)]：绕进主动轮的一边，拉力由 F_0 增加到 F_1，称为紧边拉力；而另一边带的拉力由 F_0 减为 F_2，称为松边拉力。

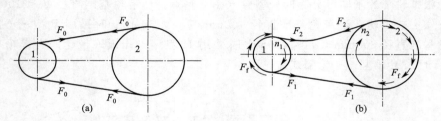

图 2-1-6　带的拉力

带传动传递的有效圆周力在数值上应等于带与带轮之间摩擦力的总和，亦为传动带两边拉力之差，即

$$F_e = F_1 - F_2 = F_f 。 \tag{2-1}$$

在一定条件下，摩擦力有一极限值，如果工作阻力超过极限值，带就在轮面上打滑，带传动不能正常工作。

有效圆周力 $F_e(N)$、带速 $v(m/s)$ 和带所传递的功率 $P(kW)$ 之间的关系为：

$$P = F_e v / 1000 \tag{2-2}$$

由上式可知，当带速一定时，传递的功率越大，所需要的摩擦力也越大。

若假设带在工作前后总长度不变，则带工作时，其紧边的伸长增量等于松边的伸长减量。由于带工作在弹性变形范围，且忽略离心力的影响，则可近似认为紧边拉力的增量等于松边拉力的减量，即：

$$\begin{cases} F_1 - F_0 = F_0 - F_2 \\ F_1 + F_2 = 2F_0 \end{cases} \tag{2-3}$$

（2）应力分析　带在工作过程中，带的横截面上将存在三种应力。

① 由离心力所产生的离心应力。带工作时，带绕过带轮做圆周运动将产生离心力，离心力将使带受拉，在横截面上产生离心应力，大小为：

$$\sigma_c = F_C / A = \frac{qv^2}{A} \tag{2-4}$$

式中，q 为带单位长度的质量，kg/m；v 为带的线速度，m/s。

离心力引起的应力作用在带的全长上，且各处大小相等。离心应力 σ_c 与 q 及 v^2 成正比。故设计高速带传动时，应采用薄而轻质的传动带；设计一般带传动时，带速不宜过高。

② 由拉力所产生的拉应力。带工作时，由于紧边与松边的拉力不同，拉应力也不同，分别是：

紧边拉应力 $\sigma_1 = F_1 / A$；松边拉应力 $\sigma_2 = F_2 / A$ \tag{2-5}

式中，A 为带的横截面积，mm²；σ_1 为紧边拉应力，MPa；σ_2 为松边拉应力，MPa。

力的分布：绕在主动轮上的拉应力沿转动方向由 σ_1 逐渐降低到 σ_2；绕在从动轮上的拉应力由 σ_2 逐渐增大到 σ_1。

③ 由带弯曲所产生的弯曲应力。由于带绕过带轮时发生弯曲，产生弯曲应力（只发生在绕在带轮的部分）。由于主动带轮和从动带轮基准直径不同，所以弯曲应力也不同。由材料力学可知，其弯曲应力分别为：

$$\sigma_{b1} = \frac{2Eh}{d_{d1}} \qquad \sigma_{b2} = \frac{2Eh}{d_{d2}} \tag{2-6}$$

式中，E 为带材料的拉压弹性模量，MPa；h 为带高度（中性层到最外层距离），mm；d_{d1}，d_{d2} 为两带轮的基准直径，mm。

由公式可以看出，带越厚，带轮基准直径越小，则带的弯曲应力就越大。为避免弯曲应力过大，对应每种型号的带轮都规定了最小基准直径 d_{dmin}，见表 2-4。

表 2-4　V 带轮的最小直径及基准直径系列

V 带型号	Y	Z	A	B	C	D	E
d_{dmin}	20	50	75	125	200	355	500
推荐直径	≥28	≥71	≥100	≥140	≥200	≥355	≥500

上述三种应力沿带长的分布情况如图 2-1-7 所示。图中小带轮为主动轮，带在工作中所受的应力是变化的，最大应力发生在紧边进入小带轮处（图 2-1-7 中 b 点），其值为：

$$\sigma_{max} = \sigma_1 + \sigma_{b1} + \sigma_c \tag{2-7}$$

图 2-1-7　带传动的应力分布

2. 带传动的弹性滑动和打滑

（1）弹性滑动　由于带是弹性体，受力后必然产生弹性变形，拉力大则变形也大。由于带传动存在紧边和松边，在紧边时带被弹性拉长，到松边时又产生收缩，带在带轮上产生微小局部滑动。这种由于带两边拉力不相等致使两边弹性变形不同，从而引起带与带轮间的滑动称为带传动的弹性滑动。如图 2-1-8 所示。

弹性滑动将引起下列后果：从动轮的圆周速度低于主动轮；降低传动效率；引起带的磨损；发热使带温度升高。但是在带传动中，由于摩擦力使带的两边发生不同程度的拉伸变形，摩擦力是这类传动所必需的，所以弹性滑动是不可避免的。

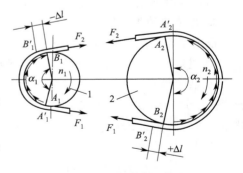

图 2-1-8　带的弹性滑动

弹性滑动造成带的线速度略低于带轮的圆周速度，导致从动轮的圆周速度 v_2 低于主动轮的圆周速度 v_1，其速度降低率用相对滑动率 ε 表示。

$$\varepsilon = \frac{v_1 - v_2}{v_1} = \frac{\pi d_{d1} n_1 - \pi d_{d2} n_2}{\pi d_{d1} n_1} = \frac{d_{d1} n_1 - d_{d2} n_2}{d_{d1} n_1} \tag{2-8}$$

考虑弹性滑动影响而得出的实际传动比：

$$i = \frac{n_1}{n_2} = \frac{d_{d2}}{d_{d1}(1-\varepsilon)} \tag{2-9}$$

式中，n_1、n_2 分别为主、从动轮转速，r/min；d_{d1}、d_{d2} 分别为主、从动轮的基准直径，mm。带在正常工作时其滑动率 $\varepsilon = 0.01 \sim 0.02$，其值不大，粗略计算时可忽略不计。

（2）打滑　在一定的初拉力 F_0 作用下，带与带轮接触面间摩擦力的总和有一个极限值。当带所传递的圆周力超过该极限值时，带就会沿主动带轮表面发生全面滑动，这种现象称为打滑。打滑将造成带的严重磨损，带的运动处于不稳定状态，致使传动失效。所以打滑是带传动的失效形式之一。

当带与带轮的摩擦处于即将打滑而尚未打滑的临界状态时，F_1 与 F_2 的关系可用著名的欧拉公式表示，即：

$$\frac{F_1}{F_2} = e^{f\alpha} \Rightarrow F_1 = F_2 \, e^{f\alpha} \tag{2-10}$$

式中，f 为带与带轮之间的摩擦系数；α 为带在带轮上的包角，rad；e 为自然对数的底（e = 2.718…）。

在不打滑的条件下 V 带所能传递的最大有效圆周力为：

$$F_{max} = F_1 \left(1 - \frac{1}{e^{f\alpha}} \right) \tag{2-11}$$

带在正常传动情况下，必须使 $F_e < F_{max}$。由式（2-11）可知，带传动不发生打滑时所能传动的最大有效圆周力 F_{max} 与摩擦系数 f、包角 α 和初拉力 F_0 有关。f、α 和 F_0 越大，带所能传递的有效圆周力也越大，带的承载能力越强。但 F_0 过大时将使带的磨损加剧，缩短带的工作寿命，且轴和轴承受力增加，故初拉力 F_0 的大小应适当。由于大带轮的包角 α_2 总大于小带轮包角 α_1，故带传动的最大有效拉力 F_{emax} 取决于小带轮包角 α_1。而且打滑总是先发生在小带轮上。为提高 V 带的传动能力，通常要求 $\alpha_1 \geqslant 120°$。

注意不能将弹性滑动和打滑混淆，打滑是由于过载所引起的带在带轮上的全面滑动，工作中是应该避免的。在传动突然超载时，打滑可以起到过载保护作用，避免其他零件发生损坏。而弹性滑动是由于拉力差引起的，是不可以避免的。

3. 带传动的失效形式和设计准则

根据带传动的工作能力分析可知，V 带传动的主要失效形式如下。

① 过载打滑：当工作外载荷超过带传动的最大有效拉力时，带在小带轮上打滑。

② 疲劳破坏：带的任一横截面上的应力将随着带的传动而循环变化。当应力循环达到一定次数，即运行一定时间后，V 带在局部出现疲劳裂纹脱层，随之出现疏松状态甚至断裂，从而发生疲劳损坏，丧失传动能力。

③ 磨损：V 带的工作面磨损。

因此，带传动的设计准则是在保证不打滑的前提下，使带具有一定的疲劳强度和使用寿命。

分任务二　带传动的张紧、安装和维护

一、带传动的张紧

为了获得和控制带的初拉力，保证带传动正常工作，V 带传动工作一段时间后，必须对其重新张紧。否则会因塑性变形和磨损而使带产生松弛，张紧力减小，带的传动能力下降。常见的张紧装置如图 2-2-1 所示。

图 2-2-1　带传动的张紧

1. 调整中心距法

当中心距可调时，可加大中心距，使带张紧。调节中心距的张紧装置有以下两类。

（1）定期张紧装置　如图 2-2-1(a) 所示，通常用调节螺钉来改变电动机在滑道上的位置，以增大中心距，从而达到使传动带张紧的目的。此方法常用于水平布置的 V 带传动。

如图 2-2-1(b) 所示，通常用调节螺钉来改变摆动架的位置，以增大中心距，从而达到使传动带张紧的目的。此方法常用于近似垂直布置的 V 带传动。

（2）自动张紧装置　如图 2-2-1(c) 所示，靠电动机和机座的自重，使带轮绕固定轴摆动，以自动调整中心距，达到张紧传动带的目的。此方法常用于小功率近似垂直布置的 V 带传动。

2. 张紧轮张紧法

如图 2-2-1(d) 所示，是利用张紧轮来张紧，张紧轮一般安装在松边内侧，尽量靠近大轮，以避免使带受双向弯曲应力作用以及小带轮包角 α_1 减小过多。此方法常用于中心距不可调节的 V 带传动场合。

二、带传动的安装和维护

为了保证 V 带传动的正常工作，延长带的使用寿命，必须正确地掌握安装和维护的方法，一般应注意以下几点。

1. 带的安装

① 安装时，首先将中心距缩小将带套在带轮上后，然后慢慢的增大中心距直至张紧。严禁用其他工具强行撬入和撬出以免对带造成不必要的损坏。

② 安装时，两带轮轴线应相互平行，各带轮相对应的轮槽的对称平面应重合，其偏角误差不得超过 $20'$，如图 2-2-2 所示。

③ 安装时，应按规定的初拉力张紧。对于中等中心距的带传动，也可凭经验安装，带的张紧程度以大拇指能将带按下 15mm 为宜。新带使用前，最好预先拉紧一段时间后再使用，如图 2-2-3 所示。

④ 对于多根 V 带传动，要选择公差值在同一档次的带配成一组使用，以免各带受力不均匀。

图 2-2-2　带的安装　　　　　　　　　图 2-2-3　带的松紧度控制

2. 带传动的维护

① 要采用安全防护罩,以保证操作者的安全。

② 要防止油、酸、碱对带的腐蚀,工作温度不宜超过 60°,以免带过早的老化。

③ 定期对带进行检查有无松弛和断裂现象,如有一根松弛和断裂则应全部更换新带。

三、带传动设计实例

根据带传动的工作条件和用途,确定设计内容,拟定设计方案,选择适当的设计参数,进行设计计算,编写设计说明书,绘制带轮零件工作图,完成带传动的设计。

1. 已知条件

V 带传动设计的已知条件一般为:带传动的用途和工作条件、传递的功率 P、两带轮转速 n_1、n_2(或 n_1 和传动比 i)、原动机类型以及对传动的位置和外廓尺寸的要求等。

2. 设计任务

设计任务主要包括:确定 V 带的型号、基准长度和根数;带轮的基准直径、结构尺寸和材料;确定传动的中心距;计算带的初拉力和作用在轴上的压力;V 带的张紧和防护等。

3. 设计步骤

(1) 确定设计功率 P_c。

$$P_c = K_A P \tag{2-12}$$

式中,K_A 为工作情况系数,考虑载荷性质、原动机类型及每天工作时间等因素对传动的影响(见表 2-5)。P 为传递的名义功率,kW。

表 2-5　工作情况系数 K_A

载荷性质	适用范围	K_A					
		空、轻载启动			重载启动		
		每天工作时间/h					
		<10	10~16	>16	<10	10~16	>16
载荷平稳	液体搅拌机、通风机和鼓风机($P \leqslant 7.5\text{kW}$),离心机水泵和压缩机、轻型输送机	1.0	1.1	1.2	1.1	1.2	1.3
载荷变动小	带式输送机(不均匀载荷)、通风机($P > 7.5\text{kW}$)、发电机、金属切削机床、印刷机、冲床、压力机、旋转筛、木工机械	1.1	1.2	1.3	1.2	1.3	1.4

续表

载荷性质	适用范围	K_A					
		空、轻载启动			重载启动		
		每天工作时间/h					
		<10	10～16	>16	<10	10～16	>16
载荷变动较大	制砖机、斗式提升机、往复式水泵和压缩机、起重机、摩擦机、冲剪机床、橡胶机械、振动筛、纺织机械、重型输送机、木材加工机械	1.2	1.3	1.4	1.4	1.5	1.6
载荷变动很大	破碎机、摩擦机、卷扬机、橡胶压延机、出机	1.3	1.4	1.5	1.5	1.6	1.8

注：1. 空、轻载启动—电动机（交流启动、△启动、直流并励）、四缸以上的内燃机、装有离心式离合器、液力联轴器的动力机。

2. 重载启动—电动机（联机交流启动、直流复励或串励）、四缸以下的内燃机。

3. 在反复启动、正反转频繁、工作条件恶劣等场合，K_A 应取为表值的 1.2 倍。

（2）选择 V 带型号：根据设计功率 P_c 和小带轮转速 n_1，按图 2-2-4 选取普通 V 带的型号。若临近两种型号的交界线时，可按两种型号同时计算，通过分析比较决定取舍。

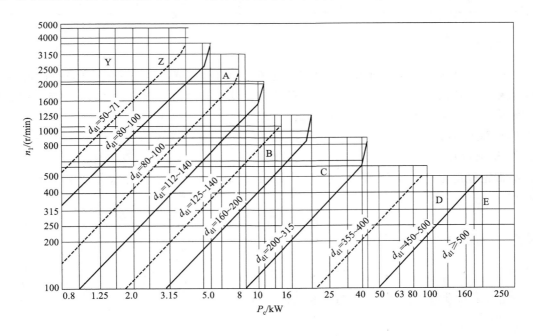

图 2-2-4　普通 V 带选型图

（3）确定大小带轮的基准直径，并验算带速

① 小带轮基准直径 d_{d1} 应大于或等于表 2-4 所列的最小直径 d_{dmin}。d_{d1} 过小则弯曲应力较大，而 d_{d1} 过大又会使外廓尺寸增大。一般在工作位置允许的情况下，小带轮直径取得大一些可减小弯曲应力，提高承载能力和延长使用寿命。d_{d1} 和 d_{d2} 均应符合带轮基准直径系列尺寸，如表 2-6 所示。

根据 $d_{d2}=id_{d1}$ 计算大带轮的基准直径 d_{d2}，计算出的 d_{d2} 值应圆整为表 2-6 中的直径系列值。

表 2-6　带轮的基准直径系列

d_d/mm	Y	Z	A	B	d_d/mm	Z	A	B	C	D	E
63	*	*			200	*	*	*	*		
71	*	*			212					*	
75		*	*		224	*	*	*	*		
80	*	*	*		236				*		
85		*	*		250		*	*	*		
90	*	*	*		265				*		
95			*		280	*	*	*	*		
100	*	*	*		315	*	*	*	*		
106			*		355	*			*	*	
112	*	*	*		375					*	
118			*		400	*		*	*	*	
125	*	*	*		425					*	
132			*		450					*	
140		*	*		475					*	
150			*	*	500	*	*	*	*		*
160			*	*	530					*	*
170			*	*	560				*	*	*
180			*	*	630	*	*	*	*	*	*

② 验算带速 v

$$v = \frac{\pi d_{d1} n_1}{60 \times 10^3} \tag{2-13}$$

普通 V 带质量较大，带速较高，会因惯性离心力过大而降低带与带轮间的正压力，从而降低摩擦力和传动能力；带速过低，则在传递相同功率时所需有效拉力增大，使带的根数增加。普通 V 带一般带速取 5～25m/s 为宜。

（4）确定中心距 a 和带的基准长度 L_d

① 初选中心距 a_0：中心距过大，则传动结构尺寸过大，且 V 带容易颤动；中心距过小，小带轮包角 α_1 减小，降低传动能力，且带的绕转次数增多，降低带的使用寿命。因此中心距 a_0 通常按式（2-14）选取。

$$0.7(d_{d1} + d_{d2}) \leqslant a_0 \leqslant 2(d_{d1} + d_{d2}) \tag{2-14}$$

② 根据初选的中心距 a_0，计算带长 L_{d0}。

$$L_{d0} \approx 2a_0 + \frac{\pi}{2}(d_{d1} + d_{d2}) + \frac{(d_{d2} - d_{d1})^2}{4a_0} \tag{2-15}$$

根据 L_{d0} 和带型号，由表 2-3 选取接近的基准长度 L_d。

③ 按式（2-16）近似计算实际中心距。

$$a \approx a_0 + \frac{L_d - L_{d0}}{2} \tag{2-16}$$

考虑到安装、调整和带松弛后张紧的需要，应留出一定的中心距调整余量，其变动范围为：

$$\begin{cases} a_{\max} = a + 0.03L_d \\ a_{\min} = a - 0.015L_d \end{cases} \tag{2-17}$$

（5）验算小带轮上的包角 α_1

$$\alpha_1 = 180° - (d_{d2} - d_{d1})\frac{57.3°}{a} \tag{2-18}$$

包角是影响带传动工作能力的主要参数之一。包角大，带的承载能力高，反之带易打滑。在 V 带传动中，一般小带轮上的包角 α_1 不宜小于 $120°$，否则应采用增大中心距或减小传动比以及加张紧轮等方式来增大中心距。

（6）确定 V 带的根数 Z

$$Z \geqslant \frac{P_c}{[P_0]} = \frac{P_c}{(P_0 + \Delta P_0)K_\alpha K_L} \qquad (2\text{-}19)$$

计算出的 Z 值应圆整为整数，为了使每根 V 带所受的载荷比较均匀，V 带的根数不宜过多，一般取 $Z=3\sim6$ 为宜，最多 10 根，否则应改选型号并重新计算。

式中，P_0 为单根普通 V 带的基本额定功率（表 2-7）；ΔP_0 为传动比 $i=1$ 时的单根普通 V 带额定功率的增量（表 2-7）；K_α 为包角修正系数（表 2-8）；K_L 为带长修正系数（表 2-2）。

表 2-7　单根普通 V 带的基本额定功率 P_0 和功率增量 ΔP_0

型号	小带轮转速 n /(r/min)	小带轮基准直径 d_{d1}/mm								传动比 i					
										$1.13\sim$ 1.18	$1.19\sim$ 1.24	$1.25\sim$ 1.34	$1.35\sim$ 1.51	$1.52\sim$ 1.99	$\geqslant2.00$
		单根 V 带的额定功率 P_0/kW								额定功率增量 ΔP_0/kW					
A		75	90	100	112	125	140	160	180						
	700	0.40	0.61	0.74	0.90	1.07	1.26	1.51	1.76	0.04	0.05	0.06	0.07	0.08	0.09
	800	0.45	0.68	0.83	1.00	1.19	1.41	1.69	1.97	0.04	0.05	0.06	0.08	0.09	0.10
	950	0.51	0.77	0.95	1.15	1.37	1.62	1.95	2.27	0.05	0.06	0.07	0.08	0.10	0.11
	1200	0.60	0.93	1.14	1.39	1.66	1.96	2.36	2.74	0.07	0.08	0.10	0.11	0.13	0.15
	1450	0.68	1.07	1.32	1.61	1.92	2.28	2.73	3.16	0.08	0.09	0.11	0.13	0.15	0.17
	1600	0.73	1.15	1.42	1.74	2.07	2.45	2.94	3.40	0.09	0.11	0.13	0.15	0.17	0.19
	2000	0.84	1.34	1.66	2.04	2.44	2.87	3.42	3.93	0.11	0.13	0.16	0.19	0.22	0.24
B		125	140	160	180	200	224	250	280						
	400	0.84	1.05	1.32	1.59	1.85	2.17	2.50	2.89	0.06	0.07	0.08	0.10	0.11	0.13
	700	1.30	1.64	2.09	2.53	2.96	3.47	4.00	4.61	0.10	0.12	0.15	0.17	0.20	0.22
	800	1.44	1.82	2.32	2.81	3.30	3.86	4.46	5.13	0.11	0.14	0.17	0.20	0.23	0.25
	950	1.64	2.08	2.66	3.22	3.77	4.42	5.10	5.85	0.13	0.17	0.20	0.23	0.26	0.30
	1200	1.93	2.47	3.17	3.85	4.50	5.26	6.14	6.90	0.17	0.21	0.25	0.30	0.34	0.38
	1450	2.19	2.82	3.62	4.39	5.13	5.97	6.82	7.76	0.20	0.25	0.31	0.36	0.40	0.46
	1600	2.33	3.00	3.86	4.68	5.46	6.33	7.20	8.13	0.23	0.28	0.34	0.39	0.45	0.51
C		200	224	250	280	315	355	400	450						
	500	2.87	3.58	4.33	5.19	6.17	7.27	8.52	9.81	0.20	0.24	0.29	0.34	0.39	0.44
	600	3.30	4.12	5.00	6.00	7.14	8.45	9.82	11.3	0.24	0.29	0.35	0.41	0.47	0.53
	700	3.69	4.64	5.64	6.76	8.09	9.50	11.0	12.6	0.27	0.34	0.41	0.48	0.55	0.62
	800	4.07	5.12	6.23	7.52	8.92	11.4	12.1	13.8	0.31	0.39	0.47	0.55	0.63	0.74
	950	4.58	5.78	7.04	8.49	10.0	11.7	13.4	15.2	0.37	0.47	0.56	0.65	0.74	0.83
	1200	5.29	6.71	8.21	9.81	11.5	13.3	15.0	16.6	0.47	0.59	0.70	0.82	0.94	1.06
	1450	5.84	7.45	9.04	10.7	12.4	14.1	15.3	16.7	0.58	0.71	0.85	0.99	1.14	1.27

表 2-8　包角修正系数

包角 $\alpha/(°)$	180	170	160	150	140	130	120	110	100	90
K_α	1.00	0.98	0.95	0.92	0.89	0.86	0.82	0.78	0.74	0.69

（7）计算带的初拉力 F_0

初拉力是保证带传动正常工作的重要参数。初拉力过小，产生的摩擦力小，带传动容易打滑；初拉力过大，会增大带的拉应力，从而降低带的疲劳强度，缩短带的寿命，同时也会增大对轴的压力。考虑离心力的影响，单根 V 带的初拉力 F_0 可由式（2-20）计算。

$$F_0 = \frac{500 P_c}{Zv}\left(\frac{2.5}{K_\alpha}-1\right)+qv^2 \tag{2-20}$$

式中，P_c 为设计功率，kW；Z 为带的根数；v 为带速，m/s；K_α 为包角修正系数；q 为带的单位长度质量（表 2-1），kg/m。

（8）计算带对轴的压力 F_Q

带的张紧对支承带轮的轴和轴承来说，会影响其强度和寿命，因此必须确定带作用在轴上的径向压力 F_Q 的大小。为了简化计算，通常不考虑松边、紧边的拉力差，近似的按两倍带初拉力来进行计算。由图 2-2-5 可知：

$$F_Q = 2ZF_0 \sin\frac{\alpha_1}{2} \tag{2-21}$$

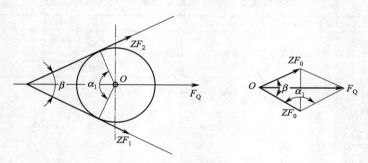

图 2-2-5　带作用在轴上的压力

（9）带轮的结构设计

结构设计主要包括确定带轮结构类型、结构尺寸和材料等。

（10）绘制带轮的零件工作图。

4. 典型例题分析

设计一台输送机上的 V 带传动。已知传递功率 $P=3.74$kW，普通异步电动机驱动，小带轮转速 $n_1=960$r/min，传动比为 $i=3.14$，要求中心距 a 为 500mm 左右，单班制工作。

解：（1）确定设计功率

查表 2-5 得工作情况系数 $K_A=1.1$。

$$P_c = K_A P = 1.1 \times 3.74 = 4.114\text{(kW)}$$

（2）选择 V 带的型号

根据设计功率 P_c 和小带轮转速 n_1，由图 2-2-4 选择 V 带的型号为 A 型。

（3）确定带轮的基准直径 d_{d1} 和 d_{d2}，并验算带速

① 初选小带轮的基准直径 d_{d1}。

查表 2-4 得 $d_{dmin}=75$mm；

根据 $d_{d1} \geqslant d_{dmin}$ 和推荐的小带轮基准直径为 $80 \sim 100$mm；

查表 2-6 取 $d_{d1}=100$mm。

② 计算大带轮的基准直径，$d_{d2}=d_{d1}i=100 \times 3.14=314\text{(mm)}$

根据表 2-6 加以适当圆整取 $d_{d2}=315$mm。

③ 验算带速 v。根据式（2-13）得：

$$v=\frac{\pi d_{d1}n_1}{60\times1000}=\frac{3.14\times100\times960}{60\times1000}=5.02(\text{m/s})$$

带速在 $5\sim25\text{m/s}$ 范围内,所以带速合适。

(4) 确定中心距 a 和带的基准长度 L_d

① 根据式(2-14)初定中心距 a_0。

$$0.7(d_{d1}+d_{d2})\leqslant a_0\leqslant2(d_{d1}+d_{d2})$$

得 $290.5\leqslant a_0\leqslant830$,按题意初定 $a_0=450\text{mm}$。

② 计算相应的带长 L_{d0}。

根据式 $L_{d0}\approx2a_0+\frac{\pi}{2}(d_{d1}+d_{d2})+\frac{(d_{d2}-d_{d1})^2}{4a_0}$

$$=2\times450+\frac{3.14}{2}\times(100+315)+\frac{(315-100)^2}{4\times450}=1577.23(\text{mm})$$

再根据表 2-2 选取: $L_d=1600\text{mm}$。

③ 按式(2-16)计算实际中心距 a。

$a\approx a_0+\frac{L_d-L_{d0}}{2}=450+\frac{1600-1577.23}{2}=461.4(\text{mm})$,符合题意。

并根据公式 $\begin{cases}a_{\max}=a+0.03L_d\\a_{\min}=a-0.015L_d\end{cases}$ 确定中心距的变动范围为 $437.4\sim509.4\text{mm}$。

(5) 验算小带轮上的包角 α_1

$$\alpha_1=180°-(d_{d2}-d_{d1})\frac{57.3°}{a}=180°-(315-100)\times\frac{57.3°}{461.4}=153.3°>120°$$

包角合适。

(6) 计算带的根数 Z

由 $d_{d1}=100\text{mm}$ 和 $n_1=960\text{r/min}$,查表 2-7 取: $P_0=0.95\text{kW}$;

根据 $n_1=960\text{r/min}$, $i=3.14$ 和 A 型带,查表 2-7 取: $\Delta P_0=0.11\text{kW}$;

查表 2-8 取: $K_\alpha=0.90$;查表 2-2 取: $K_L=1.01$;

所以: $Z\geqslant\frac{P_c}{[P_0]}=\frac{P_c}{(P_0+\Delta P_0)K_\alpha K_L}=\frac{4.114}{(0.95+0.11)\times0.90\times1.01}=4.28$

取 $Z=5$ 根。

(7) 计算单根 V 带的初拉力 F_0

查表 2-1 得 A 型带的单位长度质量 $q=0.10\text{kg/m}$,根据式(2-20) 得:

$$F_0=\frac{500P_c}{Zv}\left(\frac{2.5}{K_\alpha}-1\right)+qv^2$$

$$=\frac{500\times4.114}{5\times5.02}\times\left(\frac{2.5}{0.90}-1\right)+0.1\times5.02^2=148.21(\text{N})$$

(8) 计算带对轴的压力 F_Q

根据式(2-21) 得:

$$F_Q=2ZF_0\sin\frac{\alpha_1}{2}=2\times5\times148.49\times\sin\frac{153.3°}{2}=1425.5(\text{N})$$

(9) V 带轮的结构设计

① 轮缘尺寸

小带轮基准直径 $d_{d1}=100\text{mm}$,做成实心式结构,大带轮基准直径 $d_{d2}=315\text{mm}$,做成

孔板式结构。

带轮宽：

$$B=(Z-1)e+2f=(5-1)\times15+2\times10=80\text{(mm)}$$

顶圆直径：

$$d_{e2}=d_{d2}+2h_a=315+2\times2.75=320.5\text{(mm)}$$

轮槽深：

$$h=h_a+h_f=2.75+8.7=11.45\text{(mm)}$$

轮槽角：$\varphi=38°$ 槽宽：$b_0=13.2\text{mm}$

轮缘直径：

$$d_{r2}=d_{e2}-2(h_f+\delta)=320.5-2\times(8.7+6)=291.1\text{(mm)}$$

② 轮毂尺寸

轴径 d_s：$d_s\geqslant A\sqrt[3]{\dfrac{P_1}{n_1}}$

式中，P_1 为小齿轮轴传递的功率，kW；n_1 为小齿轮轴的转速，r/min；A 为由轴的材料和承载情况确定的常数。

取 $d_s=28\text{mm}$

轮毂长度：$L=(1.5\sim2)d_s=(1.5\sim2)\times28=42\sim56\text{(mm)}$，取 $L=50\text{mm}$

③ 轮辐尺寸

凸缘直径：$d_b(1.8\sim2)d_s=(1.8\sim2)\times28=50.4\sim56\text{(mm)}$，取 $d_b=53\text{mm}$

辐板厚：$S=(0.2\sim0.3)B=(0.2\sim0.3)\times80=16\sim24\text{(mm)}$，取 $S=20\text{mm}$

$d_0=(d_b+d_{r2})/2=(53+285.6)/2=169.3\text{(mm)}$，取 $d_0=170\text{mm}$

④ 其他尺寸（略）

(10) 绘制带轮零件图　小带轮为实心式结构，见图 2-1-5(a)；大带轮为孔板式结构见图 2-1-5(c)。

知 识 链 接

一、链传动的特点和分类

链传动也属于挠性传动，是以链条作为中间挠性件，依靠链与链轮的啮合来传递动力和运动的，如图 2-3-1 所示。与带传动相比，链传动属啮合传动，无弹性滑动和打滑现象，低速时可传递较大的载荷，传动效率较高（润滑良好的链传动的效率为 97%～98%）；能保证准确的平均传动比；张紧力小，故对轴的压力小；结构紧凑，易于安装，成本低廉，在远距离传动时，结构更显轻便，在高温、潮湿和油污等恶劣环境下仍能正常工作。

图 2-3-1　链传动装置

由这些特点可知，链传动主要应用于两轴线平行、中心距较大、对瞬时传动比和传动平稳要求不严格，以及对工作条件要求不高的环境下使用。因此它被广泛地应用于采矿、起重、金属切削机床、摩托车、自行车、农业机械、建筑机械、石油机械等。

链传动由两轴平行的主动链轮、多动链轮和链条三部分组成。链传动按工作用途不同，可分为传动链、起重链和牵引链三种。传动链主要用在一般机械中传递运动和动力；起重链主要用在起重机械中提升重物；牵引链主要用在运输机械中移动重物。按结构不同又将传动链分为滚子链、齿形链、弯板链和套筒链等几种类型。其中滚子链结构简单、成本低廉，应用最广泛。

二、滚子链的结构

1. 滚子链

滚子链由内链板 1、外链板 2、销轴 3、套筒 4 和滚子 5 组成。结构如图 2-3-2 所示。

图 2-3-2　单排滚子链结构

图 2-3-3　双排滚子链结构

滚子链可制成单排和多排，如双排链（图 2-3-3）或三排链。多排数承载能力强，多用于较大功率传动。由于制造和装配精度误差，当排数较多时各排链受力不均匀，故使用时一般不超过 4 排。

滚子链的结构、基本参数和尺寸都已标准化。

滚子链的标记规定为：链号—排数×链节数 标准编号。例如：A 系列、节距 25.4mm、单排、82 个链节长滚子链的标记为：16A-1×82 GB/T 1243—1997。

2. 链轮

滚子链链轮是链传动的主要零件，由轮缘、轮辐、轮毂三部分组成。对链轮的基本要求是：链节能平稳而顺利地进入和退出啮合；与链条接触良好、受力均匀，不易发生脱链，且应该形状简单，便于加工。目前广泛应用的链轮端面齿形为国家标准 GB/T 1243—1997 规定的三圆弧一直线齿形，如图 2-3-4 所示。由于链轮采用标准齿形，所以在

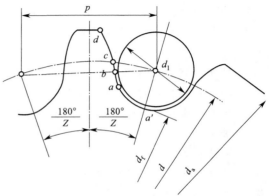

图 2-3-4　链轮端面齿形

链轮工作图上不必绘制其端面齿形，只需在图的右上角注明基本参数和"齿形按 GB/T 1243—1997 制造"字样即可。

链轮的结构如图 2-3-5 所示，通常小直径链轮采用实心式〔图(a)〕；中等尺寸链轮制成孔板式〔图(b)〕；大直径链轮可采用组合式结构〔图(c)〕。

(a)   (b)   (c)

图 2-3-5　链轮的结构

链传动在正常工作情况下，常见的失效形式有链条疲劳破坏、铰链磨损、链条铰链的胶合、冲击疲劳破坏、静力拉断。

知 识 小 结

本任务主要学习了带传动，应掌握带传动的工作原理、类型及特点；理解带传动的受力分析，注意小带轮打滑和弹性滑动现象的区别；掌握普通 V 带的设计方法，设计时注意设计步骤的先后顺序，不能随意颠倒。链传动是具有中间挠性件的啮合传动，兼有带传动和齿轮传动的特点。带传动和链传动都属于挠性传动。挠性传动是通过中间挠性件传递运动和动力的传动形式。

知 识 考 查

1. 带传动的主要特点是什么？

2. 带传动的主要失效形式有哪些？设计准则是什么？

3. V 带传动中的打滑现象和弹性滑动是怎样产生的？对带传动分别有何影响？能否避免？

4. V 带传动中为什么打滑常发生在小带轮上？

5. 小带轮的包角对 V 带传动有何影响？

6. 摩擦式带传动有哪些类型？分别有什么特点？

7. 带传动的设计步骤有哪些？设计中应注意哪些事项？

8. 带传动为什么要张紧？

9. 试设计一个带式输送机中的 V 带传动。已知电动机的额定功率 $P=7.5\text{kW}$，小带轮转速 $n_1=1000\text{r/min}$，传动比 $i=2.5$，要求两轮中心距约为 600mm，两班制工作。

10. 与带传动相比，链传动有哪些特点？

任务三　齿轮传动的设计

任务描述

根据齿轮的几何尺寸、毛坯材料、加工工艺、生产批量、使用要求及经济性等因素确定合适的结构形式，根据推荐用的经验公式进行结构设计和强度计算，最后绘制出齿轮零件工作图。

任务目标

（1）掌握齿轮材料及热处理方法的基本知识，会进行典型机构的选材。

（2）会进行齿轮的结构设计。

（3）会分析齿轮的受力并进行强度计算。

（4）掌握轮系传动比的计算。

（5）具有独立思考能力、分析判断与决策能力、获得与利用信息的能力。

分任务一　标准齿轮的结构认知

齿轮传动是利用一对带有轮齿的盘形零件相互啮合来实现两轴间运动和动力的传递。传动功率可高达数万千瓦，圆周速度可达 150m/s（最高可达 300m/s），直径能做到 10m，单级传动比可达 8 或更大，广泛地应用于机床、汽车、冶金、轻工业及精密仪器等行业中，是机械传动中最重要的、使用范围最广的一种传动形式。

一、齿轮传动的特点

齿轮传动的主要优点是：

① 工作可靠、寿命较长。

② 瞬时传动比稳定、传动效率高。

③ 可实现平行轴、相交轴、交错轴之间的传动。

④ 适用的功率和速度范围广。

齿轮传动的主要缺点是：

① 加工和安装精度要求较高，制造成本也较高。

② 不适宜于远距离两轴之间的传动。

二、齿轮传动的类型

齿轮传动的类型很多，主要有以下四类。

（1）按照一对齿轮轴线的相互位置、轮齿沿轴向的形状及啮合情况进行分类，分类情况如图 3-1-1 所示。

图 3-1-1 齿轮传动的主要类型

（2）按照齿廓表面硬度的不同，齿轮传动可分为软齿面（硬度≤350HBS）齿轮传动和硬齿面（硬度＞350HBS）齿轮传动两种。

（3）按照工作条件的不同，齿轮传动又可分为开式齿轮传动和闭式齿轮传动两种。在闭式传动中，齿轮安装在刚性很大，并有良好润滑条件的密封箱体内，闭式传动多用于重要传动。在开式传动中，齿轮是外露的，粉尘容易落入啮合区，且不能保证良好的润滑，因此轮齿易于磨损，开式传动多用于低速传动和不重要的场合。

（4）按照轮齿齿廓曲线的不同，齿轮传动可分为渐开线齿轮传动、圆弧齿轮传动、摆线齿轮传动等，由于渐开线齿轮制造、安装方便，所以应用最广。本任务仅讨论渐开线齿轮传动。

三、渐开线齿轮的齿廓与啮合特性

（一）齿廓啮合基本定律

图 3-1-2 表示两相互啮合的齿廓 E_1 和 E_2 在 K 点接触，两轮的角速度分别为 ω_1 和 ω_2。过 K 点作两齿廓的公法线 N_1N_2 与连心线 O_1O_2 交于 C 点，点 C 称为节点。以 O_1、O_2 为圆心，以 O_1C、O_2C 为半径所作的圆称为节圆，其半径分别以 r_1' 和 r_2' 表示。可以证明两轮的传动比：

$$i_{12}=\frac{\omega_1}{\omega_2}=\frac{\overline{O_2C}}{\overline{O_1C}}=\frac{r_2'}{r_1'} \qquad (3-1)$$

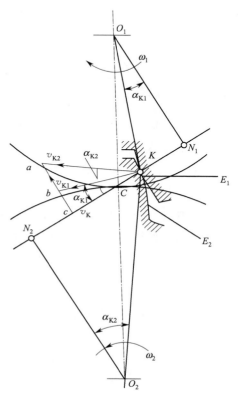

上式表明，欲使两齿轮的瞬时传动比恒定不变，C 点必须是一定点，即无论两齿廓在任何位置接触，过接触点 K 所作的两齿廓的公法线都必须与两轮的连心线 O_1O_2 交于一定点，这就是齿廓啮合的基本定律。

由上式可得 $\omega_1 \cdot \overline{O_1C}=\omega_2 \cdot \overline{O_2C}$

这说明两齿轮啮合时在节点处具有相同的圆周速度，即一对齿轮传动相当于两节圆做纯滚动，而渐开线齿廓在节点外各处啮合时，两轮接触点的线速度是不同的，如图 3-1-2 所示，在 K 点啮合时 $v_{K1} \neq v_{K2}$，齿廓公切线方向的分速度不等，齿廓间有相对滑动，从而引起齿廓间的摩擦和磨损。

凡满足齿廓啮合基本定律而互相啮合的一对齿廓，称为共轭齿廓。符合齿廓啮合基本定律的齿廓曲线有无穷多，传动齿轮的齿廓曲线除要求满足定传动比外，还必须考虑制造、安装和强度等要求。

图 3-1-2　齿廓啮合基本定律

在机械中，常用的齿廓有渐开线齿廓、摆线齿廓和圆弧齿廓，其中以渐开线齿廓应用最广。

（二）渐开线的形成及其性质

1. 渐开线的形成

如图 3-1-3 所示，一动直线 L 与半径为 r_b 的圆相切，当直线沿该圆做纯滚动时，直线上任一点 K 的轨迹称为该圆的渐开线。这个圆称为渐开线的基圆，而做纯滚动的直线 L 称为渐开线的发生线。

2. 渐开线的性质

根据渐开线的形成过程，它有以下性质。

（1）发生线在基圆上滚过的一段长度等于基圆上相应被滚过的一段弧长，即 $\overline{NK}=\overparen{NA}$。

（2）因 N 点是发生线沿基圆滚动时的速度瞬心，故发生线 NK 是渐开线 K 点的法线。又因发生线始终与基圆相切，所以渐开线上任一点的法线必与基圆相切。K 点的轨迹（渐开线）是以 N 点为圆心，$\overline{NK}$ 为半径的极短圆弧，所以发生线与基圆的切点 N 即为渐开线上 K 点的曲率中心，线段 $\overline{NK}$ 为 K 点的曲率半径。随着 K 点离基圆愈远，相应的曲率半径愈大；而 K 点离基圆愈近，相应的曲率半径愈小。

（3）渐开线的形状取决于基圆的大小。如图 3-1-4 所示，基圆半径愈小，渐开线愈弯曲；基圆半径愈大，渐开线愈趋平直。当基圆半径趋于无穷大时，渐开线便成为直线。所以渐开线齿条（直径为无穷大的齿轮）具有直线齿廓。

图 3-1-3　渐开线的形成图

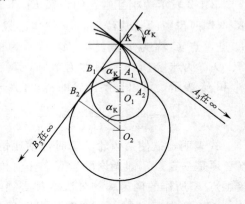

图 3-1-4　基圆大小与渐开线形状的关系

（4）渐开线上各点的压力角不等。在一对齿廓的啮合过程中，齿廓接触点的法向压力和该点的速度方向所夹的锐角，称为齿廓在这一点的压力角。如图 3-1-5 所示，齿廓上 K 点的法向压力 F_n 与该点的速度 v_K 之间的夹角 α_K 称为齿廓上 K 点的压力角。由图可知

$$\cos\alpha_K = \frac{\overline{ON}}{\overline{OK}} = \frac{r_b}{r_K} \qquad (3\text{-}2)$$

式(3-2) 说明渐开线齿廓上各点压力角不等，向径 r_K 越大，其压力角越大。在基圆上压力角等于零。

图 3-1-5　渐开线齿廓的压力角

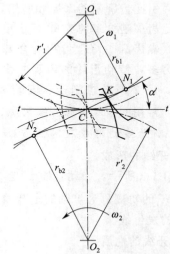

图 3-1-6　渐开线齿廓满足定角速比证明

（5）渐开线是从基圆开始向外逐渐展开的，故基圆以内无渐开线。

（三）渐开线齿廓的啮合特性

1. 渐开线齿廓满足定传动比条件

以渐开线为齿廓曲线的齿轮称为渐开线齿轮。由齿廓啮合基本定律可知，只要两齿廓接

触点的公法线与连心线交于一固定点 C，则齿轮的传动比恒定不变。

如图 3-1-6 所示，两渐开线齿轮的基圆半径分别为 r_{b1}、r_{b2}，过两轮齿廓啮合点 K 作两齿廓的公法线 N_1N_2，根据渐开线的性质，该公法线必与两基圆相切，即为两基圆的内公切线。又因两轮的基圆为定圆，在其同一方向的内公切线只有一条，所以无论两齿廓在任何位置接触（如图中虚线位置接触），过接触点所作两齿廓的公法线（即两基圆的内公切线）为一固定直线，它与连心线 O_1O_2 的交点 C 必是一定点。因此渐开线齿廓满足定传动比要求。

由图 3-1-6 知，两轮的传动比为：

$$i_{12}=\frac{\omega_1}{\omega_2}=\frac{\overline{O_2C}}{\overline{O_1C}}=\frac{r_2'}{r_1'}=\frac{r_{b2}}{r_{b1}}=常数 \tag{3-3}$$

式（3-3）表明两轮的传动比为一定值，并与两轮的基圆半径成反比。

2. 啮合线、啮合角、齿廓间的压力作用线

一对齿轮啮合传动时，齿廓啮合点（接触点）的轨迹称为啮合线，即 N_1N_2，N_1、N_2 为理论啮合极限点，N_1N_2 为理论啮合线段。对于渐开线齿轮，无论在哪一点接触，接触齿廓的公法线总是两基圆的内公切线 N_1N_2（图 3-1-6）。

过节点 C 作两节圆的公切线 tt，它与啮合线 N_1N_2 间的夹角称为啮合角 α'。啮合角等于齿廓在节圆上的压力角，由于渐开线齿廓的啮合线是一条定直线 N_1N_2，故啮合角的大小始终保持不变。啮合角不变表示齿廓间压力方向不变，若齿轮传递的力矩恒定，则轮齿之间、轴与轴承之间压力的大小和方向始终沿着 N_1N_2 方向，故渐开线齿轮传动平稳，这也是渐开线齿轮传动的一大优点。

3. 中心距的可分性

当一对渐开线齿轮制成之后，其基圆半径是不能改变的，因此从式（3-3）可知，既使两轮的中心距稍有改变，其传动比仍保持原值不变，这种性质称为渐开线齿轮传动中心距的可分性。这是渐开线齿轮传动的另一重要优点，这一优点给齿轮的制造、安装带来了很大方便。

4. 四线合一

由渐开线的性质和上述分析可知，渐开线齿廓的公法线既是形成渐开线的基圆的公切线，也是渐开线的发生线，同时由于过任意接触点所作公法线都是两基圆的公切线，所以啮合点的轨迹也是这条直线。渐开线的这一特性称为"四线合一"。

四、渐开线直齿圆柱齿轮的参数计算

（一）渐开线齿轮的主要参数

图 3-1-7 所示为直齿圆柱齿轮的一部分。为了使齿轮在两个方向都能传动，轮齿两侧齿廓由形状相同、方向相反的渐开线曲面组成。

齿轮各参数名称如下。

1. 齿顶圆、齿根圆

齿顶端所确定的圆称为齿顶圆，其直径 d_a 用表示；齿槽底部所确定的圆称为齿根圆，其直径用 d_f 表示。

2. 齿槽、齿厚和齿距

相邻两齿之间的空间称为齿槽。在任意直

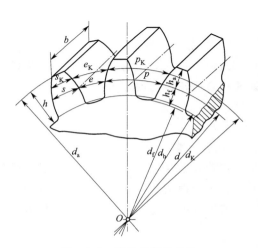

图 3-1-7　齿轮各部分名称

径 d_K 的圆周上，齿槽两侧齿廓之间的弧长称为该圆上的齿槽宽，用 e_K 表示；轮齿两侧齿廓之间的弧长称为该圆上的齿厚，用 s_K 表示。

相邻两齿同侧齿廓之间的弧长称为该圆上的齿距，用 p_K 表示。显然：

$$p_K = s_K + e_K \tag{3-4}$$

以及

$$p_K = \frac{\pi d_K}{z} \tag{3-5}$$

式中，z 为齿轮的齿数；d_K 为任意圆的直径。

3. 模数

在式(3-5)中含有无理数"π"，这对齿轮的计算和测量都不方便。因此，规定比值 p/π 等于整数或简单的有理数，并作为计算齿轮几何尺寸的一个基本参数。这个比值称为模数，以 m 表示，单位为 mm，即 $m = p/\pi$，齿轮的主要几何尺寸都与模数 m 成正比。模数反映了轮齿大小，模数越大，轮齿越大，轮齿的弯曲强度越高，承载能力也越大。

为了便于齿轮的互换使用和简化刀具，齿轮的模数已经标准化。我国规定的模数系列见表 3-1。

表 3-1　标准模数系列 (GB/T 1357—2008)　　　　　　　　　　　　　　　　　mm

第一系列	1	1.25	1.5	2	2.5	3	4	5	6	8	10
	12	16	20	25	32	40	50				
第二系列	1.75	2.25	2.75	(3.25)	3.5	(3.75)	4.5				
	5.5	(6.5)	7	9	(11)	14	18	22	28	36	45

注：1. 本表适用于渐开线圆柱齿轮，对斜齿轮是指法面模数。
　　2. 优先采用第一系列，括号内的模数尽可能不用。

4. 分度圆

标准齿轮上齿厚和齿槽宽相等的圆称为齿轮的分度圆，用 d 表示其直径。分度圆上的齿厚以 s 表示；齿槽宽用 e 表示；齿距用 p 表示。分度圆压力角通常称为齿轮的压力角，用 α 表示。分度圆压力角已经标准化，常用的为 20°、15°等，我国规定标准齿轮 $\alpha = 20°$。

由于齿轮分度圆上的模数和压力角均规定为标准值，因此，齿轮的分度圆可定义为：齿轮上具有标准模数和标准压力角的圆。齿轮分度圆直径 d 则可表示为：

$$d = \frac{p}{\pi} z = mz \tag{3-6}$$

5. 顶隙

顶隙是指一对齿轮啮合时，一个齿轮的齿顶圆到另一个齿轮的齿根圆的径向距离。为保证两啮合齿轮传动时不至于卡死，并储存润滑油，留有此间隙，用 c 表示。顶隙按下式计算。

$$c = c^* m \tag{3-7}$$

6. 齿顶高、齿根高和全齿高

在轮齿上介于齿顶圆和分度圆之间的部分称为齿顶，其径向高度称为齿顶高，用 h_a 表示。介于齿根圆和分度圆之间的部分称为齿根，其径向高度称为齿根高，用 h_f 表示。

齿轮的齿顶高和齿根高可用模数表示为：

$$h_a = h_a^* m \tag{3-8}$$

$$h_f = m(h_a^* + c^*) \tag{3-9}$$

式中，h_a^* 和 c^* 分别称为齿顶高系数和顶隙系数，对于圆柱齿轮，其标准值按正常齿制和短齿制规定如下。

正常齿：$h_a^* = 1$，$c^* = 0.25$

短齿：$h_a^* = 0.8$，$c^* = 0.3$

齿顶圆与齿根圆之间轮齿的径向高度称为全齿高，用 h 表示，故：

$$h = (2h_a^* + c^*)m \tag{3-10}$$

（二）标准直齿圆柱齿轮几何尺寸

若一个齿轮的模数、分度圆压力角、齿顶高系数、齿根高系数均为标准值，且其分度圆上齿厚与齿槽宽相等，则称为标准齿轮。因此，对于标准齿轮：

$$s = e = \frac{\pi m}{2} \tag{3-11}$$

标准直齿圆柱外啮合齿轮传动的参数和几何尺寸计算公式列于表 3-2。

表 3-2　渐开线标准直齿圆柱外齿轮尺寸计算公式

名　称	代　号	公　式　与　说　明
齿数	z	根据工作要求确定
模数	m	由轮齿的承载能力确定，并按表 3-1 取标准值
压力角	α	$\alpha = 20°$
分度圆直径	d	$d_1 = mz_1$；$d_2 = mz_2$
齿顶高	h_a	$h_a = h_a^* m$
齿根高	h_f	$h_f = (h_a^* + c^*)m$
齿全高	h	$h = h_a + h_f$
齿顶圆直径	d_a	$d_{a1} = d_1 + 2h_a = m(z_1 + 2h_a^*)$
		$d_{a2} = m(z_2 + 2h_a^*)$
齿根圆直径	d_f	$d_{f1} = d_1 - 2h_f = m(z_1 - 2h_a^* - 2c^*)$
		$d_{f2} = m(z_2 - 2h_a^* - 2c^*)$
分度圆齿距	p	$p = \pi m$
分度圆齿厚	s	$s = \frac{1}{2}\pi m$
分度圆齿槽宽	e	$e = \frac{1}{2}\pi m$
基圆直径	d_b	$d_{b1} = d_1\cos\alpha = mz_1\cos\alpha$　　$d_{b2} = mz_2\cos\alpha$
中心距（外啮合）	a	$a = \dfrac{d_1 + d_2}{2} = \dfrac{m(z_1 + z_2)}{2}$

（三）齿条

齿条相当于直径无穷大的齿轮，因此各圆变为相互平行的直线。与齿轮相比，齿条有以下两个重要特点。

（1）在任一平行线上的齿距（$p = \pi m$）均相等。

（2）各平行线上的压力角均相等（$\alpha = 20°$），且与齿条的齿形角相等。

【例 3-1】 已知一对外啮合标准直齿圆柱齿轮传动的参数为：$z_1 = 24$、$z_2 = 120$、$m = 5\text{mm}$，试求两齿轮的分度圆直径 d_1 和 d_2、齿顶圆直径 d_{a1} 和 d_{a2}、全齿高 h、标准中心距 a 及分度圆上的齿厚 s 和齿槽宽 e。

解：$d_1 = mz_1 = 5 \times 24 = 120(\text{mm})$

$d_2 = mz_2 = 5 \times 120 = 600(\text{mm})$

$d_{a1} = m(z_1 + 2h_a^*) = 5 \times (24 + 2 \times 1) = 130(\text{mm})$

$$d_{a2}=m(z_2+2h_a^*)=5\times(120+2\times1)=610(mm)$$

$$h=m(2h_a^*+c^*)=5\times(2+0.25)=11.25(mm)$$

$$a=\frac{m(z_2+z_1)}{2}=\frac{5\times(120+24)}{2}=360(mm)$$

$$s=e=\frac{p}{2}=\pi\times\frac{5}{2}=7.85(mm)$$

五、渐开线齿轮的啮合传动

（一）正确啮合条件

一对渐开线齿轮不仅要保证定传动比传动，还应使两个齿轮正确啮合。

齿轮传动时，它的每一对齿仅啮合一段时间便要分离，而由后一对齿接替。由渐开线齿廓的啮合特性可知，一对渐开线齿轮传动时，其齿廓啮合点都应在啮合线 N_1N_2 上，如图 3-1-8 所示，当前一对齿在啮合线上的 K 点接触时，其后一对齿应在啮合线上另一点 K' 接触。

图 3-1-8　渐开线齿轮正确啮合的条件　　　　　图 3-1-9　渐开线齿轮连续传动的条件

这样，当前一对齿分离时，后一对齿才能不中断地接替传动。令 K_1 和 K_1' 表示轮 1 齿廓上的啮合点，K_2 和 K_2' 表示轮 2 齿廓上的啮合点。为了保证前后两对齿同时在啮合线上接触，轮 1 相邻两齿同侧齿廓沿法线的距离 $\overline{K_1K_1'}$ 应与轮 2 相邻两齿同侧齿廓沿法线的距离 $\overline{K_2K_2'}$ 相等（沿法线方向的齿距称为法线齿距）。即：

$$\overline{K_1K_1'}=\overline{K_2K_2'}$$

根据渐开线的性质，对轮 2 有

$$\overline{K_2K_2'}=\overline{N_2K'}-\overline{N_2K}=\overline{N_2i}-\overline{N_2j}=\overline{ij}=p_{b2}=p_2\cos\alpha_2=\pi m_2\cos\alpha_2$$

同理，对轮 1 可得

$$\overline{K_1 K_1'} = p_1 \cos\alpha_1 = \pi m_1 \cos\alpha_1$$

由此可得

$$m_1 \cos\alpha_1 = m_2 \cos\alpha_2$$

由于模数和压力角已经标准化，为满足上式，应使

$$\begin{cases} m_1 = m_2 = m \\ \alpha_1 = \alpha_2 = \alpha \end{cases} \tag{3-12}$$

上式表明，渐开线直齿圆柱齿轮的正确啮合条件是两轮的模数和压力角必须分别相等。齿轮的传动比可写成

$$i_{12} = \frac{\omega_1}{\omega_2} = \frac{d_2'}{d_1'} = \frac{d_{b2}}{d_{b1}} = \frac{d_2}{d_1} = \frac{z_2}{z_1} \tag{3-13}$$

（二）连续传动条件及重合度

图 3-1-9 所示为一对相互啮合的齿轮，设轮 1 为主动轮，轮 2 为从动轮。齿廓的啮合是由主动轮 1 的齿根部推动从动轮 2 的齿顶开始，因此，从动轮齿顶圆与啮合线的交点 B_2 即为一对齿廓进入啮合的开始。随着轮 1 推动轮 2 转动，两齿廓的啮合点沿着啮合线移动。当啮合点移动到主动轮的齿顶圆与啮合线的交点 B_1 时（图中虚线位置），这对齿廓终止啮合，两齿廓即将分离。故啮合线 $N_1 N_2$ 上的线段 $B_1 B_2$ 为齿廓啮合点的实际轨迹，称为实际啮合线段。

当一对轮齿在 B_2 点开始啮合时，前一对轮齿仍在 K 点啮合，则传动就能连续进行。由图可见，这时实际啮合线段 $B_1 B_2$ 的长度大于齿轮的法线齿距。如果前一对轮齿已于 B_1 点脱离啮合，而后一对轮齿仍未进入啮合，则这时传动发生中断，将引起冲击。所以，保证连续传动的条件是使实际啮合线长度大于或至少等于齿轮的法线齿距（即基圆齿距 p_b）。

通常将实际啮合线长度与基圆齿距之比称为齿轮的重合度，用 ε 表示，即：

$$\varepsilon = \frac{\overline{B_1 B_2}}{p_b} \geqslant 1 \tag{3-14}$$

理论上当 ε＝1 时，就能保证一对齿轮连续传动，但考虑齿轮的制造、安装误差和啮合传动中轮齿的变形，实际上应使 ε＞1。一般机械制造中，常使直齿圆柱齿轮的重合度 ε≥1.1～1.4。重合度越大，表示同时啮合的齿的对数越多。例如：ε＝1.3 表示有 30% 的时间有两对轮齿啮合，70% 的时间有一对轮齿啮合，ε 越大，同时啮合的齿数越多，多齿啮合所占时间越长，传动越平稳，承载能力越大。

（三）渐开线齿轮的标准安装

1. 无侧隙啮合

一对齿轮传动时，齿轮节圆上的齿槽宽与另一齿轮节圆上的齿厚之差称为齿侧间隙，简称侧隙。在齿轮加工时，刀具轮齿与工件轮齿之间是没有齿侧间隙的；在齿轮传动中，为了消除反向传动空程和减少撞击，也要求齿侧间隙等于零。即 $s_1 = e_2$，$s_2 = e_1$，制造时用公差来保证，一般 $s < e$。

2. 中心距

因此，当分度圆和节圆重合时，便可满足无侧隙啮合条件。安装时使分度圆与节圆重合的一对标准齿轮的中心距称为标准中心距，用 a 表示。

$$a = r_1' + r_2' = r_1 + r_2 = \frac{m}{2}(z_1 + z_2) \tag{3-15}$$

显然，此时的啮合角 α 就等于分度圆上的压力角 α。**应当指出，分度圆和压力角是单个齿轮本身所具有的，而节圆和啮合角是两个齿轮相互啮合时才出现。**标准齿轮传动只有在分度圆与节圆重合时，压力角和啮合角才相等。

【例 3-2】 一对标准直齿圆柱齿轮传动，其大齿轮已损坏。已知小齿轮齿数 $z_1=24$，齿顶圆直径 $d_{a1}=130\text{mm}$，标准中心距 $a=225\text{mm}$。试计算这对齿轮的传动比和大齿轮的主要几何尺寸。

解：模数 $m=\dfrac{d_{a1}}{z_1+2h_a^*}=\dfrac{130}{24+2\times1}=5(\text{mm})$

大齿轮齿数 $z_2=\dfrac{2a}{m}-z_1=\dfrac{2\times225}{5}-24=66$

传动比 $i=\dfrac{z_2}{z_1}=\dfrac{66}{24}=2.75$

分度圆直径 $d_2=mz_2=5\times66=330(\text{mm})$

齿顶圆直径 $d_{a2}=m(z_2+2h_a^*)=5\times(66+2\times1)=340(\text{mm})$

齿根圆直径 $d_{f2}=m(z_2-2h_a^*-2c^*)=5\times(66-2\times1-2\times0.25)=317.5(\text{mm})$

齿顶高 $h_a=h_a^*m=1\times5=5(\text{mm})$

齿根高 $h_f=(h_a^*+c^*)m=(1+0.25)\times5=6.25(\text{mm})$

全齿高 $h=h_a+h_f=5+6.25=11.25(\text{mm})$

齿距 $p=\pi m=3.14\times5=15.70(\text{mm})$

齿厚、齿槽宽 $s=e=\dfrac{p}{2}=\dfrac{15.70}{2}=7.85(\text{mm})$

分任务二　渐开线齿轮加工

一、加工方法

1. 仿形法

仿形法是用与齿轮齿槽形状相同的圆盘铣刀或指状铣刀在铣床上进行加工，如图 3-2-1 所示。加工时铣刀绕本身的轴线旋转，同时轮坯转过 $2\pi/z$ 角度，再铣第二个齿槽。其余依

(a) 盘形铣刀　　　　　　　　(b) 指状铣刀

图 3-2-1　仿形法加工齿轮

此类推。这种加工方法简单，不需要专用机床，但精度差，而且是逐个齿切削，切削不连续，故生产率低，仅适用于单件生产及精度要求不高的齿轮加工。

2. 范成法

范成法是利用一对齿轮（或齿轮与齿条）互相啮合时，两共轭齿廓互为包络线的原理来加工齿轮的（图 3-2-2）。如果把其中一个齿轮（或齿条）做成刀具，就可以切出与它共轭的渐开线齿廓。

图 3-2-2　范成法加工齿轮

图 3-2-3　齿轮插刀加工齿轮

范成法切齿常用的刀具有齿轮插刀、齿条插刀、齿轮滚刀。

（1）插齿刀　图 3-2-3 所示为用齿轮插刀加工齿轮时的情形。齿轮插刀的形状和齿轮相似，其模数和压力角与被加工齿轮相同。加工时，插齿刀沿轮坯轴线方向做上下往复的切削运动；同时，机床的传动系统严格地保证插齿刀与轮坯之间的范成运动。齿轮插刀刀具顶部比正常齿高出 c^*m，以便切出顶隙部分。

当齿轮插刀的齿数增加到无穷多时，其基圆半径变为无穷大，插刀的齿廓变成直线齿廓，齿轮插刀就变成齿条插刀，图 3-2-4 为齿条插刀加工轮齿的情形。

图 3-2-4　齿条插刀加工齿轮

1—齿轮坯；2—齿条插刀

图 3-2-5　滚刀加工齿轮

1—滚刀；2—齿轮坯

（2）滚齿刀　齿轮插刀和齿条插刀都只能间断地切削，生产率低。目前广泛采用齿轮滚刀在滚齿机上进行轮齿的加工。

滚齿加工方法基于齿轮与齿条相啮合的原理。图 3-2-5 为滚刀加工轮齿的情形。滚刀 1

的外形类似沿纵向开了沟槽的螺旋，其轴向剖面齿形与齿条相同。当滚刀转动时，相当于这个假想的齿条连续地向一个方向移动，轮坯又相当于与齿条相啮合的齿轮，从而滚刀能按照范成原理在轮坯上加工渐开线齿廓。滚刀除旋转外，还沿轮坯的轴向逐渐移动，以便切出整个齿宽。

图 3-2-6　轮齿的
根切现象

3. 渐开线齿轮的根切与最少齿数

用范成法加工齿数较少的齿轮时，常会将轮齿根部的渐开线齿廓切去一部分，如图3-2-6所示。这种现象称为根切。产生根切的齿轮，由于部分渐开线被切去，一方面不能保证平稳传动，另一方面削弱轮齿的抗弯强度，对传动十分不利，故应设法避免。

对于标准齿轮，是用限制最少齿数的方法来避免根切的。用滚刀加工压力角为 20°的正常齿制标准直齿圆柱齿轮时，根据计算，可得出不发生根切的最少齿数 $z_{min}=17$。某些情况下，为了尽量减少齿数以获得比较紧凑的结构，在满足轮齿弯曲强度条件下，允许齿根部有轻微根切时，$z_{min}=14$。

二、变位齿轮

（一）标准齿轮的局限性

（1）标准齿轮齿数不能少于 z_{min}，否则会发生根切。

（2）标准齿轮不适用于实际中心距 a' 不等于标准中心距的场合。当 $a'>a$ 时，采用标准齿轮虽仍然保持定角速比，但会出现过大的齿侧间隙，重合度也减小；当 $a'<a$ 时，因较大的齿厚不能嵌入较小的齿槽宽，致使标准齿轮无法安装。

（3）一对标准齿轮弯曲强度相差较大：大齿轮齿数多，齿根较厚，而小齿轮齿根薄，弯曲强度低，且工作次数多，易损坏。

为了弥补上述不足，在机械中出现了变位齿轮，即作变位修正的齿轮。它可以制成齿数少于 z_{min} 而无根切的齿轮；可以实现非标准中心距的无侧隙传动；可以使大小齿轮的抗弯能力比较接近。

（二）变位齿轮的概念

变位齿轮是一种非标准齿轮，其加工原理与标准齿轮相同，切制工具也相同。

图 3-2-7 所示为齿条刀具。齿条刀具上与刀具顶线平行而其齿厚等于齿槽宽的直线 nn，称为刀具的中线。中线以及与中线平行的任一直线，称为分度线。除中线外，其他分度线上的齿厚与齿槽宽不相等。

由于刀具中线上的齿厚与齿槽宽相等，因此加工齿轮时，若齿条刀具的中线与轮坯的分度圆相切并做纯滚动，则被加工齿轮分度圆上的齿厚与齿槽距相等，其值为 $\pi m/2$，因此被加工出来的齿轮为标准齿轮（图 3-2-8）。

若刀具与轮坯的相对运动关系不变，但刀具相对轮坯中心离开或靠近一段距离 xm ［图 3-2-8(b)、(c)］，则轮坯的分度圆不再与刀具中线相切，而是与中线以上或以下的某一分度线相切。这时与轮坯分度圆相切并做纯滚动的刀具分度线上的齿厚与齿槽宽不相等，因此被

图 3-2-7　齿条刀具

加工的齿轮在分度圆上的齿厚与齿槽宽也不相等。

图 3-2-8　变位齿轮的切削原理

当刀具远离轮坯中心移动时，被加工齿轮的分度圆齿厚增大。当刀具向轮坯中心靠近时，被加工齿轮的分度圆齿厚减小。这种由于刀具相对于轮坯位置发生变化而加工的齿轮，称为变位齿轮。齿条刀具中线相对于被加工齿轮分度圆所移动的距离，称为变位量，用 xm 表示，m 为模数，x 为变位系数。刀具中线远离轮坯中心称为正变位，这时的变位系数为正数，所切出的齿轮称为正变位齿轮。刀具靠近轮坯中心称为负变位，这时的变位系数为负数，所加工的齿轮称为负变位齿轮。

在切削变位齿轮时，由于齿条刀具不变，所以切出的变位齿轮的值 m、z、α 保持不变，即齿轮的分度圆（mz）、基圆（$mz\cos\alpha$）都不变，齿廓的渐开线也不变，只是随 x 的取值不同，用同一渐开线的不同区段作齿廓（见图 3-2-9）。另外，由于基圆不变，用范成法切制的一对变位齿轮，其瞬时传动比仍为常数。

图 3-2-9　变位齿轮的齿廓

分任务三　材料的选择与热加工基础

一、金属材料的力学性能

金属材料的性能包括使用性能和工艺性能。使用性能是指金属材料在正常使用条件下应具备的性能，包括力学性能和物理化学性能；工艺性能是指金属材料对各种冷热加工过程的适应能力，包括铸造、锻造、焊接、热处理和切削加工等性能。优良的使用性能和良好的工艺性能是选材的基本出发点。

金属材料的力学性能是指金属材料在外力作用下所表现出来的抵抗变形和破坏的能力，也称为机械性能。金属在常温时的力学性能指标有强度、塑性、硬度、冲击韧性、伸长率、疲劳强度和断裂韧性。这些性能指标均是通过一定的试验方法测定出来的。

1. 强度与塑性

力学性能是最重要的使用性能，是选材和设计的主要依据。通常，采用拉伸试验来测定材料的强度与塑性的各种力学性能指标。

（1）强度的主要指标　材料的强度是材料最重要的力学性能指标之一。指材料在静载荷作用下抵抗永久变形和断裂的能力，用单位面积上所受的力的大小表示。强度指标主要有屈服极限 σ_s 和强度极限 σ_b。塑性材料以 σ_s 作为极限应力，脆性材料以 σ_b 作为极限应力。据所加载形式的不同，强度可分为抗拉强度、抗压强度、抗弯强度、抗剪强度等。

（2）塑性的主要指标　塑性是指材料在断裂前产生永久变形而不被破坏的能力。材料的塑性通常采用伸长率 δ 和断面收缩率 ψ 两个指标来表征。

通常称 $\delta \geqslant 5\%$ 的材料为塑性材料，称 $\delta < 5\%$ 的材料为脆性材料。δ 和 ψ 越大，则表示材料的塑性越好。塑性好的材料如铝、铜、低碳钢等，容易进行压力加工，而塑性差的材料如铸铁等，只能用铸造方法成形。大多数零件除要求具有较高的强度外，还必须有一定的塑性，这样才能提高安全系数。

2. 硬度

硬度是衡量材料软硬程度的指标，表示材料抵抗局部变形和破坏的能力，是重要的力学性能指标之一。硬度通过硬度试验测得。生产和科研中应用最广泛的硬度试验方法有：布氏硬度试验和洛氏硬度试验。

（1）布氏硬度及布氏硬度试验　布氏硬度在布氏硬度试验机上进行，其试验原理如图 3-3-1 所示。

图 3-3-1　布氏硬度的试验原理示意图

用直径为 D 的淬火钢球或硬质合金球为压头，在相应的试验力 F 的作用下压入被测金属的表面，保持规定时间后卸除试验力，金属表面留下一段压痕，用读数显微镜测量其压痕直径 d，求出压痕表面积，则球面压痕单位表面积上所承受的平均压力即为布氏硬度值，用符号 HBS（淬火钢球压头）或 HBW（硬质合金球压头）表示。在实际应用中，可根据压痕直径的大小直接查布氏硬度表而无须计算即可得出硬度值。

在布氏硬度试验中，载荷 F 的单位取 kgf（载荷的法定计量单位应为 N，但硬度试验机上所加载荷的单位为 kgf，为便于应用硬度数据，此单位仍沿用，$1\text{kgf} \approx 10\text{N}$）。钢球直径 D 与压痕直径 d 的单位为 mm，因此布氏硬度的单位为 kgf/mm^2，但习惯上只写明硬度的数值而不标出单位。D 越大，则 HBS（HBW）值越小；反之，D 越小，HBS（HBW）值越大。

在进行布氏硬度试验时，钢球直径 D、施加的载荷 F 和载荷保持时间，应根据被测试金属的种类和试样厚度选取，布氏硬度试验规范见表 3-3。

表 3-3　布氏硬度试验规范

材　料	硬度范围	球径 D/mm	载荷 F/D^2	保持时间/s
钢、铸铁	<140	10,5,2.5	10	10～15
	≥140	10,5,2.5	30	10
非铁金属	35～130	10,5,2.5	10	30
	≥130	10,5,2.5	30	30
	<35	10,5,2.5	2～5	60

硬度值在 450HBS 以下的材料, 宜用钢球压头; 硬度值在 450HBW 以上的材料, 宜用硬质合金球。标注时, 硬度值写在符号前面, 符号后面按顺序用数值表示试验条件, 如: 120HBS10/1000/30, 表示 10mm 钢球, 1000kgf 试验力, 保持时间 30s 后测得的布氏硬度值为 120。

金属材料的软硬不同, 厚薄不同, 因此在进行布氏硬度试验时, 就要求使用不同的试验力和不同的直径压头。

布氏硬度试验压痕面积较大, 损伤零件表面, 且试验过程较麻烦, 但试验结果较准确。因此布氏硬度试验只宜测试原材料、半成品、铸铁、有色金属及退火、正火、调质钢件, 不适于检测成品件, 不宜测定太薄小件, 不宜测试过硬件。

(2) 洛氏硬度及洛氏硬度试验 洛氏硬度在洛氏硬度机上测定。其试验原理如图 3-3-2 所示。

用顶角为 120° 的金刚石圆锥体或直径为 1.588mm 的淬火钢球作压头, 先加初始试验力 F_0, 压入金属表面, 深度为 h_1, 再加主试验力 F_1, 在总试验力 ($F = F_0 + F_1$) 作用下, 压入深度为 h_2, 保持一段时间后卸除主试验力 F_1 并保留初始试验力 F_0 后, 由于金属弹性变形的恢复而使压头略有回升, 则残余压痕深度增量 ($e = h_2 - h_1$) 值越小, 材料硬度越高; e 值越大, 材料硬度越低。用每 0.002mm 的压痕深度为一个硬度单位, 同时为适应人们习惯上数值越大、硬度越高的概念, 采用一个常数 K 减去 $\dfrac{e}{0.002}$ 来表示硬度值的大小, 用符号 HR 表示, 即 $HR = K - \dfrac{e}{0.002}$。

1—1加上初载荷后压头的位置
2—2加上初载荷+主载荷后压头的位置
3—3卸去主载荷后压头的位置
h_e卸去主载荷的弹性恢复

图 3-3-2 洛氏硬度试验图

式中, K 是常数 (金刚石压头的 K 为 100; 淬火钢球压头的 K 为 130)。为了在硬度机上测定不同硬度的材料, 需用不同的压头和试验力组成不同的硬度标尺, 并用字母在 HR 后面加以注明。常用的洛氏硬度标尺有 A、B、C 三种: HRA、HRC 和 HRB。洛氏硬度标注时, 硬度值写在硬度符号前面, 如 50HRC。常用洛氏硬度试验规范及应用举例见表 3-4。

表 3-4 常用洛氏硬度试验规范及应用举例

硬度符号	测量范围	压头类型	初始试验力 F_0	主试验力 F_1	应 用 举 例
HRA	20~88	金刚石圆锥体	98.07	490.3	硬质合金、表面淬火层、渗碳层等
HRB	20~100	钢球 1.588mm	98.07	882.6	有色金属, 退火、正火钢件等
HRC	20~70	金刚石圆锥体	98.07	1373	淬火钢、调质钢件等

洛氏硬度试验操作简便, 可直接从表盘上读出硬度值。其压痕小, 基本不损坏零件表面, 可直接测量成品和较薄零件的硬度, 但测得的数据不太准确和稳定, 故需在不同部位测定 3 点取其算术平均值。

(3) 硬度在生产上的实用意义 硬度实际上是强度的局部反映 (抵抗局部塑性变形的能力), 强度高, 其硬度必然高。而硬度试验相对拉伸试验来说, 更为简便迅速, 经济实用,且可直接用于零件的测试而无须专制试样，故在生产科研中取得了广泛的应用。同时，对于磨损失效而言，钢的耐磨性随其硬度提高而增加，所以常把硬度数据作为技术要求标注在零件图上。

3. 韧性与疲劳

强度、塑性、硬度等都是在静试验力（静载荷）作用下的力学性能。实际上，许多零件常在冲击载荷或交变载荷作用下工作，如锤杆、冲头、齿轮、弹簧、连杆和主轴等。对于这些承受冲击载荷的零件，其性能不能用静载荷作用下的指标来衡量，因为即使是采用强度较高的材料，在冲击载荷作用下也会发生断裂。所以用于这类零件的材料，还必须考虑其抵抗冲击载荷的能力。韧性和疲劳就是在动载荷作用下测定的金属力学性能。

（1）韧性　金属材料抵抗冲击载荷破坏的能力称为韧性，用冲击韧度表征。冲击韧度的测定在摆锤式冲击试验机上进行。用摆锤一次冲断试样所消耗的能量即冲击吸收功的大小来表示金属材料冲击韧度的优劣。用符号 A_{kU} 或 A_{kV} 表示，单位为 J（焦耳），A_{kU} 大，表明材料韧性好。

实际上，许多零件在工作时往往承受小能量多次冲击后才断裂。实践表明，抵抗这种小能量多次冲击破坏的能力主要取决于材料的强度，因此，可通过改变热处理工艺规范（降低回火温度）来提高强度，从而达到提高零件使用寿命的目的。韧性实际上是材料强度和塑性的综合反映。韧性与脆性是对立的，且能互相转化，因为冲击韧度值与试验时的温度有关，随试验温度下降而降低。有些材料在低于某一温度时，冲击韧度值显著下降呈脆性，导致发生断裂。这一转变温度称为韧脆转变温度。韧脆转变温度低者，表示其低温冲击韧度好，否则将不宜在高寒地区使用，以免在冬季低寒气温条件下金属构件发生脆断现象。

（2）疲劳　疲劳是指零件在交变应力作用下，过早发生破坏的现象。所谓交变应力，是指应力的大小、方向呈周期性变化的应力。疲劳破坏事先没有明显的征兆，具有很大的突发性和危险性，往往会造成严重事故，如汽车的轴颈、缸盖、齿轮、弹簧等零件的损坏失效，大部分属于疲劳破坏。

一般认为疲劳断裂的原因是零件应力集中严重或材料本身强度较低的部位（裂纹、夹杂、刀痕等缺陷处）在交变应力的作用下产生了疲劳裂纹，随着应力循环次数的增加，裂纹缓慢扩展，有效承载面积不断减小，当剩余面积不能承受所加载荷时，发生突然断裂现象。

疲劳强度是指材料经受无数次应力循环而不被破坏的最大应力值。钢铁材料应力循环次数为 10^7 次，有色金属应力循环次数为 10^8 次。任何材料发生脆断，都是材料中微小裂纹突然失稳扩展的结果。材料抵抗裂纹扩展即脆断的能力称为材料的断裂韧度。由于材料中微小裂纹难以避免，故断裂韧度是安全设计中重要的力学性能指标。

二、材料的晶体结构与结晶

（一）金属的晶体结构与结晶

原子（离子或分子）在三维空间呈有规则的周期性重复排列的材料为晶体材料，如氯化钠、天然金刚石、水晶等；原子（离子或分子）在三维空间无规则排列的材料则为非晶体材料，如石蜡、松香等。所以晶体具有下列特点。

① 原子在三维空间呈有规律的周期性重复排列。

② 固定的熔点。熔点是物质的结晶状态与非结晶状态互相转换的临界温度。

③ 有各向异性。所谓各向异性，就是晶体的性能随着原子的排列方位而改变，即单晶

体具有各向异性。

非晶体内部粒子无规则的堆积在一起，因此没有晶体的上述特点。非晶体的粒子呈不规律排列，其结构无异于液体结构，故视为被冻结的液体。非晶体没有固定的熔点，随着温度的升高将逐渐变软，最终变为有明显流动性的液体；当冷却时，液体又逐渐稠化，最终变为固体。此外，非晶体在各个方向上的原子聚集密度大致相同，即具有各向同性。

1. 金属的晶体结构

原子呈周期性规则排列的固态物质称为晶体。金属材料都是晶体物质。

（1）晶格、晶胞与晶格常数　晶体中原子（离子或分子）在空间的排列方式称为晶体结构，如图 3-3-3（a）所示。为了便于描述晶体结构，通常将每一个原子抽象为一个点，再把这些点用假想的直线连接起来，构成空间格架，称为晶格，如图 3-3-3（b）所示。晶格中由一系列原子所构成的平面称为晶面，而任意两个原子间的连线所指的方向，称为晶向，如图 3-3-3（c）所示。

| (a) 原子的空间排列模型 | (b) 晶格 | (c) 晶胞与晶向 |

图 3-3-3　晶体、晶格和晶胞示意图

组成晶格的最小的几何单元称为晶胞，如图 3-3-3（c）所示。晶胞的基本特征可以反映出晶体结构的特点。晶胞的大小和形状可用晶胞的棱边长度 a、b、c 和三条棱边之间的夹角 α、β、γ 六个参数来描述，称为晶格常数，单位是纳米（$1nm = 10^{-9}m$）。

（2）常见晶格类型　不同的金属具有不同的晶体结构，常见的有以下三种，如图 3-3-4 所示。

| (a) 体心立方 | (b) 面心立方 | (c) 密排立方 |

图 3-3-4　常见晶格类型

① 体心立方晶格。晶胞为立方体，在立方体的八个角上和立方体的中心各有一个原子。具有体心立方晶格的金属有铬（Cr）、钨（W）、钼（Mo）、钒（V）、α-铁（Fe）等，其塑性较好。

② 面心立方晶格。晶胞为立方体，在立方体的八个角和立方体的六个面的中心各有一个原子。具有面心立方晶格的金属有铝（Al）、铜（Cu）、镍（Ni）、金（Au）、银（Ag）、γ-铁（Fe）等，其塑性优于体心立方晶格。

③ 密排六方晶格。晶胞为正六方柱体，在正六方柱体的十二个顶角以及上、下底面中心各有一个原子，另外在晶胞中间还有三个原子。具有密排六方晶格的金属有镁（Mg）、锌（Zn）、铍（Be）等，其性能较脆。

除上述三种最常见的晶格以外，在黑色金属中还存在有正方晶格（淬火马氏体）、斜方晶格（渗碳体）等一些较复杂的晶格。当金属的晶格类型改变时，其晶体结构就不同，金属的各种性能也会发生相应的变化。

（3）金属的实际晶体结构 金属的实际晶体结构往往与上述的理想状态的晶体结构有所不同。在理想状态下，金属的晶体结构完全可以看作由晶胞在三维空间重复堆砌而成，这种晶体称为单晶体，如图 3-3-5（a）所示。可以看出，单晶体的原子排列的位向或方式都是一致的。实际上，由于多种因素的影响，工程上所用的金属材料绝大多数是多晶体，如图 3-3-5（b）所示。

图 3-3-5　单晶体与多晶体

多晶体是由许多微小的单晶体构成的，这些单晶体称为晶粒。在同一个晶粒中，晶格的位向基本上是一致的，而不同的晶粒，其晶格位向则不同。晶粒与晶粒之间的交界区称为晶界，厚度约为 2～3 个原子厚度。由于晶界上原子的排列是不同位向的晶粒的过渡状态，因而排列较不规则。

在实际晶体中，由于原子的热振动、杂质原子的掺入以及其他外界因素的影响。原子排列并非完整无缺，而是存在着各种各样的晶体缺陷。晶体缺陷对金属的性能会产生很大的影响。按照晶体缺陷的几何特征，可将其分为点缺陷、线缺陷和面缺陷三类。

① 点缺陷。点缺陷是指在晶体所有方向上尺寸都很小的一种晶体缺陷，属于这类缺陷的有晶格空位和间隙原子。结晶时晶格上应被原子占据的结点未被占据，形成空位；也可能有的原子占据了原子之间的空隙，形成间隙原子。如图 3-3-6 所示。

图 3-3-6　晶体的点缺陷示意图

(a) 刃型位错　　　(b) 螺型位错

图 3-3-7　晶体的线缺陷示意图——位错

② 线缺陷。线缺陷是指在三维空间的两个方向上尺寸都很小的晶体缺陷。如图 3-3-7 所

示。常见的线缺陷有各种类型的位错。所谓位错就是在晶体中某处有一列或若干列原子发生了某种有规律的错排现象。

③ 面缺陷。面缺陷是指由晶界、亚晶界引起的，在三维空间中一个方向上尺寸很小，另外两个方向尺寸较大的缺陷，如图 3-3-8 所示。

(a) 晶界　　　　　　　　(b) 亚晶界

图 3-3-8　晶体的面缺陷示意图——晶界、亚晶界

晶界是不同位向的晶粒之间的过渡区，由于晶界上的原子排列较杂乱，晶界上的原子相对晶粒内部的原子而言有更强的活动能力，因而置于腐蚀介质中时，晶界最容易被腐蚀，而且，在加热时，晶界也会首先熔化。同时，晶界也是位错和低熔点夹杂物聚集的地方，它对金属的塑性变形起着阻碍的作用。

实验证明，每一个晶粒内的晶格位向也并非完全一致，但这些位向相差很小，形成亚晶界。亚晶界实质上是由一系列的位错构成的，其特性与晶界相类似。

2. 金属的结晶

物质由液态转变为固态的过程，称为凝固。晶体材料的凝固过程也称为结晶。通常，把金属从液态转变为固态的过程称为一次结晶，而金属从一种固体晶态转变为另一种固体晶态的过程称为二次结晶或重结晶。

晶体材料的凝固过程中，温度是保持不变的，这个温度称为结晶温度。纯金属的冷却曲线示意图，如图 3-3-9 所示。

由纯金属的冷却曲线可看到，当液态金属缓冷到温度 T_0 时，纯金属开始发生结晶，T_0 为纯金属的凝（熔）点，又称为理论结晶温度。曲线中 ab 段表示液态金属逐渐冷却，至 bcd 段时开始形成晶核，该段温度略低于理论结晶温度。在 de 段金属正在结晶，此时金属液体和金属晶体共存，到 e 点结晶完成。在 ef 段，全部转变为固态晶体后的金属逐渐冷却。

图 3-3-9　纯金属的
冷却曲线示意图

液态金属在冷却到理论结晶温度以下还未结晶的现象，称为过冷现象。理论结晶温度 T_n 与开始结晶温度 T_0 之差叫做过冷度，用 ΔT 表示，即 $\Delta T = T_0 - T_n$，过冷度 ΔT 与冷却速度是密切相关的，冷却速度越大，ΔT 越大，冷却速度越小，ΔT 越小。在冷却速度非常缓慢的平衡条件下，过冷度 ΔT 则很小。

（1）结晶过程　金属的结晶过程是不断形成晶核和晶核不断长大的过程。金属结晶时，

首先在液态金属中形成一些极微小的晶体，称为晶核。在晶核长大的同时，在液体中又会产生新的晶核并长大，直到液态金属全部消失，晶体彼此接触为止。每个晶核长成一个晶粒，结晶后金属便是由许多晶粒组成的多晶体。

（2）晶粒大小对力学性能的影响　金属结晶时，冷却速度越大即过冷度越大，则晶粒越细小，金属的强度和硬度越高，塑性和韧性也越好。因此，细化晶粒是使金属材料强韧化的有效途径。金属结晶时，一个晶核长成一个晶粒，显然在一定体积内形成的晶核数目越多，则结晶后的晶粒就越细小。

（二）合金的晶体结构与结晶

纯金属一般都具有良好的导电性、导热性和塑性，但价格较贵，同时强度和硬度也较低，种类有限，多数不能满足工业生产中对金属材料多品种、高性能的要求。因此，大量使用的金属材料都是各种不同成分的合金，如碳钢、合金钢、铝合金、铜合金等。

合金是指由两种或两种以上的金属或金属元素与非金属元素，经熔炼、烧结或其他方法组合而成的，并具有金属特征的物质。组成合金的独立的、最基本的单元称为组元。组元可以是金属、非金属，也可以是稳定的化合物。由两个组元组成的合金称为二元合金。例如生产中应用最普遍的钢铁材料，就是主要由铁、碳两种组元组成的二元铁碳合金（Fe_3C 合金）；由多个组元组成的合金则称为多元合金。

由两个或两个以上的组元按不同的比例配制而成的一系列不同成分的合金称为合金系，如铁碳合金系（Fe_3C 系）、铅锡合金系（Pb-Sn 系）等。

1. 合金的晶体结构

在合金中，凡是具有相同化学成分、相同晶体结构，并与其他部分有明显界面分开的均匀组成部分称为相。按照相的形态划分，可分为液相和固相；对于固态合金，由一个相组成的合金为单相合金，由两个或两个以上的相组成的合金为两相或多相合金。

讨论合金的晶体结构，实质上就是讨论合金的相结构。固态合金中的相结构，分为两类基本相：固溶体和金属化合物。

（1）**固溶体**　固溶体是指组成合金的组元在液态和固态下均能相互溶解，形成均匀一致的、且晶体结构与组元之一相同的固态合金。组成固溶体的组元分溶剂与溶质。通常把形成固溶体后，其晶格保持不变的组元称为溶剂，而溶入溶剂中、其晶格消失的组元称为溶质。例如铁碳合金组织中的铁素体相，就是碳原子溶入 α-Fe 形成的固溶体，其溶剂为 Fe，保持体心立方晶格，碳原子则溶入 α-Fe 的晶格之中，其原有的晶格则消失殆尽。

固溶体有一定的强度、硬度，塑性、韧性良好。形成固溶体时由于溶质原子的溶入，引起溶质晶格畸变，使固溶体的强度、硬度提高的现象称为固溶强化。固溶强化是提高金属材料力学性能的重要途径之一。因此，实际使用的金属材料大多都是单相固体合金或以固溶体为基体的多相合金。

（2）**金属化合物**　金属化合物是指由合金组元之间相互化合而成的、其晶格类型和特性完全不同于原来任一组元的固态物质，亦称为中间相。金属化合物一般可用分子式来表示，如钢中的渗碳体用分子式 Fe_3C 表示。

金属化合物一般具有复杂的晶体结构，熔点高，硬而脆。一般起着强化相的作用，是合金中重要的组成相。

此外，合金中还存在有不同的相组成的混合物，性能介于组成相之间，通常称之为机械混合物或复相混合物。

2. 合金的结晶

合金的结晶过程同样包括形成晶核和晶核长大，但是合金的结晶绝大多数是在一个温度范围内进行，即结晶的开始温度和结晶的终了温度是不相同的。而且，合金的结晶过程中经常会发生固相转变，即由一种固相转变为另一种固相。因此，合金的结晶过程有两个相变点（所谓相变点，是指金属或合金在加热或冷却过程中，发生相变的温度）。在大多数情况下，合金结晶时往往形成两种不同的固相组成的多相组织。

合金的结晶过程，是合金的组织结构随温度、成分的变化而变化的过程，常用合金相图来反映。合金相图又称为合金状态图，它表明了在平衡状态下（即在极缓慢的加热或冷却的条件下），合金的相结构随温度、成分发生变化的情况，故亦称为平衡图。

三、铁碳合金相图

（一）铁碳合金的基本相和组织

铁碳合金的基本相和组织有液相、铁素体、奥氏体、渗碳体、珠光体以及莱氏体。

1. 铁素体

碳溶入 α-Fe 中形成的间隙固溶体称为铁素体，用符号 F 表示。铁素体的性能与纯铁相近，强度、硬度低，而塑性、韧性好。

2. 奥氏体

碳溶入 γ-Fe 中形成的间隙固溶体称为奥氏体，用符号 A 表示。

奥氏体在 727℃以上高温才存在，是铁碳合金中主要的高温相结构，强度、硬度不高，塑性、韧性较好，易锻压成形，且无磁性。

3. 渗碳体

渗碳体是铁和碳相互作用形成的金属化合物，用符号 Fe_3C 表示。渗碳体熔点为 1227℃，碳的质量分数为 6.69%，硬度很高，而塑性、韧性极差，很脆。

渗碳体是铁碳合金的主要强化相，常以片状、粒状、网状等分布在铁素体基体上，它的数量、大小、形状及分布对铁碳合金的性能影响很大。合金钢铁材料中，若渗碳体中的铁原子部分被锰、铬等原子所代替，或碳原子部分被氮、硼等原子代替，则会形成 $(Fe、Mn)_3C$、$(Fe、Cr)_3C$ 或 $Fe_3(C、N)$ 等合金渗碳体。另外，渗碳体是亚稳定化合物，在一定条件下会分解成 铁和石墨状的自由碳，这一点对铸铁有重要的意义，在铸铁中碳就是以石墨的形式存在的。

4. 珠光体

珠光体是由铁素体和渗碳体组成的复相混合物，用符号 P 表示。碳的质量分数为 0.77%，性能介于铁素体和渗碳体之间，具有较高的强度和硬度，良好的塑性和韧性。

5. 莱氏体

莱氏体是由奥氏体和渗碳体组成，存在于 727～1148℃高温区间，称为高温莱氏体，用符号 Ld 表示。在 727℃以下莱氏体由珠光体和渗碳体组成，称为低温莱氏体，用符号 Ld′ 表示。莱氏体组织可看成是在渗碳体的基体上分布着粒状的奥氏体（或珠光体），力学性能与渗碳体相近，硬度很高，塑性、韧性很差。

（二）Fe-Fe_3C 相图

在极其缓慢的加热或冷却的条件下（称之为平衡态），铁碳合金的成分与组织状态、温度三者之间的关系及其变化规律的图解称之为铁碳合金相图。相图通过实验测绘形成，不同的合金具有不同的相图。由于碳的质量分数高于 6.69% 的铁碳合金脆性很大，已无实用价值，仅仅研究 Fe-Fe₃C 部分，故又称 Fe-Fe₃C 相图。

简化后的 Fe-Fe₃C 相图如图 3-3-10 所示。这实际上是一个平面坐标图。左边的纵坐标表示温度，又代表组元纯铁；右边的纵坐标代表另一组元 Fe_3C；横坐标表示碳的质量分数。

图 3-3-10　简化的 Fe-Fe₃C 相图

1. 铁碳相图中的主要特性点、线、区

（1）主要特性点（见表 3-5）。

表 3-5　铁碳相图中的主要特性点

特性点	温度/℃	w_C/%	含　义
A	1538	0	纯铁的熔点
C	1148	4.3	共晶点，有共晶转变发生
D	1227	6.69	渗碳体的熔点
E	1148	2.11	碳在 γ-Fe 中的最大溶解度，钢与铁的分界点
G	912	0	纯铁的同素异构转变点（γ-Fe ⟷ α-Fe）
P	727	0.0218	碳在 α-Fe 中的最大溶解度
S	727	0.77	共析点，有共析转变发生
Q	600	0.008	碳在 α-Fe 中的溶解度

（2）主要特性线。

① ACD 线为液相线。在此线以上铁碳合金处于液体状态（L），冷却到此线时，碳的质量分数小于 4.3% 的铁碳合金在 AC 线下开始结晶出奥氏体（A）；碳的质量分数大于 4.3% 的铁碳合金在 CD 线下开始结晶出渗碳体（Fe₃C），称为一次渗碳体，用 Fe₃C_I 表示。

② $AECF$ 线为固相线。在此线以下铁碳合金均呈固体状态。

③ ECF 线是一条水平线（对应的温度为 1148℃），称为共晶线。在此线上，液态合金将发生共晶转变，形成奥氏体和渗碳体组成的机械混合物，称为莱氏体。所谓共晶转变是指在恒温下，从液态合金中同时结晶出两种晶体的转变过程，碳的质量分数在 2.11%～6.69% 的铁碳合金均会发生共晶转变。

④ PSK 线是一条水平线（对应的温度为 727℃），称为共析转变线，也称 A_1 线。在此线上，固态奥氏体将发生共析转变，形成铁素体和渗碳体组成的机械混合物，称为珠光体（P）。所谓共析转变是指在恒温下，从固相中同时析出两种不同成分晶体的转变过程，碳的质量分数大于 0.0218% 的铁碳合金在 PSK 线上都会发生共析转变。

⑤ ES 线为固溶线，通常称为 A_{cm} 线。它是碳在奥氏体中的溶解度随温度变化的曲线。随着温度的降低，奥氏体中碳的质量分数沿着此线逐渐减少。当温度从 1148℃ 降到 727℃ 时，凡碳的质量分数大于 0.77% 的铁碳合金均会由奥氏体中沿晶界析出渗碳体，这种渗碳体称为二次渗碳体，用 Fe_3C_{II} 表示，以区别于从液体中直接结晶出来的一次渗碳体 Fe_3C_I。

⑥ GS 线是奥氏体和铁素体相互转变线。在冷却过程中，表示奥氏体转变成铁素体的开始线；在加热过程中，表示铁素体转变成奥氏体的结束线，又称为 A_3 线。

⑦ GP 线是奥氏体和铁素体相互转变线。在冷却过程中，表示奥氏体转变成铁素体的结束线；在加热过程中，表示铁素体转变成奥氏体的开始线。

⑧ PQ 线是碳在铁素体中的溶解度随温度变化的曲线，它表示随着温度的降低，铁素体中的含碳量沿着此线逐渐减少，多余的碳以渗碳体的形式析出，称为三次渗碳体，用 Fe_3C_{III} 表示。由于其数量极少，在一般钢中影响不大，故 Fe_3C_{III} 忽略不计。

铁碳相图中的一次、二次、三次渗碳体的含碳量、晶体结构和本身的性质相同，没有本质的区别，只是其来源、分布和形态有所不同，对铁碳合金性能的影响有所不同。

（3）主要相区。在铁碳合金相图中有四个基本相，对应着四个单相区，ACD 以上为液相区，$AESG$ 为奥氏体区，GPQ 为铁素体区，DFK 为渗碳体区。

2. Fe-Fe₃C 合金组织、成分和温度的变化规律

按照相图，可将铁碳合金分为工业纯铁、碳钢和白口铸铁（生铁）三大类，其碳的质量分数分别是：工业纯铁 $w_C \leqslant 0.0218\%$，碳钢含碳量为 0.0218%～2.11%，白口铸铁含碳量为 2.11%～6.69%。通过相图分析，我们可以把铁碳合金的平衡组织归纳为表 3-6。当然，仅仅有平衡组织在生产中是远远不够的，通常会采用各种热处理、合金化和石墨化等手段对铁碳合金进行处理，以满足生产上的需要。

表 3-6　按照相图分类的铁碳合金及室温平衡组织

种　类		$w_C/\%$	室温平衡组织	符号表示
工业纯铁		≤0.0218	铁素体	F
碳钢	亚共析钢	0.0218～0.77	铁素体＋珠光体	F＋P
	共析钢	0.77	珠光体	P
	过共析钢	0.77～2.11	珠光体＋二次渗碳体	P＋Fe₃C_{II}
白口铸铁（生铁）	亚共晶白口铸铁	2.11～4.3	珠光体＋二次渗碳体＋低温莱氏体	P＋Fe₃C_{II}＋Ld'
	共晶白口铸铁	4.3	低温莱氏体	Ld'
	过共晶白口铸铁	4.3～6.69	低温莱氏体＋一次渗碳体	Ld'＋Fe₃C_I

（1）铁碳合金分类相图中 P 点左侧成分的合金，称为工业纯铁；P、E 点之间成分的合金称为钢；E 点右侧成分的合金称为白口铸铁。

S 点成分的钢，称为共析钢；S 点左侧成分的钢称为亚共析钢；S 点右侧成分的钢称为过共析钢。C 点成分的白口铸铁，称为共晶白口铸铁；C 点左侧成分的白口铸铁，称为亚共晶白口铸铁；C 点右侧成分的白口铸铁称为过共晶白口铸铁。

（2）工业纯铁的组织状态变化规律。工业纯铁从液态开始冷却结晶的过程中，首先转变成奥氏体（A）；降温至 GS 线和 GP 线之间区域时，成为两相组织 A+F；降温至 PQ 线以下时，转变成 $F+Fe_3C_{III}$ 组织。由于 Fe_3C_{III} 数量极少且细小，一般不考虑其影响存在，故工业纯铁的室温组织可看成为 F。

（3）钢的组织状态变化规律。钢液冷却过程中，冷至 AE 线以下时，全部转变为单相的 A 组织。亚共析钢经 GS 线转变为 A+F 两相组织；经 PSK 线时，转变为 P，到室温时转变为 F+P 组织。共析钢在 AE 线以下时为单相 A，S 点时转变为 P，至室温不变。过共析钢在 AE 线以下时为单相 A，至 ES 线时，开始析出 Fe_3C_{II}，经 PSK 线时，A 转变为 P，到室温时其组织为 Fe_3C_{II}+P。由于冷却缓慢，Fe_3C_{II} 将以网状形式析出，称为网状渗碳体，它将增加材料的脆性。

（4）白口铸铁的组织状态变化规律。白口铸铁的结晶过程分析可参照钢，不再列举说明。由相图中可看出，亚共晶、共晶、过共晶白口铸铁的室温组织分别为 $P+Fe_3C_{II}+Ld'$；Ld'；Fe_3C_I+Ld'。

（5）铁碳合金的室温组织和性能随成分变化的规律。不同成分的铁碳合金在室温时的组织都是由铁素体和渗碳体两个基本相组成。随着碳的质量分数的增加，铁素体量减少，渗碳体量增加，且渗碳体的形态和分布也发生变化，所以，不同成分铁碳合金具有不同的室温组织和性能，如图 3-3-11 所示。

图 3-3-11　铁碳合金的组织、性能变化规律

① 铁碳合金室温组织变化。如下式所示：

$$F \rightarrow F+P \rightarrow P \rightarrow P+ Fe_3C_{II} \rightarrow P+Fe_3C_{II}+Ld' \rightarrow Ld' \rightarrow Ld'+Fe_3C_I$$

② 铁碳合金力学性能变化。随着含碳量的增加，硬度直线上升，即含碳量越高，合金的硬度也越高，而塑性、韧性则不断下降；当 $w_C<0.9\%$ 时，随着含碳量的增加，强度基本呈直线上升，当 $w_C>0.9\%$ 时，由于出现大量的网状渗碳体沿晶界分布，使脆性增加，特别是在白口铸铁中出现大量的渗碳体组织，故强度将随含碳量增加而明显下降。为了保证工业用钢具有足够的强度、一定的塑性和韧性，钢中碳的质量分数一般不超过 1.4%。

3. Fe-Fe₃C 相图的应用

Fe-Fe₃C 相图反映了铁碳合金成分、组织和温度三者的变化规律，即不同的成分的合金在不同的温度具有不同的组织状态，因此，相图将作为制订热加工工艺的重要依据，如确定铸造的熔化温度、浇注温度，确定锻造加热温度及始锻、终锻温度范围，确定热处理的加热温度范围等。

根据组织（常指室温组织）、性能和成分的变化规律，相图将作为合理选材的重要依据。例如：建筑工程用钢、冷冲压件、焊接件等需塑性、韧性良好的材料，应选用低碳范围的钢；受力较复杂的机械结构零件，如轴类零件等，要求强度、塑性和韧性都较好即具有综合力学性能的材料，应选用中碳范围的钢；而需要高强度、高耐磨性好的各种工具，则应选用高碳范围的钢等。

对于齿轮类零件的选材，由于齿轮受力较大，受冲击频繁，要求表硬内韧的力学性能，因而根据铁碳相图，应采用低碳钢（如 20Cr、20CrMnTi 等），再采取表面处理等工艺，使其具有较好的冲击韧度；对于综合力学性能要求较高的轴类零件，则采用中碳钢；对于汽车上承受载荷及振动的螺旋弹簧，则需选用 $w_C=0.65\%\sim0.85\%$ 的弹簧钢，可以获得高弹性、高韧性的力学性能。

可以说，只有掌握 Fe-Fe₃C 相图，才能掌握钢铁材料及其热加工工艺。必须指出的是，相图只能作为选材和制订热加工工艺的重要工具和参考，因为在实际生产中，还必须考虑合金中的其他元素的影响，还必须考虑实际的加热或冷却速度等诸多因素。

四、碳钢

碳钢的价格低廉，性能良好，是工业中应用最普遍、用量最大的金属材料。钢铁在冶炼过程中，由于原料及燃料因素的影响，必然含有少量的锰、硅、硫、磷等常存杂质元素。它们的存在对钢的力学性能有很大的影响。

1. 常存杂质元素对钢性能的影响

在实际生产中使用的碳钢，不单纯是铁和碳组成的合金，还包含有一些杂质元素，其中常规的杂质元素主要有硅、锰、硫、磷四种，它们对碳钢的性能有一定的影响。

（1）锰和硅　锰和硅在钢中是一种有益元素。它们能溶入铁素体中形成固溶体，称为合金铁素体，产生固溶强化，从而在不降或略降塑性和韧性的基础上，提高钢的强度和硬度。同时锰还能与硫形成 MnS 以减少硫对钢的有害作用。

（2）硫和磷　硫与铁形成的化合物 FeS 与铁形成低熔点（985℃）的共晶体，分布在奥氏体的晶界上。当钢材在 1000～1200℃ 进行变形加工时，由于共晶体熔化，晶粒间结合被破坏，钢材变脆，出现脆裂现象，称为热脆。磷溶入铁素体中使其强度特别是低温下的塑性和韧性下降，使钢变脆，称之为冷脆。故将硫、磷称为有害杂质元素，钢中应严格控制其百分含量。一般硫含量不应超过 0.05％，磷含量不应超过 0.045％，但在易切削钢中，为使切屑易断，改善其可加工性能，反而在钢中适当提高硫、磷的含量。

2. 常用碳钢的分类

（1）按碳的质量分数分类分为：

低碳钢含碳量 $w_C \leqslant 0.25％$；

中碳钢含碳量 w_C 在 $0.25％ \sim 0.60％$；

高碳钢含碳量 $w_C > 0.60％$。

（2）按有害杂质硫和磷的含量分为：

普通钢 $w_S \leqslant 0.055％$，$w_P \leqslant 0.045％$；

优质钢 $w_S \leqslant 0.040％$，$w_P \leqslant 0.040％$；

高级优质钢 $w_S \leqslant 0.03％$，$w_P \leqslant 0.035％$。

（3）按用途分为**碳素结构钢、碳素工具钢和铸造碳钢**。

（4）按成形方法分为**加工用钢、铸造用钢**。

（5）按脱氧程度分为**沸腾钢、镇静钢、半镇静钢**等。

3. 常用碳钢的牌号和用途

（1）碳素结构钢

① 普通碳素结构钢。这类钢通常不经过热处理而直接使用，因此只考虑其力学性能和有害杂质含量，不考虑碳的质量分数，故其牌号由屈服点字母、屈服点数值、质量等级符号、脱氧方法符号等内容按顺序组成。其中屈服点字母以"屈"字汉语拼音字首 Q 表示；屈服点数值为 σ_s 值；质量等级分 A、B、C、D 四级，A 级质量最低，D 级质量最高；脱氧方法符号用汉语拼音字首表示，"F"表示沸腾钢，"Z"表示镇静钢，但可省略。例如 Q235A. F，表示 $\sigma_s = 235MP$ 的 A 级质量的碳素结构钢，属于沸腾钢。

碳素结构钢一般属于低碳钢，有良好的可塑性和可焊性，并具有一定的强度，通常以型材、板材、管材等形式用于桥梁、建筑等工程构件及一般机械零件。

② 优质碳素结构钢。这类钢属亚共析钢，牌号用两位数字表示，代表钢中平均含碳量的万分数，例如 45 表示平均碳的质量分数为 0.45％的优质碳素结构钢。若钢中锰的含量较高（0.7％～1.2％），则在两位数字后加符号"Mn"。若为沸腾钢，则在两位数字后加符号"F"，如 65Mn、08F 等。

优质碳素结构钢，一般需经过热处理后使用，有较高的力学性能和工艺性能，广泛应用于制造较重要的机械零件。

常用优质碳素结构钢性能和用途见表 3-7。

（2）碳素工具钢　碳素工具钢的牌号冠以"碳"字的汉语拼音字首"T"，后面加数字表示钢中平均含碳量的千分数；若是高级优质碳素工具钢，则在数字后加"A"。例如 T8 表示平均碳的质量分数为 0.8％的优质碳素工具钢；T8A 表示平均碳的质量分数为 0.8％的高级优质碳素工具钢。这类钢属共析、过共析钢，强度高，硬度高，耐磨性好，塑性、韧性差。适于制造各种低速切削工具，经热处理后使用。

常用优质碳素工具钢性能和用途见表 3-8。

表 3-7　常用优质碳素结构钢性能和用途

牌　号	种　类	主 要 性 能	主 要 用 途
08F、10F、15F	低碳沸腾钢	强度、硬度很低,塑性很好	主要用于冷冲压件,如水箱壳、油箱、车身、离合器盖、机油盘、制动阀座等
10、15 20、25	低碳钢	强度、硬度低,塑性、韧性好,冷冲压性能和焊接性能良好	主要用于制造冷压件和焊接构件及受力不大、韧性要求高的机械零件,如螺栓、车轮螺母、纵横拉杆、变速叉、变速操作杆、轴套、法兰盘、焊接容器等,还可用作一般渗碳件,如销子等
30、35、40、45、50、55	中碳钢(经调质处理又称碳素调质钢)	综合力学性能良好	主要用于齿轮、连杆、连杆螺母、飞轮齿环、制动盘、转向主销、前轴等,其中以 40 钢、45 钢应用最为广泛
60、65、70	高碳钢(60、65、65Mn又称为碳素弹簧钢)	经热处理后,有较高的强度、硬度和弹性	主要用于离合器压板弹簧、活塞销卡簧、弹簧垫片、气阀弹簧等弹性构件和轧辊等机械零件

表 3-8　常用优质碳素工具钢的性能和用途

牌　号	主 要 性 能	主 要 用 途
T7、T8	能承受冲击、振动,韧性较高	用于制造大锤、冲头、木工工具、剪刀等
T9、T10	硬度、耐磨性较高,耐冲击性较差	用于制造丝锥、板牙、小钻头、手工锯条、冲模、冲头等
T12、T13	高硬度、高耐磨性,耐冲击振动性能差	用于制造锉刀、刮刀、剃刀、铰刀、量具、丝锥、板牙等工具

（3）铸造碳钢　简称"铸钢"。这类钢属中、低碳钢即亚共析钢,适于制作形状复杂的钢件。牌号以"铸钢"两字的汉语拼音字首"ZG",后面加两位数字表示。第一组表示屈服点,第二组表示抗拉强度。例如 ZG200-400,表示该牌号钢的屈服点 $\sigma_s = 200\mathrm{MPa}$,抗拉强度 $\sigma_b = 400\mathrm{MPa}$。常用铸造钢性能和用途见表 3-9。

表 3-9　常用铸造钢性能和用途

牌　号	主 要 性 能	主 要 用 途
ZG200-400	良好的塑性、韧性和焊接性能	用于受力不大,要求韧性好的机械零件,如机座、变速箱壳体、减速器壳体等
ZG230-450	有一定的强度和较好的塑性、韧性,焊接性能良好	用于受力不大,要求韧性好的机械零件,如砧座、外壳、轴承盖、底板、阀体、箱体等
ZG270-500	有较高的强度和较好的塑性,铸造性能好,焊接性能尚好,切削性好	用途广泛。用作轧钢机机架、轴承座、连杆、箱体、曲轴、缸体、飞轮等

五、钢的热处理

热处理是将固态金属或合金通过加热、保温和冷却以获得所需组织结构与性能的工艺。其目的在于改变或改善金属材料的使用性能和工艺性能,挖掘金属材料的性能潜力,提高产品的质量,延长其使用寿命。

热处理一般分为普通热处理和表面热处理。

普通热处理又称整体热处理,主要包括退火、正火、淬火和回火等。

表面热处理包括表面淬火和化学热处理等。

热处理的主要对象是钢制零件,所以常有"钢的热处理"一说。实际上,所有金属都可以进行热处理。任何热处理方法,其工艺过程都由加热、保温、冷却三个阶段组成,其主要工艺参数是加热温度、保温时间和冷却速度。因此，热处理工艺可用以温度-时间为坐标的图形来表示，称为热处理工艺曲线，如图 3-3-12 所示。

（一）钢的热处理原理

1. 钢在加热时的组织变化

在 Fe-Fe₃C 相图中，A_1、A_3、A_{cm} 是钢在加热或冷却时的相变临界线。实际生产中加热速度和冷却速度不可能极其缓慢，都存在一定的过热度和过冷度，使实际的相变临界线偏离平衡态时的相变临界线，过热度和过冷度越大，偏离程度也越大，用 Ac_1、Ac_3、Ac_{cm} 代表加热时实际的相变临界线；用 Ar_1、Ar_3、Ar_{cm} 代表冷却时实际的相变临界线，如图 3-3-13所示。

图 3-3-12　热处理工艺曲线

图 3-3-13　钢在加热和冷却时的相变点

（1）奥氏体的形成　由 Fe-Fe₃C 相图可知，钢加热到 Ac_1 以上时，将发生珠光体向奥氏体转变。亚共析钢加热到 Ac_3 以上时，铁素体将完成向奥氏体的转变。过共析钢加热到 Ac_{cm} 以上时，二次渗碳体完成向奥氏体的溶解。形成奥氏体的过程称为奥氏体化。其目的就是为了获得均匀细小的奥氏体组织，为随后冷却时的组织转变作组织准备。这也是钢的热处理的加热目的。

（2）奥氏体晶粒的长大　奥氏体形成后的晶粒细小，随着加热温度的升高和保温时间的延长，奥氏体晶粒将继续长大粗化。

加热时获得的奥氏体晶粒越细小，则冷却时转变产物的晶粒也越细小；晶粒越细小，其综合力学性能也越好。所以，加热温度和保温时间必须合理选择。

加热速度、原始组织和成分，也将影响奥氏体的晶粒大小。加热速度越快，奥氏体的晶粒越细小；原始组织越细小，相的界面则越多，奥氏体晶核数目也越多，从而有利于获得细晶组织；奥氏体中碳含量增加，有利于奥氏体晶粒长大，但当奥氏体晶界上存在未溶碳化物时，将阻碍晶粒的长大，故奥氏体的实际晶粒仍较细小。除锰、磷少数元素外，大多数合金元素都阻碍奥氏体晶粒的长大，即合金钢在同样的加热条件下，易获细晶粒组织。

2. 钢在冷却时的组织转变

冷却是热处理的关键工序。不同的冷却方式和冷却速度，将使钢获得不同的组织。常用冷却方式有等温冷却和连续冷却，如图 3-3-14 所示。

图 3-3-14　两种冷却方式示意图

a—连续冷却；b—等温冷却

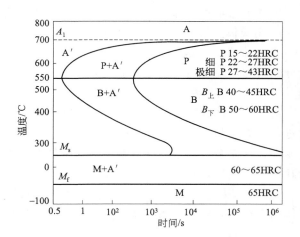

图 3-3-15　共析钢过冷奥氏体等温转变图

（1）过冷奥氏体的等温转变　在一定的冷速条件下，在 A_1 温度以下仍暂时存在的、不稳定的奥氏体称为过冷奥氏体，以 A′表示。

① 过冷奥氏体等温转变图。过冷奥氏体等温转变图是表示过冷奥氏体在不同过冷度下的等温过程中，转变温度、转变时间与转变产物量的关系线图。曲线的形状与字母"C"相似，故又称 C 曲线。它是通过金相硬度法测绘而成。不同成分的钢具有不同的 C 曲线。现以共析碳钢为例，其过冷奥氏体等温转变图，如图 3-3-15 所示。

图 3-3-15 所示的两条 C 曲线，左边的一条为过冷奥氏体转变开始线；右边的一条为转变终了线，其右侧为转变产物区；两条 C 曲线之间为过冷奥氏体部分转变区。M_s 线为马氏体转变开始线。

过冷奥氏体转变前的一段时间称为孕育期，它以转变开始线与纵坐标之间的距离表示其大小。对共析钢而言，在 550℃左右时孕育期最短，说明过冷奥氏体最不稳定，最易分解转变。高于或低于此温度，孕育期均由短变长，转变开始线在此出现一个拐弯，称之为 C 曲线的鼻部。

② 过冷奥氏体等温转变产物的组织与性能。根据转变产物的不同，过冷奥氏体的等温转变可分为珠光体型转变、贝氏体型转变和马氏体型转变。

a. 珠光体型转变。在从 Ar_1 到鼻部的温度范围内等温冷却时，转变产物为铁素体与渗碳体片层状复相组织，即珠光体型组织。随转变温度的降低即过冷度的增大，珠光体晶粒细化即层片间距变小，硬度增高。通常分为以下几种：在 Ar_1～650℃形成的较粗大的珠光体，仍称为珠光体，用符号 P 表示，硬度为 15～22HRC；在 650～600℃形成的细珠光体称为索氏体，用符号 S 表示，硬度为 22～27HRC；在 600～550℃形成的极细珠光体，称为托氏体，用符号 T 表示，硬度为 27～43HRC。

b. 贝氏体型转变。550℃～M_s 的温度范围内等温冷却时，转变产物为贝氏体型组织。在 550～350℃，形成的贝氏体为上贝氏体。其形态为在平行排列的条状铁素体之间不均匀分布着细小的短杆状渗碳体，用符号 $B_上$ 表示，硬度为 40～45HRC，塑性较差，脆性大，无实用价值。在 350℃～M_s，形成的贝氏体为下贝氏体。其形态为极细小的渗碳体均匀分布在针状的铁素体基体上，用符号 $B_下$ 表示，硬度为 50～60HRC，韧性良好，综合力学性能较高。生产中，常用等温淬火方法获得下贝氏体组织，以改善其力学性能。

　　c. 马氏体型转变。在 M_s 以下温度范围内冷却，转变产物主要为马氏体。马氏体是碳在 γ-Fe 中所形成的过饱和固溶体，用符号 M 表示。硬度取决于碳的过饱和程度，即随碳的质量分数增加，硬度明显增高，硬度高达 $60\sim65$HRC。硬度提高的同时，强度也随之提高，即马氏体具有显著的强化效果。

　　由于马氏体的转变终了线基本上都在摄氏零下几十度，如为连续冷却，马氏体转变也连续进行；如冷却终止，这转变也立即终止。一般情况下，冷却往往进行到室温为止，马氏体转变存在不完全性，这会导致钢中残留未转变的奥氏体存在，称为残余奥氏体。残余奥氏体的存在及其数量，将影响钢的性能。

　　如图 3-3-16(a) 所示，低碳马氏体为板条状组织，具有良好的综合力学性能；而高碳马氏体则呈针状，塑性、韧性较差，是获得其他优良组织的基础，其形态如图 3-3-16(b) 所示。

(a) 低碳马氏体　　　　　　　　　　(b) 高碳马氏体

图 3-3-16　马氏体组织示意图

　　(2) 过冷奥氏体的连续冷却转变　　连续冷却是生产中最经济、最方便、最得以广泛使用的冷却方式。但由于连续冷却转变曲线测绘困难，可利用等温转变的 C 曲线来分析连续冷却转变的产物。即将连续冷却曲线与 C 曲线相交，根据相交的大致位置来判断连续冷却后的组织和性能，如图 3-3-17 所示。这对制定热处理工艺有着重要的现实意义。

图 3-3-17　连续冷却的
冷却速度线在等温转
变曲线上的应用

　　冷却曲线 v_1、v_2、v_3、v_4 分别代表实际生产过程中的炉冷、空冷、油冷、水冷等冷却方式下的冷却速度。由此可估计出其相应的转变产物分别为 P、S、T+M、M+A'，相应的硬度分别为 $170\sim220$HBS；$25\sim35$HRC、$45\sim55$HRC、$55\sim65$HRC。图中与鼻部相切的冷却速度曲线 v_c 称为临界冷却速度，它表示过冷奥氏体转变成马氏体的最小冷却速度。v_c 的大小，反映了钢的淬透性（即获得马氏体组织淬硬层的能力）的高低。

　　（二）退火与正火

　　在钢的普通热处理中，一般将退火与正火称为预先热处理，而将淬火与回火称为最终热处理。预先热处理的目的是消除工件的某些缺陷，为后续工序和最终热处理做组织准备。最终热处理的目的是使零件获得所要求的使用性能。

1. 退火

将金属材料加热到一定温度，保温后缓冷的热处理工艺，称为退火，又称焖火。退火的主要目的是：细化晶粒、均匀组织、降低硬度、消除内应力等。常用退火方法有完全退火、球化退火、去应力退火。

（1）完全退火　将钢件加热到 Ac_3 以上 $30\sim50℃$，保温后缓慢冷却（一般为随炉冷却）的热处理工艺称为完全退火。其目的是细化晶粒、消除内应力、降低硬度（软化）、改善切削加工性能等。

完全退火主要用于亚共析钢结构件，一般件做最终热处理，重要件做预先热处理。

（2）球化退火　指共析、过共析钢加热到 Ac_1 以上 $20\sim30℃$，保温后随炉冷却的热处理工艺。退火组织为球状珠光体。退火的目的是降低硬度，改善切削加工性能，为淬火做组织准备。

（3）去应力退火　去应力退火是把零件加热到 Ac_1 以下 $500\sim650℃$ 温度范围，保温后缓冷的热处理工艺。主要目的是消除零件因加工产生的内应力，稳定尺寸，减少变形。如铸件、锻件、焊接件、精加工件等需经去应力退火后才转入下一道工序。

2. 正火

正火是将零件加热到 Ac_3（亚共析钢）或 Ac_{cm}（过共析钢）以上 $30\sim50℃$，保温（完全奥氏体化）后在空气中冷却的热处理工艺。

正火的目的是细化晶粒、调整硬度、消除网状的二次渗碳体组织等，基本与退火相同，只是冷速稍快，过冷度较大，故同一钢件，正火后组织较细，强度硬度较高。

低碳钢常用正火提高硬度，以改善其可加工性；过共析钢常采用正火消除网状二次渗碳体，为球化退火做组织准备。

普通结构钢、大型复杂件，以正火为最终热处理，以提高其力学性能，避免淬火开裂危险。

正火采用空冷，生产周期短、生产效率较高、成本较低、操作简便。在技术条件许可的情况下，应优先采用正火。

（三）淬火

淬火是将零件加热到 Ac_3（亚共析钢）或 Ac_1（过共析钢）以上 $30\sim50℃$，保温后以不小于临界冷却速度冷却，获得马氏体或下贝氏体组织的热处理工艺。

（1）淬火的目的。提高硬度和耐磨性，为回火做组织准备，从而提高结构件或工具的力学性能，也可改善某些特殊钢的力学性能或化学性能，如不锈钢、高锰钢的固溶处理等。

（2）淬火加热温度与保温时间。碳钢的加热温度是以 $Fe\text{-}Fe_3C$ 相图为依据的。合金钢在碳钢的基础上还要考虑合金元素的影响。除锰元素外，绝大多数合金钢的加热温度都高于同等碳质量分数的碳钢。合金元素的含量越高，影响越显著。

淬火加热保温时间则要综合考虑诸多因素，如零件成分、结构形状、尺寸大小、性能要求，以及加热速度、加热炉功率、装炉量等。原则上以钢件"烧透"，即零件内外均达到同一加热温度为准。

（3）淬火介质。常用淬火介质是水、油和盐。

淬火用水应为较干净的清水，冷却能力大，但容易造成零件的变形和开裂。随着水温的升高，其冷却能力将下降，生产中一般不允许超过 $40℃$。此外，盐水的冷却能力高于普通清水。淬火用油为各种矿物油，油温一般控制在 $40\sim80℃$ 为宜。油的冷却能力小于水，有利于减少变形。

为了减少零件淬火时的变形，也可用盐浴做淬火介质。常用碱、硝盐、中性盐。

淬火介质的选择，主要考虑零件的尺寸形状和钢的淬透性等因素。一般原则是碳钢水淬，合金钢油淬；大件水淬，小件油淬；复杂件油淬，简单件水淬等。对于一些低淬透性的简单零件，可采用盐水淬火。

理想的淬火冷却应是 C 曲线鼻部温度附近快冷，其他温度区间慢冷，既保证得到淬火组织马氏体，又降低应力以减少变形，避免开裂。实际上。这样的淬火介质是没有的。所以，生产中常采用不同的淬火方法来尽量接近理想淬火效果。

（4）常用淬火方法主要有以下几种。

① 单液淬火。将零件加热到淬火温度，保温后在一种介质中冷却的方法称为单液淬火，如图 3-3-18 的 a 所示。这种方法操作简单，易于实现机械化、自动化，应用广泛。一般仅适于形状简单、性能要求不太高的零件。

② 双液（双介质）淬火。将零件加热到淬火温度，保温后先淬入一种冷却能力较强的介质中，待零件冷至 C 曲线鼻部以下、M_s 以上的温度区间时（300～400℃），再将零件马上淬入另一种冷却能力较弱的介质中冷却，如先水后油、先水后空气等，如图 3-3-18 中的 b 所示。双液淬火的目的是在低温区让过冷奥氏体在缓慢冷却的条件下转变成马氏体，以减少热应力和组织应力，从而减少变形，防止开裂。但操作方法较难掌握，关键在于控制零件在水中的冷却时间。

③ 分级淬火。将零件加热到淬火温度，保温后淬入稍高于 M_s 温度的盐浴中冷却，经短时间停留（内外均达介质温度）后取出空冷，以获得马氏体组织，如图 3-3-18 中的 c 所示。

由于分级冷却，减少了零件内外温差，减少了淬火内应力，从而减少变形，防止开裂。显然，这种方法比双液淬火易控制，但因介质冷速较慢，所以它只适用淬透性好的合金钢或尺寸较小而形状复杂的高碳钢零件。

④ 等温淬火。将零件加热到淬火温度，保温后冷却至下贝氏体转变的温度区间（约300℃）等温冷却，待过冷奥氏体完全转变成下贝氏体组织后再空冷的方法称为等温淬火，如图 3-3-18 中的 d 所示。下贝氏体组织硬度较高，综合力学性能良好，淬火应力与变形很小，基本上避免了开裂。等温淬火适合小型复杂零件的淬火工艺。如小齿轮、丝锥、螺栓等。

（5）淬透性和淬硬性。

① 淬透性。指钢在一定的淬火条件下，获得淬硬层深度的能力。它反映了钢接受淬火的性能。

淬透性主要由钢的临界冷却速度决定。临界冷却速度越小，则钢的淬透性就越好，就越容易淬火。碳和合金元素的含量是影响淬透性的主要因素之一。在亚共析钢中，随着含碳量的增加，钢的临界冷却速度降低，淬透性提高；过共析钢中，只要钢中含碳量 $w_C \leqslant 1.2\%$，变化也基本如此。除铝和钴外，合金元素溶入奥氏体，均使 C 曲线右移，降低临界冷却速度，提高钢的淬透性。

图 3-3-18　常用的淬火方法
a—单液淬火；b—双液淬火；
c—分级淬火；d—等温淬火

淬透性是钢重要的热处理工艺性能。淬透性好的钢，经淬火回火后，组织均匀一致，具有良好的综合力学性能，有利于钢材潜力的发挥。同时，淬透性好的钢淬火时可采用低的冷速缓冷，以减少变形与开裂。所以，受力复杂及截面尺寸较大的重要零件都必须采用淬透性好的合金钢制造；这也是工具钢属于高碳钢的主要原因之一。

② 淬硬性。指钢在理想条件下淬火所能达到的最高硬度的能力。它取决于马氏体中碳的百分含量，即取决于钢中碳质量分数，碳质量分数越高，淬硬性越好。这是工具钢属于高碳钢的另一主要原因之一。应当明确，淬透性好的钢，其淬硬性不一定高。两者的概念是不同的，不可混为一谈。

（四）回火

将淬火零件重新加热到 Ac_1 以下某一温度，保温后以一定的冷速冷至室温的工艺称为回火。回火通常是热处理最后一道工序。淬火后必须立即回火，其间隔时间最长也不宜超过 1h。

（1）回火的目的。消除或减少淬火应力，降低脆性，防止零件变形开裂；稳定组织，从而稳定零件尺寸；调整力学性能，满足零件的性能要求。

（2）常用回火方法有以下几种。

① 低温回火。回火温度为 150～250℃。回火组织为回火马氏体，基本保持马氏体的高硬度、高耐磨性，同时韧性提高，内应力明显降低。低温回火常用于刀具、模具、量具、滚动轴承、渗碳件、表面淬火件等。在 100～150℃ 下长时间的低温回火，又称为人工时效，以消除内应力，稳定尺寸。

② 中温回火。回火温度为 350～500℃。回火组织为回火托氏体，具有高的弹性极限和屈服强度，一定的韧性，且内应力基本消除，硬度为 35～50HRC。中温回火常用于弹性零件及热锻模等。

③ 高温回火。回火温度为 500～650℃。淬火加高温回火的复合热处理又称为调质处理，简称调质。回火组织为回火索氏体，具有良好的综合力学性能，硬度为 25～40HRC。高温回火常用于受力复杂的重要结构件如曲轴、连杆、半轴、齿轮、螺栓等。所以典型的中碳范围的结构钢又称调质钢。

（五）表面热处理

许多零件如传动齿轮、活塞销、花键轴等，要求零件表面具有高的硬度和耐磨性，心部具有足够的强韧性。这种使用性能要求，直接采用原材料和一般的热处理方法很难满足，生产中常采用表面热处理，以达到强化零件表面的目的。

常用表面热处理方法为表面淬火和化学热处理两类。前者只改变表面组织而不改变表面成分；后者同时改变表面成分和组织。

1. 表面淬火

仅对零件表层进行淬火的工艺称为表面淬火。一般包括感应加热表面淬火和火焰加热表面淬火等。

（1）感应加热表面淬火　利用感应电流通过零件时产生的热效应，使零件表面迅速达到淬火温度，随即快速冷却的淬火工艺称为感应加热表面淬火。

感应加热淬火因其加热速度快、加热时间短、晶粒细小、淬火质量好、生产率高、易于机械化、自动化而适于大批生产等特点，广泛应用于齿轮、凸轮轴、曲轴轴颈、小轴等零件的表面淬火。但大件、太复杂件难以处理。淬火后仍需进行低温回火。

（2）火焰加热表面淬火　主要应用氧-乙炔火焰对零件表面进行加热，使其快速达到淬火温度，然后迅速喷水冷却，使表层获得所需硬度和淬硬层深度，这种工艺称为火焰加热表面淬火。

火焰加热表面淬火，操作简单、方便，主要用于中碳范围的单件和大型零件的局部表面淬火。但因其淬火质量不高且不易控制，使应用受到了限制。

2. 化学热处理

化学热处理是指将零件放入一定温度的活性介质中，使一种或几种元素渗入零件表面，以改变表层的化学成分、组织和性能的一种表面热处理工艺。

按渗入元素的不同，化学热处理可分为渗碳、渗氮等。

（1）渗碳　钢的表面渗入碳原子的过程称为渗碳。显然，渗碳钢只能是低碳钢或低碳合金钢。

渗碳主要用于强烈磨损并承受较大冲击载荷的零件。如汽车传动齿轮、轴颈、活塞销、十字轴等。

（2）渗氮　零件在渗氮介质中（氨气等）加热并保温，使活性氮原子渗入零件表面的化学热处理工艺称为渗氮。渗氮前零件进行调质处理，以保证心部的力学性能。渗氮后不必淬火回火。

渗氮比渗碳具有更高的硬度、耐磨性、疲劳强度及更好的耐蚀性，且变形小，要用于精密齿轮、精密丝杆、排气阀、精密机床主轴等零件。

六、合金钢

合金钢是在碳钢的基础上加入一种或数种合金元素后形成的新钢件。所谓合金元素，就是炼钢时特意加入的元素。不管是金属元素还是非金属元素，也不管量多量少，只要是特意加入的元素统称为合金元素。常见合金元素有硅、锰、铬、镍、铝、钨、钒、钛、铌、铅、硼、稀土元素等。即使像碳钢中的有害杂质元素硫、磷，为了某种目的而特意加入时，也当合金元素看待。

由于合金元素的加入，钢的组织和性能将发生改变或改善，使合金钢具有优良的综合力学性能及特殊的物理、化学、力学性能，热处理工艺性能，从而扩大了钢的应用范围，提高了钢在工程材料中的地位和重要性。因而，绝大多数大型的或复杂的重要零件常选用或必须选用合金钢制造；某些在特殊恶劣的环境条件下使用的零件必须选用合金钢。

（一）合金元素在钢中的作用

合金元素与钢的基本组元铁、碳的相互作用，是钢的组织和性能变化的基础。合金元素在钢中的作用是十分复杂的，主要可简单概括为以下几个方面。

1. 合金元素与铁的作用

大多数合金元素都能固溶于铁素体中而形成合金铁素体，产生固溶强化。随着合金元素含量的增加，其强化效果将呈直线上升趋势。其中硅、锰的强化作用最显著。

合金元素对铁素体韧性的影响。一般来说，随合金元素含量的增加，韧性将呈下降趋势。但铬、镍、硅、锰等合金元素，在其含量不高时，韧性甚至还略有提高，特别是镍，既可提高铁素体的强度、硬度，又使韧性保持在较高水平。所以铬、镍、硅、锰等就成为合金钢中最常用的合金元素。

2. 合金元素与碳的作用

（1）非碳化物形成元素　如镍、硅、钴、铜、氮、硫、磷等，属非碳化物形成元素，或固溶于铁中，或形成化合物。

（2）碳化物形成元素　如锰、铬、钼、钨、钒、铌、钛等（与碳的亲和力由弱到强排列）。其中钒、钛等将与碳形成特殊碳化物，如 VC、TiC、NbC 等。铬、钨、钼等将形成特殊合金碳化物或合金渗碳体，如 Cr_7C_3、WC、MoC、$(Fe、Mo)_3C$ 等。锰主要形成合金固溶体。

合金碳化物的共同特点是熔点高、硬度高、稳定性好，对钢的组织和性能将产生很大的影响。

3. 合金元素对 Fe-Fe₃C 相图的影响

（1）扩大奥氏体相区　镍、锰等合金元素，使 A_3 线下降，奥氏体相区扩大。含量越高，影响越大，导致钢在室温下仍保持奥氏体组织，称为奥氏体钢。如 Cr18Ni9 型奥氏体不锈钢。

（2）缩小奥氏体相区　硅、铬、钨、钼、钛、钒等合金元素，使 A_3 线上升，奥氏体相区缩小。含量越高，影响越大，直至奥氏体相区缩小封闭或消失，使钢在室温下具有单相的铁素体组织，称之为铁素体钢，如铁素体不锈钢。

（3）影响共析点温度　除镍、锰外均使 S 点上升。这意味着绝大多数合金钢的热处理加热温度比相同碳含量的碳钢要高。

（4）影响相图中 S、E 点的成分　所有合金元素均使 S、E 点左移，使得亚共析成分的钢出现共析组织，从而改善钢的力学性能；使得共析钢、过共析钢中出现共晶组织，称为莱氏体钢，如高速钢。

4. 合金元素对热处理的影响

（1）对加热时组织转变的影响　除镍和钴外，碳化物形成元素将显著减慢碳在奥氏体中的扩散速度，从而减慢奥氏体形成速度。特殊碳化物，由于其在高温下的稳定性而不易溶入奥氏体，加上合金元素自然扩散缓慢等因素的影响，故合金钢必须采用较高的加热温度和较长的加热时间。合金钢在加热过程中不易过热，并保持细晶粒，从而有利于获得细小的淬火组织。

（2）对冷却时组织转变的影响　除钴、铝外，大多数合金元素将不同程度地延缓过冷奥氏体的分解，使 C 曲线向右下移动，降低钢的临界冷速，提高钢的淬透性。特别是碳化物、强碳化物形成元素的影响尤为显著，多种合金元素比单一合金元素的影响又更为有效。这是大型或复杂零件采用合金钢的主要原因。

（3）对回火时组织转变的影响

① 提高回火稳定性。回火稳定性指淬火零件在回火时抵抗软化的能力。由于合金元素的溶入，使原子扩散速度减慢，因而在回火过程中，将延缓马氏体、残余奥氏体的分解及碳化物析出聚集长大的速度，将转变过程推向更高的温度。因此，在相同的回火温度下，合金钢的回火温度要高，内应力的消除也就更彻底，塑性和韧性也就比碳钢要好。高的回火稳定性使合金工具钢表现出良好的热硬性，即钢在高温下仍保持高硬度的能力。

② 产生二次硬化。含有铬、钼、钨、钒等合金元素的合金钢，淬火后在 $500 \sim 600 ℃$ 回火时硬度升高的现象，称为二次硬化。这一现象与特殊碳化物的析出有关，加上残余奥氏体转变为马氏体，双重作用导致钢硬度回升。高的回火稳定性和二次硬化能力，是高速钢及热锻模钢极为重要的性能特点。

③ 出现回火脆性。某些合金钢在高温回火后缓冷，则产生回火脆性称之为第二类回火脆性。如铬、锰等合金钢。为防止第二类回火脆性，可在钢中加入钨、钼合金元素，如冷作模具钢 Cr12MoV、热作模具钢 5CrMnMo 等；对于中小零件，可采用回火后快冷（油冷）

的方法加以防止。

应该说，只有真正了解合金元素对钢的影响，才可能了解合金钢的性能和应用。

（二）合金结构钢

合金钢品种繁多，为便于生产和管理，必须对合金钢进行分类与编号。

一般的，按合金元素含量可分为**低合金钢**，合金元素总含量为≤5％；**中合金钢**，合金元素总含量为 5％～10％；**高合金钢**，合金元素总含量≥10％。

按用途可分为**合金结构钢、合金工具钢、特殊性能钢**等；

按正火后的组织可分为**珠光体钢、马氏体钢、奥氏体钢**等；

按合金元素的种类可分为**铬钢、锰钢、铬镍钢、硅锰钢**等。

合金结构钢是在碳素结构钢的基础上加入一种或几种合金元素的钢。主要用来制造各种重要工程构件和各种重要机械零件。主要包括低合金结构钢、合金渗碳钢、合金调质钢、合金弹簧钢、滚动轴承钢及其他结构钢等。

典型的合金结构钢有以下几种。

1. 低合金结构钢

（1）成分特点　低碳（含碳量＜0.20％），以保证具有良好的塑性、韧性和焊接性能。低合金（合金元素总含量＜5％），锰为主加元素，辅加钒、铌、钛、硅、磷、铜等，以提高强度。

（2）性能特点　良好的塑变能力，良好的焊接性能，良好的加工工艺性能。高的强度和低的冷脆临界温度，较好的耐蚀性能等。

（3）用途范围　广泛应用于船舶、桥梁、汽车纵横梁、车辆、压力容器、管道、井架等。

（4）牌号　由代表屈服点的汉语拼音字首"Q"、屈服点值、质量等级符号（A、B、C、D、E）按顺序排列组成。如 Q345B 表示其最低屈服点为 345MPa 的 B 级低合金结构钢。

（5）热处理　在供应状态下使用，一般不再进行热处理。

2. 合金渗碳钢

（1）成分特点　低碳（含碳量＜0.25％），以保证渗碳件心部具有良好的塑性和韧性。主加元素为铬、锰、镍、硼等以提高淬透性，保证心部强度；辅加元素为钼、钨、钒、钛等。合金元素含量一般属于低合金，以细化晶粒，改善渗碳工艺，提高渗层的耐磨性。

（2）性能特点　渗碳层有高的硬度、优良的耐磨性及抗疲劳性，心部具有足够的强韧性、良好的淬透性和渗碳工艺性。

（3）用途范围　适用于承受冲击载荷及磨损条件下工作的重要渗碳零件，如汽车后桥齿轮和变速箱齿轮等。

（4）牌号　由两位数字＋元素符号＋数字表示。前两位数字表示钢中平均碳含量的万分数，元素符号为合金元素，其后面的数字为该合金元素的百分含量，当合金元素含量小于1.5％时不标数字，大于 1.5％时，按整数标出。如 20Mn2 表示其平均碳的质量分数为0.20％，平均锰的质量分数为 2％的合金渗碳钢。

（5）热处理　渗碳前正火处理，渗碳后淬火并低温回火。

（6）常用合金渗碳钢有以下几个常见品种

① 低淬透性合金渗碳钢，如 20Cr、20CrV、20MnV 等，用于制造承受载荷不大的小型耐磨零件，如齿轮、活塞销、凸轮、气阀挺杆、齿轮轴、滑块等。

② 中淬透性合金渗碳钢，如 20CrNi3、20CrTi、20MnVB 等，常用于制造承受中等载

荷的耐磨零件，如汽车用齿轮、转向轴、调整螺栓、汽车后桥主动齿轮、花键轴套、万向节、十字轴、行星齿轮等。

③ 高淬透性渗碳钢，如 20Cr2Ni4、18Cr2NiWA 等，可用于制造承受重载荷及强烈磨损的重要大型零件，如大截面的齿轮、曲轴、凸轮轴、连杆螺栓等。

3. 合金调质钢

（1）成分特点　碳的含量为 $0.25\% \sim 0.50\%$，过低则强度、硬度不够；过高则塑性、韧性差。主加元素为铬、镍、钨、钒、钛、铝等，以防止第二类回火脆性，细化晶粒，增加回火稳定性等。

（2）性能特点　具有良好的综合力学性能。

（3）用途范围　主要用来制造在多种载荷下工作的重要零件，如机床主轴、连杆、连杆螺栓、曲轴、凸轮轴等。

（4）牌号　表示方法与合金渗碳钢相同。

（5）热处理　淬火加高温回火即调质处理，如表层或局部有耐磨要求，则调质后进行表面淬火加低温回火，甚至进行渗氮处理。

（6）常用合金调质钢有以下几个常见品种

① 低淬透性合金调质钢，如 40Cr、40Mn2、40MnB、40MnVB 等，主要用于中等截面的重要零件，如进气门、前轴、曲轴、曲轴齿轮、缸盖螺栓、齿轮、半轴、转向轴、活塞杆、连杆、螺栓等。

② 中淬透性合金调质钢，如 30CrMo、40CrMo、30CrMnSi、40CrNi 等，主要用于截面大、承受较重载荷的重要零件，如主轴、曲轴、齿轮轴、锤杆、减速器主动齿轮、从动齿轮等。

③ 高淬透性合金调质钢，如 40CrNiMo、40CrMnMo、30CrNi3、25Cr2Ni4W 等，主要用于大截面、重载荷的重要零件，如汽轮机叶片、齿轮、齿轮轴、连杆、后桥半轴等。

4. 合金弹簧钢

（1）成分特点　中碳偏高（含碳量 $0.50\% \sim 0.70\%$），过高则塑性、韧性差，疲劳极限下降。主加元素为硅、锰，辅加元素有铬、钨、钒等。

（2）性能特点　具有高的抗拉强度、高的屈强比$\left(\dfrac{\sigma_s}{\sigma_b}\right)$、高的疲劳强度，足够的塑性和韧性，良好的表面质量，高的淬透性和低的脱碳敏感性，易成形等。

（3）用途范围　主要用于制造各种弹性零件，如减振板簧、螺旋弹簧、缓冲弹簧等。

（4）牌号　表示方法与合金渗碳钢、合金调质钢相同。

（5）常用热处理　不同的钢中有不同的热处理工艺，一般可分为两大类。

① 热成形弹簧钢。大截面弹簧加热成形，随后淬火加中温回火，以获得回火托氏体组织。

② 冷成形弹簧钢。小截面弹簧，常用冷拉钢丝冷卷成形，因冷拉钢丝已经铅浴处理，不再淬火，冷卷成弹簧后，只需经低温去应力退火即可（200～250℃油槽中加热）。

（6）常用合金弹簧钢　常用合金弹簧钢有以下几个品种。

55Si2Mn、60Si2Mn、55SiVB 等广泛用于制造汽车、拖拉机、机车车辆用螺旋弹簧和板弹簧及其他重要弹簧等。

50CrV、30W4Cr2VA 等，用于制造如气门弹簧、阀门弹簧等重要弹性零件。

5. 滚动轴承钢

（1）成分特点　高碳（含碳量为 0.95%～1.10%），属过共析钢，以保证高的强度、硬度和足够的碳化物以提高耐磨性。主加元素为铬，辅加硅、锰等，以提高淬透性、疲劳强度和耐磨性等。

（2）性能特点　具有高的硬度和耐磨性，高的接触疲劳强度和抗压强度，高的弹性极限和一定的冲击韧度及抗蚀性等。

（3）用途范围　基本上是一种专用钢，主要用来制造滚动轴承中的滚动体（滚珠、滚柱、滚针）、内外套圈等。也可用于形状复杂的工具如精密量具等。

（4）牌号　用"G＋符号＋数字"表示，其中，G 字为滚字的汉语拼音字首，符号为合金元素铬，数字为铬质量分数的千倍，其他合金元素的表示与合金结构钢相同，如 GCr15 表示平均铬的质量分数为 1.5% 的滚动轴承钢。

（5）热处理　预先热处理为球化退火，最终热处理为淬火加低温回火。对于精密轴承，还需进行冷处理，经回火和磨削后，再经低温时效处理。

（6）常用滚动轴承钢　GCr9、GCr9SiMn、GCr15、GCr15SiMn 等，广泛用于汽车、拖拉机、内燃机等专用轴承。

根据碳和合金元素在钢中的影响与作用，基本上就可以根据钢号判断其组织性能，根据性能也就可以基本上确定其应用范围。所以掌握碳钢的关键在于掌握碳对碳钢组织性能的影响，掌握合金钢的关键在于掌握合金元素对碳钢的影响。同一类别的合金钢性能的优劣，可根据所谓的"合金化原则"（多元少量）大致判定，即同等碳的含量的合金钢，在合金元素总含量大致相等的情况下，合金元素的种类越多，钢的综合力学性能就越好。

（三）合金工具钢

合金工具钢基本上是在碳素工具钢的基础上，再加入适量的合金元素的钢。它比碳素工具钢具有更高的硬度、耐磨性，更好的淬透性、热硬性和回火稳定性等，因此用于制造截面大、形状复杂、性能要求高的各种工具。

合金工具钢基本上属于共析、过共析钢，即高碳钢，而且都是优质或高级优质钢。其牌号表示方法与合金结构钢基本相同，只是数字以碳的质量分数的千倍来表示，当 $w_C<1.0\%$ 时，以一位数字表示，当 $w_C>1.0\%$ 时，通常不标含碳量的数值。

合金工具钢按用途一般分为刃具钢、量具钢和模具钢三大类。

1. 合金刃具钢

合金刃具钢主要用来制造金属切削刀具，如车刀、铣刀、钻头、丝锥、板牙等。根据切削对象和切削条件，又分为低合金刃具钢和高速钢两类。所有合金刃具钢都必须具有高的硬度和耐磨性，高的热硬性，足够的韧性。

（1）低合金刃具钢

① 成分特点。高碳（$w_C=0.80\%～1.50\%$），以保证淬硬性和形成合金碳化物。主加元素有铬、锰、硅、钒等，以提高淬透性和硬度，提高耐磨性、热硬性及回火稳定性。属低合金钢。

② 热处理特点。成形前进行球化退火，成形后采用淬火加低温回火，以获得回火马氏体、碳化物及少量残余奥氏体等复相组织。

③ 常用低合金刃具钢。9SiCr、9Mn2V、CrWMn 等，常用于低速切削刃具，如丝锥、板牙、钻头、冷冲模等。

（2）高速钢　高速钢为高速工具钢的简称，主要用于制造各种用途和类型的高速切削刃具。因硬度高且能长时间保持切削刃口的锋利，高速钢又名锋钢。因其高的淬透性，淬火时空冷也能淬硬，高速钢又称为风钢；因成品高速钢刃具表面光洁，高速钢又有白钢之说，在许多企业，白钢一词几乎取代了高速钢而广为流传。这些称呼，实际上反映了高速钢的高硬度、高的强度、耐磨性、淬透性及热硬性等特点。

① 成分特点。高碳（$w_C = 0.70\% \sim 1.6\%$），以形成足够的碳化物数量，保证钢的高硬度、高耐磨性。主加元素以钨为主，还有铬、钒、钼、钛等，以提高钢的淬透性、热硬性、耐磨性、回火稳定性、抗蚀性、二次硬化效应等。

② 热处理特点。高速钢毛坯必须是锻件，锻造比不小于 10，以打碎粗大的莱氏体和碳化物，改善组织从而改善性能。

预先热处理常采用等温退火，最终热处理为淬火加高温回火。

③ 常用高速钢。所有高速钢钢号，前面一律不标含碳量数字。常用钢号有 W18Cr4V、W6Mo5Cr4V2、W6Mo5Cr4V2Al 等，主要用于制造车刀、刨刀、钻头、铣刀、拉刀等高速切削机用刀具。

2. 量具钢

量具是机械加工过程中的测量工具，如游标卡尺、千分尺、塞尺、量块等。为保证量具在使用过程中的测量精度，量具钢必须具备高硬度、高耐磨性、高的尺寸稳定性、足够的韧性等性能。

量具钢的选用，取决于量具本身的要求。普通量具如样板、卡板等，选用低碳钢经渗碳热处理即可；对要求高精度和形状复杂的量具，则必须选用合金工具钢或滚动轴承钢。

量具钢的热处理为淬火加低温回火，对于高精度的量具，淬火后立即进行冷处理，然后低温回火，回火后精磨前进行一次稳定化处理，即在 $100 \sim 150 \text{℃}$ 长时间回火。

常用合金量具钢有 CrMn、CrWMn、GCr15 等。原则上所有的碳钢和合金钢都可以作为量具用钢，因此量具钢前面是否加上合金二字也就无所谓了。

3. 合金模具钢

（1）冷作模具钢　冷作模具钢是用于制造在冷态下使金属变形的模具用钢，包括冷冲模、冷挤压模等。

① 性能要求。冷作模具因在工作过程中受到很大压力、摩擦或冲击，主要因过度磨损而失效，有时也因脆断、崩刃而报废。因此，要求冷作模具钢具有高的硬度和耐磨性、足够的强度和韧性，以及较高的淬透性。

② 成分特点。为满足高硬度和耐磨性要求，多数冷作模具钢碳的质量分数大于 1%，加入的合金元素有 Cr、Mo、W、V 等，以提高钢的强度、硬度、回火稳定性和淬透性。

典型的冷作模具钢为 Cr12 型钢，其成分特点是高碳高铬，使钢在淬火回火后存在大量高硬度的特殊碳化物，提高了钢的耐磨性。同时，由于有大量的铬存在，使 Cr12 型钢具有很好的淬透性。

③ 热处理特点。冷作模具钢的最终热处理通常采用淬火＋低温回火，以保证获得高的硬度和耐磨性。

④ 常用冷作模具钢。由于冷作模具对钢的性能要求与刃具钢基本相似，因此，碳素工具钢和低合金刃具钢也常用于制造冷作模具，如 T10、9SiCr、CrWMn 等，但碳素工具钢只适合于制造形状简单的小型模具，低合金刃具钢常用于制造尺寸较大的轻载模具。对于截面尺寸较大的重载模具或形状复杂的高精度模具，则一般采用 Cr12 型钢。

（2）热作模具钢　热作模具钢是用来制造使加热金属（或液态金属）获得所需形状的模具用钢，通常又分为热锻模、热挤压模和压铸模等。

① 性能要求。热作模具工作时，以很大的冲击力作用于被加热的坯件，使坯件发生塑性变形。因此，要求热作模具钢有足够的高温强度和冲击韧度，一定的硬度和耐磨性，良好的耐热疲劳性和淬透性。

② 成分特点。热作模具钢属中碳范围，$w_C = 0.30\% \sim 0.60\%$，以保证具有足够的强度、韧性和一定的硬度。常加入的合金元素有 Cr、Ni、Mn、Mo、W、V 等，主要用以提高钢的强度、硬度、淬透性和回火稳定性。

③ 热处理特点。热作模具钢的最终热处理为淬火＋回火处理。由于不同尺寸的模具对硬度的要求不同，模具的不同部位也有不同的硬度要求，因此，回火温度应根据硬度要求而定，通常为中温回火。

④ 常用热作模具钢。典型热作模具钢有 5Cr12MnMo、5CrNiMo、3Cr2W8V 等。其中5Cr12MnMo 适于制造中小型热锻模；5CrNiMo 因其淬透性和韧性较好，适于制造大型热锻模；3Cr2W8V 适于制造工作中承受的冲击力较小、主要用于要求高温强度和热硬性的热挤压模和压铸模。

七、铸铁

碳质量分数为 $2.11\% \sim 6.69\%$ 的铁碳合金称为铸铁。工业铸铁中，锰、硅、硫、磷等的质量分数一般都高于碳钢，碳的质量分数常为 $2.5\% \sim 4.0\%$。有时为了进一步提高铸铁的力学性能或得到某些特殊性能，常加入铬、钼、铜、钒、铝等合金元素或提高硅、锰、磷等元素的质量分数，这种铸铁称为合金铸铁。

铸铁具有良好的铸造性能、切削加工性能、耐磨性、减振性，且价格低廉。因此，铸铁广泛应用于汽车制造业。虽然铸铁的强度、塑性比钢差，但仍然是工业生产中最重要的金属材料之一，特别是经过球化和孕育处理后，铸铁力学性能已不亚于结构钢，可取代碳钢、合金钢制造一些重要的结构零件，如曲轴、连杆、齿轮等。一些力学性能要求不高、形状复杂、锻制困难的零件如缸体、缸盖、活塞环、飞轮、后桥壳等则全部由铸铁制造。

1. 铸铁的分类

根据碳在铸铁中的存在形式和形态的不同，铸铁一般分为以下三类。

（1）灰铸铁　碳全部或大部分以石墨的形式存在，没有莱氏体组织，其断口呈暗灰色，工业上使用的铸铁大部分都是这种铸铁。

（2）白口铸铁　这类铸铁的石墨化过程全部被抑制，碳除微量溶于铁素体以外，全部以Fe_3C 的形式存在，其断口呈银白色，硬而脆，难以切削加工，所以工业中很少直接使用。目前，白口铸铁主要作炼钢原料和生产科锻炼的毛坯。

（3）麻口铸铁　这类铸铁的石墨化过程全部只得到部分实现，碳部分以石墨的形式存在，另一部分以 Fe_3C 的形式存在，其断口呈灰白相间的麻点状，也很硬脆，难以切削加工，所以工业中很少用。

2. 灰铸铁的分类

灰铸铁中，碳以石墨的形式存在。根据石墨的形态不同，灰铸铁又分为普通灰铸铁、球墨铸铁、可锻铸铁和蠕墨铸铁。石墨及石墨的形态对铸铁的性能起着决定性的作用。

（1）普通灰铸铁　灰铸铁中碳全部或大部分以片状石墨形态存在，其断口呈暗灰色，故称灰铸铁。灰铸铁是应用最广泛的铸铁。

① 灰铸铁的组织和性能。灰铸铁的片状石墨是在正常的铸造条件下形成的。在室温下，灰铸铁的组织为铁素体与石墨，或铁素体、珠光体与石墨，或珠光体与石墨，分别称之为铁素体灰铸铁、铁素体-珠光体灰铸铁、珠光体灰铸铁。

由于石墨的力学性能几乎为零，所以灰铸铁的力学性能主要取决于基体的性能和石墨的形态、数量、大小与分布。灰铸铁的基体就是亚共析钢、共析钢。石墨分布在基体上就相当于孔洞和裂纹。换言之，灰铸铁可以看成是充满了孔洞和裂纹的钢。这些孔洞和裂纹，破坏了基体组织的连续性，减少了承载的有效面积，且在石墨片的尖角处产生应力集中，使灰铸铁容易脆断，抗拉强度、塑性与韧性比同样基体的钢低得多。石墨数量愈多，尺寸愈大，分布愈不均匀，对基体的破坏作用愈严重，铸铁的力学性能也就愈低。由此可知，珠光体灰铸铁的强度、硬度比铁素体灰铸铁要高，铁素体-珠光体灰铸铁介于两者之间。但在压应力作用下，石墨对基体的性能影响不大。所以灰铸铁的抗压强度和硬度与相同基体的钢差不多。也正由于石墨的存在及其性能特点，在切削时，石墨起到减摩和润滑断屑的作用，刀具磨损少，因而可加工性能好；石墨组织松软，能吸收振动能，因而铸铁有良好的消振性；石墨本身就相当于孔洞，阻止了裂纹的延伸扩展而使铸铁具有低的缺口敏感性；石墨本身是良好的润滑剂，石墨剥落后留下孔洞能起到储油作用，使铸铁具有良好的减摩耐磨性；石墨密度较小，铸铁凝固时部分补偿了基体的收缩，从而有利于铸造成形，即铸铁有良好的铸造性能等。

② 灰铸铁的牌号和应用。灰铸铁的牌号以灰铁二字的汉语拼音字首"HT"与一组数字表示，数字表示最小抗拉强度。如 HT150 表示最小抗拉强度为 150MPa 的灰铸铁。

灰铸铁广泛应用于承受压应力及有减振要求的零件，如床身、机架、立柱等；也适于制造形状复杂但力学性能要求不高的箱体、壳体类零件，如缸盖、缸体、变速器壳等。

HT100 用于制造端盖、油盘、支架、手轮、重锤、外罩、小手柄等。

HT150 用于制造机座、床身、曲轴、带轮、轴承座、飞轮、进排气歧管、缸盖、变速器壳、制动盘、法兰等。

HT200、HT250 用于制造缸体、缸盖、液压缸、齿轮、阀体、联轴器、飞轮、齿轮箱、床身、机座等。

HT300、HT350 用于制造大型发动机曲轴、缸体、缸盖、缸套、阀体、凸轮、齿轮、高压液压缸、机座、机架等。

③ 灰铸铁的孕育处理。为了进一步提高灰铸铁的力学性能，生产中常对灰铸铁进行孕育处理。铁液浇注前，把作为孕育剂的硅铁或硅钙合金（加入量一般约为铁液重量的 0.4%）加入铁液中，搅拌后再进行浇注，以获得大量非自发晶核，从而得到细晶粒珠光体和细石墨片组织的铸铁。经孕育处理的灰铸铁称为孕育铸铁，如 HT300、HT350 即是孕育铸铁的代表。

孕育铸铁由于基体组织和石墨组织的细化，与普通灰铸铁相比，不仅强度、塑性与韧性较高，而且因晶核数目增多，结晶过程几乎同时进行，使得铸铁内部组织和性能均匀一致，从而使铸件具有断面敏感性小的特点，这对于力学性能要求较高且截面尺寸变化较大的大型铸件是非常重要的，也是常采用孕育铸铁来制造的缘由。

④ 灰铸铁的热处理。影响灰铸铁力学性能的主要因素是片状石墨对基体的破坏程度，而热处理只能改变基体组织，不能改变石墨的形态、大小和分布，所以通过热处理来提高灰铸铁力学性能的效果不大。灰铸铁热处理的主要目的是消除铸造内应力和白口组织。常用热处理方法有去应力退火、石墨化退火、表面淬火等。

（2）球墨铸铁 铸件在浇注前往铁液中加入球化剂（如镁或稀土镁合金）和孕育剂（硅铁或硅钙合金），使片状石墨呈球状石墨分布，这种铸铁称为球墨铸铁，简称球铁。

① 球墨铸铁的组织和性能。球墨铸铁的室温组织可看成是由碳钢的基体和球状石墨组成。基体有铁素体、铁素体-珠光体、珠光体等。

由于球状石墨对基体的破坏作用更弱小，因而能较充分地发挥基体组织的作用，基体强度的利用率可达70％～90％，故球墨铸铁的抗拉强度、塑性和韧性大大超过灰铸铁，接近中碳钢。同时球墨铸铁又基本具有灰铸铁的一系列优良性能，使得"以铸代锻，以铁代钢"成为现实。

② 球墨铸铁的牌号和应用。球墨铸铁的牌号由"球铁"两字的汉语拼音字首"QT"加两组数字表示，两组数字分别表示最低抗拉强度和最小伸长率。如QT400-18表示最低抗拉强度为400MPa和最小伸长率为18％的球墨铸铁。

QT400-18常用于制造汽车轮毂、驱动桥壳、差速器壳、离合器壳、拨叉、辅助钢板弹簧支架、齿轮箱等零件。

QT500-07可制造机油泵齿轮、飞轮、传动轴、铁路车辆轴瓦等零件。

QT600-03常用于制造柴油机曲轴、连杆、缸套、凸轮轴、缸体、进排气阀座、摇臂、后牵引支承座等工件。

QT900-02可制造汽车后桥弧齿锥齿轮、转向节、传动轴、曲轴、凸轮轴等零件。

③ 球墨铸铁的热处理。常用热处理方法有退火、正火、调质淬火、等温淬火等。

（3）可锻铸铁 可锻铸铁是将白口铸铁件在高温下经长时间的石墨化退火后得到的，其组织为团絮状石墨，基体为铁素体或珠光体。铁素体可锻铸铁又称为黑心可锻铸铁，牌号用"可铁黑"三字的汉语拼音字首"KTH"与两组数字表示。两组数字分别表示抗拉强度和伸长率的最小值，如KTH300-06；珠光体可锻铸铁又有白心可锻铸铁之称，牌号用"可铁珠"三字的汉语拼音字首"KTZ"表示，其后两组数字的含义与铁素体可锻铸铁相同，如KTZ550-04。

由于团絮状石墨对基体的破坏作用大大减弱，使可锻铸铁相对灰铸铁而言，具有较高的强度和塑性。事实上，可锻铸铁并不可锻。

可锻铸铁由于生产周期长，成本较高，使其应用受到一定的限制，已逐渐被球墨铸铁取代。可锻铸铁常用于制造汽车后桥壳、轮毂、变速器拨叉、制动踏板及管接头、低压阀门、扳手等零件。

（4）蠕墨铸铁 蠕墨铸铁是灰铸铁浇注时，向铁液中加入蠕化剂（镁钛合金、稀土镁合金等），获得介于片状石墨和球状石墨之间，形似蠕虫状石墨的铸铁。蠕墨铸铁的性能介于灰铸铁和球墨铸铁之间，强度接近于球墨铸铁，具有一定的韧性，较高的耐磨性，同时又具有灰铸铁所具有的良好性能。

蠕墨铸铁的牌号用"RuT"代表"蠕铁"两字，后面的数字代表最低抗拉强度，如RuT380表示最低抗拉强度为380MPa的蠕墨铸铁。

蠕墨铸铁已开始在生产中广泛应用，目前主要用于制造缸盖、进排气管、制动盘、变速器箱体、阀体、制动鼓、机床工作台等零件。

（5）合金铸铁 在铸铁中加入一定量的合金元素，以获得某些特殊性能的铸铁称为合金铸铁。常见的有以下几种。

① 耐磨铸铁。常加入铬、钼、铜、磷等合金元素以提高耐磨性。

如高磷合金铸铁，形成硬而脆的磷化物共晶体，同时加入铬、钼、铜、钛等合金元素，细化组织，提高强度和耐磨性。它主要应用在汽车、拖拉机、精密机床方面，如发动机的缸套、活塞环等零件。

② 耐热铸铁。耐热铸铁是指在高温条件下，具有抗氧化和抗热生长能力，并能承受一定载荷的铸铁。主加合金元素为铬、铝、硅等。使其表面形成一层致密的氧化膜，如 SiO_2、Cr_2O_3 等，保护内层不被继续氧化，从而提高铸件的耐热性。同时，合金元素还可提高铸铁的相变点，使铸铁在工作温度范围内不发生相变，并促使铸铁获得单相铁素体组织，以免铸铁在高温下因渗碳体分解而析出石墨。

耐热铸铁的种类较多，一般分为铬系、硅系、铝系、铝硅系等。铬系耐热铸铁价格较贵，铝系耐热铸铁力学性能较低，故硅系、铝硅系耐热铸铁发展较快，应用较广。

耐热铸铁主要用于制造高温下工作的排气阀、进气阀座及加热炉炉底板、烟道挡板、钢锭模等零件。

③ 耐蚀铸铁。在腐蚀介质中工作时具有抗蚀能力，且具有一定的力学性能的铸铁称为耐蚀铸铁。主加合金元素有铬、镍、硅、铝、铜等，以提高铸铁基体组织的电极电位，并使铸铁表面形成一层致密的保护性氧化膜，硅还能促使形成单相基体，从而提高了铸铁的耐腐蚀性能。耐蚀铸铁广泛应用于化工部门，制作管道阀门、泵类、盛贮器等。

八、典型零件的材料选择

材料的选择与应用是机械设计、制造工作中重要的基础环节，自始至终地影响了整个设计过程。选材的核心问题是在技术和经济合理的前提下，保证材料的使用性能和零件（产品）的设计功能相适应。

（一）机械零件的失效及形式

机械零件在使用过程中如果发生了以下三种情况中的任何一种，即认为该零件已失效：①完全破坏，丧失使用价值；②虽然能工作但不能保证工作精度或达不到预定的工效；③损伤不严重但继续工作不安全。例如，齿轮在工作过程中磨损而不能正常啮合及传递动力；主轴在工作过程中变形而失去精度；弹簧因疲劳或受力过大失去弹性等，均属失效。

一般零件或工模具的失效主要有以下三种基本形式。

（1）过量变形失效　过量变形失效是指零件变形量超过允许范围而造成的失效。过量变形包括过量弹性变形、塑性变形和蠕变等。除了弹簧之类的零件之外，大多数零件必须限制过量弹性变形，要求有足够的刚度。如镗床的镗杆，弹性变形大就不能保证精度。

过量的塑性变形是机械零件失效的重要形式，轻则使机器工作情况变坏，重则使它不能继续运行，甚至破坏。如齿轮的塑性变形会使啮合不良，甚至卡死、断齿。在恒定载荷和高温下，蠕变一般是不可避免的，通常是以金属在一定温度和应力下经过一定时间所引起的变形量来衡量。如高温下工作的螺栓，经过一定时间发生松弛的现象。

（2）断裂失效　断裂失效是指零件完全断裂而无法工作的失效。断裂包括塑性断裂、疲劳断裂、蠕变断裂、低应力脆断以及应力腐蚀断裂等。断裂是金属材料最严重的失效形式，特别是在没有明显塑性变形的情况下突然发生的脆性断裂，往往会造成灾难性事故。

防止零件脆断的方法是准确分析零件所受的应力、应力集中的情况，选择满足强度要求并具有一定塑性和韧性的材料。

（3）表面损伤失效　表面损伤失效是指零件在工作中，因机械和化学作用，使其表面损伤而造成的失效。表面损伤包括过量磨损、腐蚀破坏、疲劳麻坑等。如齿轮经长期工作轮齿表面被磨损，而使精度降低的现象，即属表面损伤失效。

（二）失效原因

引起零件失效的因素很多，主要应从零件的结构设计、材料的选择与使用、加工制造、安装使用、保养等方面来考虑。

1. 结构设计

零件的结构设计与失效之间关系密切，如结构形状、尺寸等设计不合理，对零件工作条件（如受力性质和大小、温度及环境）估计不足，安全系数选择过小均可使零件的性能满足不了工作性能要求而失效。

2. 材料选择

合理选择材料是零件安全工作的基础，若所选材料质量差，如含有过量的夹杂物、杂质元素及成分不合格等，都容易使零件造成失效。

3. 加工工艺

零件在加工和成形过程中，若工艺方法、工艺参数不正确等，则会出现各种冷、热加工缺陷而导致零件早期失效。如各种裂纹缺陷（铸、锻、焊、热处理与切削裂纹等）、组织不均匀缺陷（粗大组织、带状组织等）、表面质量（刀痕等）与有害残余应力分布等。

4. 安装使用

零件在装配和安装过程中，不符合技术要求，使用中不按工艺规程操作和维修，保养不善等，均可导致零件在使用中失效。

应该说明的是：零件失效的原因可能是单一的，也有可能是多种因素共同作用的结果，但每一失效事件均应有导致失效的主要原因，据此可提出防止失效的主要措施。尽管机械零件失效的原因涉及零件的结构设计、材料的选用、加工制造、装配、使用维护等各个方面，而合理选用材料是从材料应用上去防止或延缓失效的发生。

（三）选材的原则

随着科学技术的发展，对机械设计中的选材方面的要求越来越高，目前选材工作已由过去的经验化向科学化和定量化发展。总的来说，选材的一般原则首先是在满足使用性能的前提下，再考虑工艺性能和经济性；并根据我国资源情况，优先选择国产材料。

1. 使用性原则

使用性原则是指所选用的材料制成零件后在正常工作情况下所应具备的性能要求，它是保证零件的设计功能实现、安全耐用的必要条件，是选材的最主要原则。材料的使用性能包括力学性能、物理和化学性能等。

不同用途的零件要求的使用性能是不同的，对结构零件而言，其使用性能要求是以力学性能为主，物理性能和化学性能要求为辅；对功能元件而言，其使用性能则以各种功能特性为主，以力学性能、化学性能为辅。因此选材时首要任务是准确判断零件所要求的某个（或某几个）使用性能，然后进行具体的选材工作。

如汽轮机叶片，不仅要求具有高温的强度、韧性等力学性能，而且还要求耐热、耐蚀、减振等特殊性能，一般选用马氏体不锈钢（如 2Cr13）或马氏体耐热钢（如 15Cr12WMoV）制造；当其工作温度较高时，应选用耐热、耐蚀性能更好的奥氏体耐热钢（如 1Cr17Ni13W）甚至耐热合金制造（如铁基耐热合金 Fe-Cr14Ni40MoWTiAl，镍基耐热合金 Ni80Cr20）。再如某些重要仪表弹簧，既要求弹性性能、又要求抗磁性和耐蚀性，此时便不应选择普通弹簧钢（如 65Mn，60Si2Mn），而应选择铍青铜制造（如 QBe2）。

2. 工艺性原则

工艺性原则是指所选用的材料经济地适应各种加工工艺而获得规定的使用性能和外形的能力。材料工艺性的好坏，对零件加工的难易程度、生产率、生产成本等都有很大影响。因此在满足使用性原则的前提下，必须兼顾材料的工艺性。

金属材料能适应的加工工艺方法最多，且工艺性能良好，这也是金属材料广泛应用的原因之一。金属材料按加工方法不同，有以下几种工艺性能。

① 铸造性能：常用流动性、收缩性等指标来综合评定。不同金属材料铸造性能不同，如铸铁的铸造性能优于铸钢；在铸铁中，灰铸铁的铸造性能最好；而铸造铝合金与铸造铜合金的铸造性能优于铸铁和铸钢。

② 锻压性能：常用塑性和变形抗力来综合评定。塑性好，变形抗力小，则金属材料容易成形，且加工质量好，不易产生缺陷。一般碳钢比合金钢的锻压性能好；低碳钢比高碳钢的锻压性能好。

③ 焊接性能：常用碳当量来评定。当金属材料的碳当量小于 0.4% 时，焊缝质量好，且焊接工艺简便，不易产生裂纹、气孔等缺陷。低碳钢与低合金钢的焊接性良好，钢中碳与合金元素的含量越高，焊接性能越差。

④ 切削加工性能：常用允许的最高切削速度、切削力大小、加工表面的粗糙度、断屑的难易程度和刀具磨损来综合评定。一般金属材料的硬度在 $170 \sim 230 \mathrm{HBS}$ 范围内，切削加工性好。

⑤ 热处理性能：对于可热处理强化的金属材料常用淬透性、淬硬性、变形开裂倾向、回火稳定性和氧化脱碳倾向来综合评定。一般低碳钢的淬透性差，加热时易过热，淬火时易变形开裂，而合金钢的淬透性优于碳钢。

应指出的是，在大多数情况下，工艺性原则是一个辅助原则，处于次要的从属地位。但在某些情况下，如大批量生产、使用性能要求不高、工艺方法高度自动化等条件下，工艺性原则将成为决定因素，处于主导地位。如受力不大但用量极大的普通标准紧固件（螺栓、螺钉、螺母等），采用自动机床大量生产，此时应选用易切削钢制造，再如发动机箱体，其使用性能要求不高，很多金属材料均能满足要求，但因其内腔结构形状复杂，宜用铸件，故应采用铸造工艺性能良好的材料制造，如铸铁或铸造铝合金。

3. 经济性原则

经济性原则是指所选用材料加工成零件后应能做到价格便宜、成本低廉和最佳的技术经济效益。质优、价廉、寿命高，是保证产品具有竞争力的重要条件，这就要求工程师正确处理产品的技术性与经济性（或者说功能与成本）两者间的关系。在选择材料和制订相应的加工工艺时，应考虑选材的经济性原则，这对适应经济全球化的形势，对量大面广的民用产品的开发与应用，显得尤为重要。

（四）典型零件的选材实例分析

金属材料具有极优良的综合力学性能和某些物理、化学性能，因此广泛用于制造各种重要的机械零件和工程结构，目前仍是机械工程中最主要的结构材料。从应用情况来看，机械零件的用材主要是钢铁材料。下面介绍两种典型钢制零件的选材实例。

1. 齿轮类零件的选材

（1）齿轮的工作条件、失效形式及性能要求　齿轮是应用极广的重要机械零件，其主要作用有传递转矩，改变运动速度或方向。不同种类的齿轮，其工作条件、失效形式和性能要求有所差异，但也有如下的共同特点。

① 工作条件。齿轮工作时通过齿面的接触传递动力，在啮合表面承受既有滚动又有滑动的接触压应力与强烈摩擦；齿轮传递动力时，其轮齿类似一根受力的悬臂梁，接触作用力在齿根处产生很大的力矩，使齿根部承受较高的弯曲应力；换挡、启动或啮合不均匀时，将承受冲击载荷作用，也可能因短时超载而发生断裂。

② 失效形式。根据齿轮工作条件、失效形式及性能要求的工作条件，在通常情况下其主要失效形式是轮齿折断（疲劳断裂、冲击过载断裂）、齿面损伤（齿面磨损、齿面疲劳剥落）和过量塑性变形。

③ 主要性能要求。根据齿轮的工作条件和主要失效形式分析，对齿轮材料提出的主要性能如下。

a. 齿轮材料应有足够高的接触疲劳强度和硬度，使齿面在受到接触应力后不致发生齿面损伤。

b. 齿轮材料应具有高的弯曲疲劳强度，特别是齿根处要有足够的强度，使运行时所产生的弯曲应力不致造成疲劳断裂。

c. 齿轮材料的齿心部应具有足够的强度和韧性，以防冲击过载断裂。

（2）常用齿轮材料及热处理　常用齿轮材料主要有以下几种。

① 锻钢。锻钢是齿轮的主要材料，通常重要用途的齿轮大多采用锻钢制造。对于低、中速和受力不大的中、小型传动齿轮，常采用的钢有 Q275、40、40Cr、45、40MnB 等调质钢。这些钢制成的齿轮，经调质或正火处理后再精加工，然后进行表面淬火、低温回火。热处理后这类齿轮的心部韧性较好，但表面硬度、心部强度不高，故不能承受大的冲击力；对于高速、耐强烈冲击的重载齿轮，常采用的钢有 20、20Cr、20CrMnTi、20MnVB、18Cr2Ni4W 等渗碳钢。

这些钢制成的齿轮，经渗碳、淬火与低温回处理后，齿面具有很高的硬度和耐磨性，心部具有足够的韧性和强度，其齿面接触疲劳强度，齿根抗弯强度和心部抗冲击能力均比表面淬火的齿轮高。

② 铸钢。铸钢齿轮的力学性能比锻钢差，故较少使用。但对某些尺寸较大（φ＞400～600mm）、形状复杂的齿轮，可采用铸钢制造。常用铸钢牌号有 ZG270-500、ZG310-570、ZG40Cr 等。铸钢齿轮在机械加工前应进行正火处理，以消除铸造应力、晶粒粗大等缺陷，改善切削加工性能；机械加工后一般进行表面淬火和低温回火处理，但对性能要求不高、转速较低的铸钢齿轮，也可在调质状态、甚至正火状态下使用。

③ 铸铁。灰铸铁齿轮具有优良的减摩性、减振性，工艺性能好且成本低，其主要缺点是强韧性差。故多用于制造一些低速、轻载、不受冲击的非重要齿轮，常采用铸铁牌号有 HT200、HT250、HT350 等。铸铁齿轮一般在铸造后进行去应力退火、正火或机械加工后表面淬火。灰铸铁齿轮多用于开式传动。近年来在闭式传动中，由于球墨铸铁的强韧性较好，故采用 QT600-3、QT500-7 代替部分铸钢制造齿轮的趋势越来越大。

④ 有色金属。在仪器仪表及某些腐蚀性介质中工作的轻载齿轮，常采用耐蚀、耐磨的有色金属材料制造，其中最主要的是铜合金，如黄铜（H62）、铝青铜（QAl9-4）、硅青铜（QSi3-1)等。

⑤ 非金属材料。非金属材料中的尼龙、ABS，聚甲醛等，具有减摩耐磨（尤其是在无润滑或润滑不良的条件下）、耐蚀、质量轻、噪声小、生产率高等优点，故适合于制造轻载、

低速、无润滑条件下工作的小齿轮，如仪表齿轮、玩具齿轮等。

综上所述，对开式传动齿轮，或低速、轻载、不受冲击或冲击较小的齿轮宜选用相对廉价的材料，如铸铁、碳钢等；对闭式传动齿轮，或中高速、中重载、承受一定甚至较大冲击的齿轮，则宜选用相对较好的材料，如优质碳素结构钢或合金结构钢，还必须进行表面强化处理；在齿轮副选材时，为使两齿轮寿命相近并防止咬合现象，大、小齿轮宜选不同的材料，且两者硬度要求也应有所差异。通常小齿轮应选相对好的材料，其硬度要求也较高一些。

（3）齿轮选材的具体实例

① 机床齿轮的选材。一般来说，机床齿轮运行平稳无强烈冲击、承受的载荷不大、转速中等，其工作条件和矿山机械、动力机械中的齿轮相比，运动较平稳、承受载荷较小，属于工作条件好的齿轮。对表面耐磨性和心部韧性要求不太高的齿轮，如床头箱齿轮、溜板箱齿轮等，通常选用40、45钢制造，经正火或调质处理后再进行表面淬火、低温回火，其齿面硬度可达50HRC，齿心硬度为220～250HBS，完全可满足性能要求；对部分性能要求较高的齿轮，如铣床工作台变速箱齿轮等，也可选用40Cr、40MnB、40MnVB等中碳合金钢制造，经热处理后其齿面硬度可提高到58HRC左右，心部强韧性也有所改善；对少数高速、高精度、重载齿轮，如精密机床主轴的传动齿轮，高速箱的高速齿轮等，还可选用20Cr、20CrMnTi、20Mn2B等低碳合金钢，进行渗碳、淬火及低温回火处理。

对中碳钢或中碳合金结构钢齿轮常采用的加工工艺路线为：

下料→锻造→正火→机械粗加工→调质→机械精加工→感应加热表面淬火及低温回火（或渗氮）、精磨。

② 汽车、拖拉机齿轮的选材。汽车、拖拉机等动力车辆的齿轮主要分装在变速箱和差速器中。在变速箱中，通过它来改变发动机、曲轴和主轴齿轮的转速；在差速器中，通过齿轮来增加扭转力矩，且调节左右两车轮的转速，并将发动机动力传给主动轮，推动汽车、拖拉机运行，所以汽车、拖拉机齿轮的传递功率、冲击力及摩擦力都很大，工作条件比机床齿轮恶劣繁重得多。因此，耐磨性、疲劳性能、心部强度和韧性等方面的要求均比机床齿轮高。通常选用合金渗碳钢（20Cr，20MnVB，20CrMnTi，20CrMnMo）制造，经渗碳、淬火及低温回火处理后使用，其齿面硬度可达58～62 HRC、心部硬度30～45 HRC，可满足性能要求。

图3-3-19是解放牌载重汽车变速箱一级齿轮。该齿轮担负将发动机动力传递到后轮及倒车的作用，它工作时承载、磨损、冲击均较大。因此要求齿轮表面有较高的耐磨性与疲劳强度；心部则要求较高的强度与韧性。根据计算与试验，心部要求强度 $\sigma_b > 1000MPa$，$A_K > 48J$。为满足上述要求，可选用渗碳钢。在渗碳钢中，15、20Cr钢的淬透性较低，心部强度达不到要求；而20CrMnTi钢的淬透性较好，经渗碳、淬火与低温回火处理后，心部强度 σ_b 达1100MPa，$A_K > 48J$，其热处理工艺性也好，不易过热，可直接淬火，变形小，锻压性能良好，锻后的正火硬度为180～207HBS，切削加工性能也较好。

渗碳的技术条件为：表层 $w_C = 0.8\% \sim 1.05\%$，渗碳层深度为0.8～1.3mm，齿面硬度为56～62HRC，心部硬度为38～45 HRC。该齿轮的加工工艺路线为：

下料→锻造→正火→机械粗加工→半精加工→渗碳、淬火及低温回火→喷丸→校正花键孔→珩（或磨）齿。

在加工工艺路线中，正火的目的是为了均匀和细化晶粒，消除锻造应力，改善切削加工

图 3-3-19　解放牌汽车变速箱一级齿轮

性能。渗碳、淬火及低温回火是使齿面具有高的硬度（56～62HRC）和耐磨性，心部硬度可达 35～45HRC，并有足够的强度和韧性。喷丸处理可增大渗碳层的压应力，提高疲劳强度，并可清除氧化皮。

2. 轴类零件的选材

（1）轴的工作条件、失效形式及性能要求　轴是最基本且重要的机械零件之一，如机床的主轴与丝杠、发动机曲轴、汽车后桥半轴、汽轮机转子轴及仪器仪表的轴等。其主要作用是支承传动零件并传递运动和动力。轴类零件工作时主要承受弯曲应力、扭转应力或拉压应力，有相对运动的表面其摩擦和磨损较大，多数轴还承受一定的冲击力，若刚度不足会产生弯曲和扭曲变形，由此可见轴的受力情况相当复杂。轴类零件的失效形式主要有：疲劳断裂、过量变形和过度磨损等。

① 工作条件。轴类零件承受交变的弯曲应力、扭转应力或拉压应力；轴与轴上相对运动表面（如轴颈、花键部位）发生摩擦；因机器开、停及瞬时过载等，多数轴还要承受一定的冲击力。

② 失效形式。轴的主要失效形式有：a. 断裂，这是轴的最主要的失效形式，其中以疲劳断裂为多数、冲击过载断裂为少数；b. 磨损，轴的相对运动表面因摩擦而过度磨损；c. 过量变形，在极少数情况下会发生因强度不足的过量塑性变形失效和刚度不足的过量弹性变形失效。

③ 性能要求。根据对轴类零件的工作条件与失效形式分析，轴类零件材料应具备以下性能要求：高的疲劳极限；优良的综合力学性能，即强度、塑性、韧性的合理配合；对应力集中敏感性小；淬透性较好，淬火变形小；良好的切削加工性能等。

（2）常用轴类零件的材料　轴类零件（尤其是重要的轴）几乎都选用金属材料，其中钢铁材料最为常见。根据轴的种类、工作条件、精度要求及轴的类型等不同，可选择的轴类材料主要有以下几种。

① 锻钢。锻造成形的优质中碳钢或中碳合金调质钢是轴类材料的主体，如 35、40、45、50 钢（其中以 45 钢最常见）等，碳钢具有较高的综合力学性能且价格低廉，故应用广泛。对受力不大或不重要的轴，为进一步降低成本，也可采用 Q235、Q255、Q275 普通碳素结构钢制造；对受力较大、尺寸较大、形状复杂的重要轴，可选用综合力学性能更好的合金调

质钢来制造，如 40Cr、40MnVB 等，对其中精度要求极高的轴要采用专用氮化钢（如 38CrMoAlA）制造。中碳钢轴的热处理特点一般采用正火或调质，以保证轴的综合力学性能（强韧性），然后对易磨损的相对运动部位进行表面强化处理（表面淬火、渗氮或表面滚压、形变强化等）。

考虑到轴的具体工作条件和性能要求不同，少数情况下轴还可选用低碳钢或高碳钢来制造。如当轴受到强烈冲击载荷作用时，宜用低碳钢（如 20Cr，20CrMnTi）渗碳制造；而当轴所受冲击作用较小而相对运动部位要求更高的耐磨性时，则宜用高碳钢制造（如 GCr15，9Mn2V 等）。

② 铸钢。对形状极复杂、尺寸较大的轴，可采用铸钢来制造，如 ZG230-450。应该注意的是，铸钢轴比锻钢轴的综合力学性能（主要是韧性）要低一些。

③ 铸铁。近几十年来越来越多地采用球墨铸铁（如 QT700-2）和高强度灰铸铁（如 HT350，KTZ550-06 等）来代替钢作为轴（尤其是曲轴）的材料。与钢轴相比，铸铁轴的刚度和耐磨性不低，且具有缺口敏感性低、减振减摩、切削加工性好及生产成本低等优点，选材时值得重视。

（3）机床主轴的选材实例　图 3-3-20 为 C6132 卧式车床的主轴，该主轴工作时受弯曲和扭转应力的作用，但承受的应力和冲击力不大，转速不高且运转较平稳，工作条件较好。轴的锥孔、外圆锥面工作时与顶尖、卡盘有相对摩擦；花键部位与齿轮有相对滑动；故要求这些部位应有较高的硬度和耐磨性。该主轴在滚动轴承中运转，轴颈处硬度要求为 220～250HBS。

图 3-3-20　C6132 卧式车床主轴简图

根据以上工作条件分析，机床主轴选用 45 钢制造，整体调质，硬度为 220～250HBS；锥孔、外圆锥面局部淬火，硬度为 45～50 HRC；花键部位高频感应加热表面淬火，硬度 48～53HRC。45 钢虽属淬透性较差的钢种，但由于主轴工作时最大应力分布在表层，同时主轴在设计时，往往因刚度与结构的需要已加大轴颈，提高了安全系数，且轴的形状较简单，在调质淬火时一般不会有开裂的危险，因此不必选择合金调质钢。C6132 车床主轴的加工工艺路线为：

下料→锻造→正火→机械粗加工→调质→半精加工（花键除外）→局部淬火、低温回火（锥孔、外圆锥面）→粗磨（外圆、外圆锥面、锥孔）→铣花键→花键处高频感应加热表面淬火、低温回火→精磨（外圆、外圆锥面、锥孔）。

分任务四　齿轮的受力分析

一、齿轮的失效形式

齿轮的失效主要是轮齿的失效。常见的失效形式有以下五种。

1. 轮齿折断

齿轮工作时，若轮齿危险剖面的应力超过材料所允许的极限值，轮齿将发生折断。

轮齿的折断有两种情况，一种是因短时意外的严重过载或受到冲击载荷时突然折断，称为过载折断；另一种是由于循环变化的弯曲应力的反复作用而引起的折断，称为疲劳折断。轮齿折断一般发生在轮齿根部（图 3-4-1）。

图 3-4-1　轮齿折断

图 3-4-2　齿面点蚀

防止轮齿折断的措施较多，通常有：采用合适的材料和热处理方法；提高齿轮的加工和安装精度；提高轴的刚度；选择合适的模数；适当增大齿根的圆角半径；采用变位齿轮等。

2. 齿面点蚀

在润滑良好的闭式齿轮传动中，当齿轮工作一定时间后，在轮齿工作表面上会产生一些细小的凹坑，称为点蚀（图 3-4-2）。点蚀主要是由于轮齿啮合时，齿面的接触应力按脉动循环变化，在这种脉动循环变化接触应力的多次重复作用下，金属材料出现疲劳时在轮齿表面层会产生疲劳裂纹，裂纹的扩展使金属微粒剥落下来而形成疲劳点蚀。通常疲劳点蚀首先发生在节线附近的齿根表面处。点蚀使齿面有效承载面积减小，点蚀的扩展将会严重损坏齿廓表面，引起冲击和噪声，造成传动的不平稳。齿面抗点蚀能力主要与齿面硬度有关，齿面硬度越高，抗点蚀能力越强。点蚀是闭式软齿面（HBS≤350）齿轮传动的主要失效形式。

而对于开式齿轮传动，由于齿面磨损速度较快，即使轮齿表层产生疲劳裂纹，但还未扩展到金属剥落时，表面层就已被磨掉，因而一般看不到点蚀现象。

提高齿面硬度、降低齿面的粗糙度、选择合适的润滑油，是提高齿面抗点蚀能力的主要措施。

3. 齿面胶合

在高速重载传动中，由于齿面啮合区的压力很大，润滑油膜因温度升高容易破裂，造成齿面金属直接接触，其接触区产生瞬时高温，致使两轮齿表面焊黏在一起，当两齿面相对运动时，较软的齿面金属被撕下，在轮齿工作表面形成与滑动方向一致的沟痕（图 3-4-3），这种现象称为齿面胶合。

提高齿面硬度或降低齿面的粗糙度，都能增加抗胶合能力。此外，低速传动时采用黏度较大的润滑油，高速传动时采用有抗胶合添加剂的润滑油，对提高齿面抗胶合能力也很有效。

图 3-4-3　齿面胶合

4. 齿面磨损

互相啮合的两齿廓表面间有相对滑动，在载荷作用下会引起齿面的磨损。尤其在开式传动中，由于灰尘、砂粒等硬颗粒容易进入齿面间而发生磨损。齿面严重磨损后，轮齿将失去正确的齿形，会导致严重噪声和振动，影响轮齿正常工作，最终使传动失效。

在开式传动中，齿面磨损是轮齿失效的主要形式，难于避免。采用闭式传动，减小齿面粗糙度值和保持良好的润滑可以减少齿面磨损。

5. 齿面塑性变形

在重载的条件下，较软的齿面上表层金属可能沿滑动方向滑移，出现局部金属流动现象，使齿面产生塑性变形，齿廓失去正确的齿形。在启动和过载频繁的传动中较易产生这种失效形式。

防止塑性变形的措施有：选择黏度较大的润滑油，提高齿面硬度，避免频繁启动或过载。

二、齿轮材料

对齿轮材料的要求：轮齿必须具有一定的抗弯强度；齿面有足够的硬度和耐磨性；轮齿心部有较强韧性，以承受冲击载荷和变载荷，容易加工，热处理变形小。常用的齿轮材料是各种牌号的优质碳素钢、合金结构钢、铸钢和铸铁等，一般多采用锻件或轧制钢材。当齿轮直径在 $400 \sim 600$ mm 范围内时，可采用铸钢；低速齿轮可采用灰铸铁。表 3-10 列出了常用齿轮材料及其热处理后的硬度。

表 3-10　常用的齿轮材料和热处理方法

材　料	力学性能/MPa		热处理方法	硬度	
	σ_b	σ_s		HBS	HRC
45	580	290	正火	$160 \sim 217$	
	640	350	调质	$217 \sim 255$	
			表面淬火		$40 \sim 50$
40Cr	700	500	调质	$240 \sim 286$	
			表面淬火		$48 \sim 55$
35SiMn	750	450	调质	$217 \sim 269$	
42SiMn	785	510	调质	$229 \sim 286$	
20Cr	637	392	渗碳、淬火、回火		$56 \sim 62$
20CrMnTi	1100	850	渗碳、淬火、回火		$56 \sim 62$

续表

材　料	力学性能/MPa		热处理方法	硬度	
	σ_b	σ_s		HBS	HRC
40MnB	735	490	调质	241～286	
ZG45	569	314	正火	163～197	
ZG35SiMn	569	343	正火、回火	163～217	
	637	412	调质	197～248	
HT200	200			170～230	
HT300	300			187～255	
QT500-5	500			147～241	
QT600-2	600			229～302	

　　经热处理后齿面硬度 HBS≤350 的齿轮称为软齿面齿轮，多用于中、低速机械。当大小齿轮都是软齿面时，考虑到小齿轮齿根较薄，弯曲强度较低，且受载次数较多，因此应使小齿轮齿面硬度比大齿轮高 20～50HBS。

　　齿面硬度 HBS＞350 的齿轮称为硬齿面齿轮，其最终热处理在轮齿精切后进行。因热处理后轮齿会产生变形，故对于精度要求高的齿轮，需进行磨齿。当大小齿轮都是硬齿面时，小齿轮的硬度应略高，也可和大齿轮相等。

三、圆柱齿轮的结构与精度

（一）齿轮结构

　　齿轮强度计算和几何尺寸计算，主要是确定齿轮的模数、分度圆直径、齿顶圆直径、齿根圆直径、齿宽等；而轮缘、轮辐和轮毂等结构尺寸和形式，则需通过结构设计来确定。齿轮的结构有锻造、铸造、装配式及焊接齿轮等形式，具体的结构应根据工艺要求及经验公式确定。圆柱齿轮的结构形式与齿轮的大小、材料、毛坯类型、制造方法和生产批量有关。圆柱齿轮的结构形式有以下几种。

1. 齿轮轴

　　当齿顶圆直径与轴径接近时，应将齿轮与轴做成一体，称为齿轮轴（图 3-4-4）。

2. 实心齿轮

　　当齿顶圆直径 150mm≤d_a≤200mm 时，可以采用轧制圆钢或锻钢制成实心结构的齿轮（图 3-4-5）。

图 3-4-4　齿轮轴

图 3-4-5　实心齿轮结构

3. 腹板式齿轮

当齿顶圆直径 200mm＜d_a≤500mm 时，常用锻钢制成腹板式结构（图 3-4-6）。

图 3-4-6 腹板式齿轮结构

d_a≤500mm；$D_1=0.5(D_3+D_0)$；$D_2=(0.25\sim0.35)(D_0-D_3)$；

$D_0\approx d_a-10m_n$；$D_3=1.6D_4$；$C=(0.2\sim0.3)b$；$L=(1.2\sim1.5)D_4$≥b；

$n_1=0.5m_n$

4. 轮辐式齿轮

当 d_a＞500mm 时，由于锻造加工困难，常用铸钢或铸铁制成轮辐式结构（图 3-4-7）。

图 3-4-7 轮辐式齿轮结构

$d_a=400\sim1000$mm；$D_3=(1.6\sim1.8)D_4$；$D_0=\left(\dfrac{2i}{i+1}-0.14\right)a$；

$h=0.8D_4$；$h_1=0.8h$；$C=0.2h$；$n=0.5m_n$；

$s=h/6$(不小于 10mm)；$L=(1.2\sim1.5)D_4$≥b

（二）齿轮精度

引起误差的原因：轮坯、刀具在机床上的安装误差、机床和刀具的制造误差以及加工时所引起的振动等。

① 影响：加工误差、精度低，影响齿轮的传动质量和承载能力；如果精度要求过高，将给加工带来困难，提高制造成本。

② 精度等级：1～12级，1级精度最高，12级最低。

③ 选择：根据传动的使用条件、传递的功率、圆周速度及其他经济、技术要求决定，在一般传动中可以选择6～9级，用得最多的是7、8级，见表3-11。

④ 精度等级组成：运动准确性、传动平稳性和载荷分布均匀性。

⑤ 分三个公差组：第Ⅰ公差组、第Ⅱ公差组、第Ⅲ公差组。三个公差组可以选同一等级，也可以选不同等级，但第Ⅲ公差组一般不低于第Ⅱ公差组。

⑥ 齿轮传动的侧隙：一对齿轮在啮合传动中，工作齿廓相互接触时，在两基圆圆柱的公切面上，两个非工作齿廓间的最小距离。规定侧隙可避免，因制造、安装误差以及热膨胀或承载变形等原因而导致齿轮卡住。合理侧隙可通过齿厚极限偏差和中心距极限偏差来保证。

表 3-11　齿轮传动常用精度等级及其应用

| 精度等级 | 圆周速度 v/(m/s) | | | 应用举例 |
	直齿圆柱	斜齿圆柱	直齿圆锥齿轮	
6	≤15	≤30	≤9	要求运转精确或在高速重载下工作的齿轮传动；精密仪器和飞机、汽车、机床中重要齿轮
7	≤10	≤20	≤6	一般机械中的重要齿轮；标准系列减速器齿轮；飞机、汽车和机床中的齿轮
8	≤5	≤9	≤3	一般机械中的重要齿轮；飞机、汽车和机床中的不重要齿轮；纺织机械中的齿轮；农业机械中的重要齿轮
9	≤3	≤6	≤2.5	工作要求不高的齿轮；农业机械中的齿轮

⑦ 齿厚偏差：C、D、E、F、G、H、J、K、L、M、N、P、R、S14种，每种代号所规定的齿厚偏差值均是 fpt（齿距极限偏差）的数倍。齿厚偏差的表示方法见图3-4-8。

图 3-4-8　齿厚偏差的表示方法

四、渐开线直齿圆柱齿轮的传动设计

（一）轮齿的受力分析

为了计算轮齿的强度以及设计轴和轴承装置等，需确定作用在轮齿上的力。

图 3-4-9 所示为一对直齿圆柱齿轮啮合传动时的受力情况。若忽略齿面间的摩擦力，则轮齿之间的总作用力 F_n 将沿着轮齿啮合点的公法线 N_1N_2 方向，故也称法向力。法向力 F_n 可分解为两个分力：圆周力 F_t 和径向力 F_r。

$$\begin{cases} 圆周力 \quad F_t = \dfrac{2T_1}{d_1} \\[2mm] 径向力 \quad F_r = F_t \tan\alpha \\[2mm] 法向力 \quad F_n = \dfrac{F_t}{\cos\alpha} \end{cases} \quad (3\text{-}16)$$

式中，T_1 为主动轮上的转矩，$T_1 = 9.55 \times 10^6 P_1/n_1$，N·mm；$P_1$ 为主动轮传递的功率，kW；n_1 为主动轮的转速，r/min；d_1 为主动轮的分度圆直径，mm；α 为分度圆压力角，(°)。

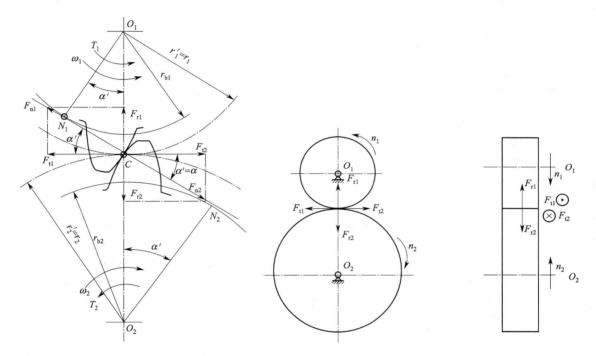

图 3-4-9　直齿圆柱齿轮传动的作用力　　　　　图 3-4-10　直齿圆柱齿轮的受力分析

圆周力 F_t 的方向，在主动轮上与啮合点圆周速度方向相反，在从动轮上与圆周速度方向相同。径向力 F_r 的方向对两轮都是由作用点指向轮心。轮齿的受力分析见图 3-4-10。

从动轮与主动轮各力大小的关系：

$$\begin{cases} F_{r1} = -F_{r2} \\ F_{t1} = -F_{t2} \\ F_{n1} = -F_{n2} \end{cases} \quad (3\text{-}17)$$

从动轮与主动轮各力方向的关系：

$$\begin{cases} 圆周力 \ F_t \begin{cases} F_{t1} 与 \omega_1 \ 反向（阻力） \\ F_{t1} 与 \omega_2 \ 同向（动力） \end{cases} \\[4mm] 径向力 \ F_r：外齿轮指向各自轮心 \end{cases}$$

（二）计算载荷

上述受力分析是在载荷沿齿宽均匀分布的理想条件下进行的。但实际运转时，由于齿轮、轴、支承等存在制造、安装误差，以及受载时产生变形等，使载荷沿齿宽不是均匀分布，造成载荷局部集中。轴和轴承的刚度越小、齿宽 b 越宽，载荷集中越严重。此外，由于各种原动机和工作机的特性不同（例如机械的启动和制动、工作机构速度的突然变化和过载等），导致在齿轮传动中还将引起附加动载荷。因此在齿轮强度计算时，通常用计算载荷 F_{nK} 代替名义载荷 F_n。K 为载荷系数，其值由表 3-12 查取。

表 3-12　载荷系数 K

原动机	工作机特性		
	工作平稳	中等冲击	较大冲击
电动机	1～1.2	1.2～1.5	1.5～1.8
多缸内燃机	1.2～1.5	1.5～1.8	1.8～2.1
单缸内燃机	1.6～1.8	1.8～2.0	2.1～2.4

注：斜齿圆柱齿轮、圆周速度低、精度高、齿宽系数小时取小值；直齿圆柱齿轮、圆周速度高、精度低、齿宽系数大时取大值。齿轮在两轴承之间对称布置时取小值，不对称布置及悬臂布置时取较大值。

（三）齿根弯曲疲劳强度计算

为了防止齿轮在工作时发生轮齿折断，应限制在轮齿根部的弯曲应力。

进行轮齿弯曲应力计算时，假定全部载荷由一对轮齿承受且作用于齿顶处，这时齿根所受的弯曲力矩最大。计算轮齿弯曲应力时，将轮齿看作宽度为 b 的悬臂梁（图 3-4-11）。

图 3-4-11　受力分析

危险截面可用 30°切线法确定，即作与轮齿对称中心线成 30°夹角并与齿根圆相切的斜线，两切点的连线是危险截面位置。设法向力 F_n 移至轮齿中线并分解成相互垂直的两个分力，$F_1 = F_n \cos\alpha$，$F_2 = F_n \sin\alpha$，其中 F_1 使齿根产生弯曲应力，F_2 则产生压缩应力。因压应力数值较小，为简化计算，在计算轮齿弯曲强度时只考虑弯曲应力。危险截面的弯曲应力为

$$\sigma_F = \frac{2KT_1}{b_2 m^2 z_1} Y_F \leqslant [\sigma_F] \quad (\text{MPa}) \qquad (3\text{-}18)$$

式中，b_2 为大齿轮齿宽，mm；m 为模数，mm；T_1 为小齿轮传递转矩，N·mm；K 为载荷系数；z_1 为小齿轮齿数；Y_F 为齿形系数。对于标准齿轮，Y_F 只与齿数有关。正常齿制标准齿轮的 Y_F 值，参考表 3-13。

表 3-13　齿形系数 Y_F

$z(z_v)$	12	14	16	17	18	19	20	22	25	28	30
Y_F	3.47	3.20	3.02	2.95	2.89	2.86	2.80	2.72	2.63	2.57	2.53
$z(z_v)$	35	40	45	50	60	80	100	150	200	400	∞
Y_F	2.46	2.40	2.36	2.33	2.28	2.23	2.19	2.15	2.13	2.10	2.06

注：z_v 为斜齿轮的当量齿数。

对于 $i \neq 1$ 的齿轮传动，由于 $z_1 \neq z_2$，因此 $Y_{F1} \neq Y_{F2}$，而且两轮的材料和热处理方法，硬度也不相同，则 $[\sigma_F]_1 \neq [\sigma_F]_2$，因此，应分别验算两个齿轮的弯曲强度。

在式（3-18）中，令 $b_2 = \psi_d d_1$，则得轮齿弯曲强度设计方式为：

$$m \geqslant \sqrt[3]{\frac{2KT_1 Y_F}{\psi_d z_1^2 [\sigma_F]}} \qquad (3\text{-}19)$$

式(3-19) 中的 $\dfrac{Y_F}{[\sigma_F]}$ 应代入 $\dfrac{Y_{F1}}{[\sigma_F]_1}$ 和 $\dfrac{Y_{F2}}{[\sigma_F]_2}$ 中的较大者，算得的模数圆整为标准值。

许用弯曲应力 $[\sigma_F]$ 按下式计算：

$$[\sigma_F] = \frac{\sigma_{Flim}}{S_{Fmin}} \qquad (3\text{-}20)$$

式中，S_{Fmin} 为轮齿弯曲疲劳最小安全系数，按表 3-14 查取；σ_{Flim} 为试验齿轮的齿根弯曲疲劳极限，单位为 MPa，按表 3-15 查取。

表 3-14　最小安全系数 S_{Fmin} 和 S_{Hmin}

安全系数	软齿面	硬齿面	重要的传动、渗碳淬火齿轮或铸造齿轮
S_{Fmin}	1.3～1.4	1.4～1.6	1.6～2.2
S_{Hmin}	1.0～1.1	1.1～1.2	1.3

表 3-15　齿轮的接触疲劳极限 σ_{Hlim} 和齿根弯曲疲劳极限 σ_{Flim}

材料种类	热处理方法	齿面硬度	σ_{Hlim}/MPa	σ_{Flim}/MPa
碳素钢	正火或调质	HBS=135～300	480+0.93(HBS-135)	190+0.2(HBS-135)
碳素铸钢			420+0.93(HBS-135)	160+0.2(HBS-135)
合金钢	调质	HBS=200～360	615+1.4(HBS-200)	240+0.4(HBS-200)
合金铸铁			535+1.4(HBS-200)	200+0.4(HBS-200)
碳素钢	调质钢、氮化	HRC=36～45	890+12.2(HRC-36)	280+4.4(HRC-36)
		HRC=45～56	1000	320
	氮化钢，气体氮化	HRC=54～59	1225+12(HRC-54)	335+7(HRC-54)
		HRC=59～65	1285	370
	表面淬火	HRC=49～58	1142+12(HRC-49)	300+6(HRC-49)
合金钢	渗碳淬火	HRC=56～58	1350+62.5(HRC-56)	335+3(HRC-56)
		HRC=58～67	1475	415
球墨铸铁		HBS=140～300	400+1.4(HBS-140)	160+0.34(HBS-140)
灰铸铁		HBS=140～300	300+1.1(HBS-140)	55+0.23(HBS-140)

注：1. 表中所列 σ_{Flim} 数值为试验齿轮轮齿单侧工作（脉动循环），若轮齿为双侧工作（对称循环）时，所得数值再乘以 0.7。

2. 表面淬火或渗碳淬火的硬齿面齿轮，其齿根圆角经磨削或剃削时，所得的 σ_{Flim} 再乘以 0.75。

3. 正火或调质的软齿面齿轮，其齿根圆角经喷丸、辊压等冷作强化处理时，所得的 σ_{Flim} 再乘以 1.5。

4. 正火或调质的齿轮，若齿面硬度超出表中推荐用的范围，表中的计算公式仍有效。

（四）齿面接触疲劳强度计算

为避免齿面发生点蚀，应限制齿面的接触应力。实践证明，点蚀通常首先发生在齿根部分靠近节线处，故取节点处的接触应力为计算依据。对于一对钢制齿轮，标准齿轮压力角 $\alpha=20°$，可得钢制标准齿轮传动的齿面接触强度校核方式：

$$\sigma_H = 671\sqrt{\frac{KT_1}{b_2 d_1^2} \times \frac{i \pm 1}{i}} \leqslant [\sigma_H] \qquad (3\text{-}21)$$

将 $b_2 = \psi_d d_1$ 代入式(3-21)，可得齿面接触强度设计方式：

$$d_1 \geqslant \sqrt[3]{\frac{671}{[\sigma_H]_2} \times \frac{KT_1}{\psi_d} \times \frac{i \pm 1}{i}} \qquad (3\text{-}22)$$

式中，"＋"号用于外啮合，"－"号用于内啮合；σ_H 为齿面接触应力，MPa；$[\sigma_H]$ 为齿轮材料的许用接触应力，MPa；其他参数意义同前面公式所述。

式（3-21）仅适用于一对钢制齿轮，若配对齿轮材料为钢对铸铁或铸铁对铸铁，则应将公式中的系数 671 分别改为 585 和 506。

许用接触应力 $[\sigma_H]$ 按下式计算：

$$[\sigma_H] = \frac{\sigma_{Hlim}}{S_{Hmin}} \tag{3-23}$$

式中，S_{Hmin} 为齿面接触疲劳最小安全系数，其值由表 3-14 查出；σ_{Hlim} 为试验齿轮的接触疲劳极限，MPa，其值可由表 3-15 查出。

（五）齿轮参数的选择与设计步骤

1. 参数选择

（1）小齿轮齿数 z_1 和模数 m　当齿轮分度圆直径确定后，增加齿数、减小模数，可以增大重合度，提高齿轮传动的平稳性，减小切齿量，节省材料，并使结构紧凑。

对于闭式传动软齿面齿轮，可取 $z_1 = 20 \sim 40$，$m = (0.01 \sim 0.02)a$。为防止意外断齿，传力齿轮 m 必须大于 2mm。对于开式传动和硬齿面齿轮，为保证足够的齿根弯曲强度，应适当增大模数，减少齿数，常取 $z_1 = 17 \sim 20$。

（2）齿宽系数 ψ_d　$\psi_d = \dfrac{b_2}{d_1}$，增大齿宽系数可减小齿轮的直径和中心距，降低圆周速度。ψ_d 过大时，齿轮过宽，载荷沿齿宽分布不均匀。当齿轮制造精度高、轴和支承的刚度大、齿轮对称布置时，ψ_d 可取较大值，反之取较小值。开式传动通常取 $\psi_d = 0.1 \sim 0.3$；闭式传动软齿面取 $\psi_d = 0.6 \sim 1.2$；闭式传动硬齿面 $\psi_d = 0.3 \sim 0.8$；一般用途的减速器可取 $\psi_d = 0.4$。

为了装配方便，保证一对齿轮的啮合强度，通常小齿轮比大齿轮宽 5～10mm，强度计算时仍按 b_2 进行。

2. 传动设计步骤

（1）选择齿轮材料和热处理方法。

（2）强度计算。

闭式传动软齿面，通常主要失效形式为齿面点蚀，故先按齿面接触强度设计，求出小齿轮分度圆直径后，再校核齿根弯曲强度。

闭式传动硬齿面先按齿根弯曲强度设计，再校核齿面接触强度。

开式传动或铸铁齿轮则按弯曲强度设计出齿轮模数，考虑磨损的影响，将模数 m 增大 10%～20%。

（3）计算齿轮几何尺寸，选择齿轮精度。

（4）确定齿轮结构尺寸，绘制齿轮工作图。

【例 3-3】　试设计一台单级直齿圆柱齿轮减速器中的齿轮传动。此减速器由电动机驱动，工作时载荷无冲击，传递功率为 $P_I = 3.59$kW，小齿轮转速 $n_I = 305.73$r/min，传动比 $i = 4$，单向转动。

解：（1）选择齿轮材料、热处理方式　根据工作条件，一般用途的减速器采用闭式传动软齿面。由表 3-10 得：

小齿轮选用 45 钢调质，齿面硬度为 220HBS。大齿轮选用 45 钢，正火，齿面硬度 180HBS；

（2）确定许用接触应力　由于属闭式传动软齿面，故按齿面接触强度设计，用齿根弯曲强度校核。查表 3-15，试验齿轮的接触疲劳极限为：

$$\sigma_{Hlim1} = 559 \text{MPa} \qquad \sigma_{Hlim2} = 522 \text{MPa}$$

由表 3-14，接触疲劳强度的最小安全系数 $S_{Hmin} = 1.0$，则两齿轮的许用接触应力为：

$$[\sigma_H]_1 = 559 \text{MPa} \qquad [\sigma_H]_2 = 522 \text{MPa}$$

（3）齿面接触疲劳强度设计

$$d_1 \geqslant \sqrt[3]{\left(\frac{671}{[\sigma_H]}\right)^2 \times \frac{KT_1}{\psi_d} \times \frac{i \pm 1}{i}}$$

小齿轮的转矩 $T_{I} = \dfrac{9.55 \times 10^6 P_{I}}{n_{I}} = \dfrac{9.55 \times 10^6 \times 3.59}{305.73} = 112139 (\text{N} \cdot \text{mm})$，载荷系数 K 查表 3-12，取 $K = 1$；齿宽系数 ψ_d 取 1（闭式传动软齿面），$[\sigma_H]$ 代入较小值。

得 $d_1 = 61.3 \text{mm}$

取 $d_1 = 64 \text{mm}$

（4）几何尺寸计算

中心距：$a = \dfrac{d_1(1+i)}{2} = \dfrac{64 \times (1+4)}{2} = 160 (\text{mm})$

模数：$m = (0.01 \sim 0.02)a = (0.01 \sim 0.02) \times 160 = 1.6 \sim 3.2 (\text{mm})$

取标准模数 $m = 2 \text{mm}$

齿数 $z_1 = \dfrac{d_1}{m} = \dfrac{64}{2} = 32$

$z_2 = iz_1 = 4 \times 32 = 128$

齿宽　$b_2 = \psi_d d_1 = 1 \times 64 = 64 (\text{mm})$

$b_1 = b_2 + (5 \sim 10) = 64 + (5 \sim 10) = 69274 (\text{mm})$

（5）校核齿根弯曲疲劳强度

由表 3-13 查得齿形系数 $z_1 = 32$，$Y_{F1} = 2.50$　　$z_2 = 128$，$Y_{F2} = 2.17$

由表 3-15 查得弯曲疲劳极限为：$\sigma_{Flim1} = 207 \text{MPa}$　　$\sigma_{Flim2} = 199 \text{MPa}$

由表 3-14 查得弯曲疲劳强度的最小安全系数：$S_{Fmin} = 1.3$

齿根许用弯曲应力为：$[\sigma_F]_1 = \dfrac{\sigma_{Flim1}}{S_{Fmin}} = 159.2 \text{MPa}$　　$[\sigma_F]_2 = \dfrac{\sigma_{Flim2}}{S_{Fmin}} = 153.1 \text{MPa}$

$$\sigma_{F1} = \frac{2KT_1}{b_2 m^2 z_1} Y_{F1} = \frac{2 \times 1 \times 112139}{64 \times 2^2 \times 32} \times 2.50 = 68.44 (\text{MPa})$$

$\therefore \sigma_{F1} \leqslant [\sigma_F]_1$

$\therefore$ 齿根弯曲疲劳强度足够。

（6）齿轮其他尺寸计算

分度圆直径 $d_1 = mz_1 = 2 \times 32 = 64 (\text{mm})$

分度圆直径 $d_2 = mz_2 = 2 \times 128 = 256 (\text{mm})$

齿顶圆直径 $d_{a1} = m(z_1 + 2h_a^*) = 2 \times (32 + 2) = 68 (\text{mm})$

齿顶圆直径 $d_{a2} = m(z_2 + 2h_a^*) = 2 \times (128 + 2) = 260 (\text{mm})$

齿根圆直径 $d_{f1} = m(z_1 - 2h_a^* - 2c^*) = 2 \times (32 - 2 \times 1 - 2 \times 0.25) = 59 (\text{mm})$

齿根圆直径 $d_{f2} = m(z_2 - 2h_a^* - 2c^*) = 2 \times (128 - 2 \times 1 - 2 \times 0.25) = 251(\text{mm})$

齿顶高 $h_a = h_a^* m = 1 \times 2 = 2(\text{mm})$

齿根高 $h_f = (h_a^* + c^*)m = (1 + 0.25) \times 2 = 2.5(\text{mm})$

全齿高 $h = h_a + h_f = 2 + 2.5 = 4.5(\text{mm})$

验算齿轮圆周速度 $v = \dfrac{\pi d_1 n_1}{60 \times 1000} = \dfrac{3.14 \times 64 \times 305.7}{60 \times 1000} = 1.02(\text{m/s})$

齿轮传动精度等级 7 级合适。

（7）确定齿轮结构，绘制齿轮工作图　大、小齿轮结构参阅齿轮结构图。

五、斜齿圆柱齿轮传动

1. 齿廓形成

由前述可知，当发生线在基圆上做纯滚动时，发生线上任一点的轨迹为该圆的渐开线。而对于具有一定宽度的直齿圆柱齿轮，其齿廓侧面是发生面 S 在基圆柱上做纯滚动时，平面 S 上任一与基圆柱母线 NN 平行的直线 KK 所形成的渐开线曲面，如图 3-4-12 所示，直齿圆柱齿轮啮合时，其接触线是与轴线平行的直线，因而一对齿廓沿齿宽同时进入啮合或退出啮合，容易引起冲击和噪声，传动平稳性差，不适宜用于高速齿轮传动。

图 3-4-12　直齿轮齿廓曲面的形成

图 3-4-13　斜齿轮齿廓曲面的形成

斜齿圆柱齿轮是发生面在基圆柱上做纯滚动时，平面 S 上直线 KK 不与基圆柱母线 NN 平行，而是与 NN 成一个角度 β_b，当 S 平面在基圆柱上做纯滚动时，斜直线 KK 的轨迹形成斜齿轮的齿廓曲面，KK 与基圆柱母线的夹角 β_b 称为基圆柱上的螺旋角。如图3-4-13所示。斜齿圆柱齿轮啮合时，其接触线都是平行于斜直线 KK 的直线，因齿高有一定限制，故在两齿廓啮合过程中，接触线长度由零逐渐增长，从某一位置以后又逐渐缩短，直至脱离啮合，即斜齿轮进入和脱离接触都是逐渐进行的，故传动平稳，噪声小，此外，由于斜齿轮的轮齿是倾斜的，同时啮合的轮齿对数比直齿轮多，故重合度比直齿轮大。

2. 斜齿圆柱齿轮的几何参数

垂直于斜齿轮轴线的平面称为端面，与分度圆柱螺旋线垂直的平面称为法面，在进行斜齿圆柱齿轮几何尺寸计算时，应当注意端面参数与法面参数之间的关系。

（1）螺旋角 一般用分度圆柱面上的螺旋角 β 表示斜齿圆柱齿轮轮齿的倾斜程度。通常所说斜齿轮的螺旋角是指分度圆柱上的螺旋角。设计中 β 越大，重合度越大，承载能力越大，但轴向力越大。斜齿轮的螺旋角一般为 $8°\sim20°$。

斜齿轮按其轮齿的倾斜方向（旋向）可以分为左旋〔见图 3-4-14(a)〕和右旋〔见图 3-4-14(b)〕两种。

（2）模数和压力角 图 3-4-15 为斜齿圆柱齿轮分度圆柱面的展开图。从图上可知，端面齿距 p_t 与法面齿距 p_n 的关系为：

(a) 左转 　　　　(b) 右转

图 3-4-14　轮齿的旋向

$$p_t = \frac{p_n}{\cos\beta} \qquad (3-24)$$

因 $p=\pi m$，故法面模数 m_n 和端面模数 m_t 之间的关系为：

$$m_n = m_t\cos\beta \qquad (3-25)$$

$$\tan\alpha_n = \tan\alpha_t\cos\beta \qquad (3-26)$$

用铣刀或滚刀加工斜齿轮时，刀具沿着螺旋齿槽方向进行切削，刀刃位于法面上，故一般规定斜齿圆柱齿轮的法面模数和法面压力角为标准值。

3. 斜齿圆柱齿轮正确啮合条件

一对斜齿圆柱齿轮的正确啮合条件是两轮的法面压力角相等，法面模数相等，两轮螺旋角大小相等而方向相反，即：

$$\begin{cases} m_{n1} = m_{n2} = m_n \\ \alpha_{n1} = \alpha_{n2} = \alpha_n \\ \beta_1 = -\beta_2 \end{cases} \qquad (3-27)$$

4. 斜齿圆柱齿轮的受力分析

如图 3-4-16(a) 所示，作用在斜齿圆柱齿轮轮齿上的法向力 F_n 可以分解为三个互相垂直的分力，即圆周力 F_t，径向力 F_r 和轴向力 F_a。由图3-4-16(b) 可得三个分力的计算方式。

图 3-4-15　端面与法面齿距

$$\begin{cases} F_t = \dfrac{2T_1}{d_1} \\ F_r = \dfrac{F_t\tan\alpha_n}{\cos\beta} \\ F_a = F_t\tan\beta \end{cases} \qquad (3-28)$$

即：

$$\begin{cases} F_{r1} = -F_{r2}（指向轮心） \\ F_{t1} = -F_{t2}（主反从同） \\ F_{a1} = -F_{a2}（主动轮左右手定则） \end{cases} \qquad (3-29)$$

圆周力 F_t，径向力 F_r 的方向与直齿圆柱齿轮相同；轴向力 F_a 的方向取决于轮齿螺旋线的方向和齿轮的转动方向。**确定主动轮的轴向力方向可利用左、右手定则**，例如对于主动右旋齿轮，以右手四指弯曲方向表示它的旋转方向，则大拇指伸直的指向表示它所受轴向力的方向。从动轮上所受各力的方向与主动轮相反，但大小相等，如图 3-4-17所示。

图 3-4-16　斜齿圆柱齿轮传动的作用力

图 3-4-17　轮齿上的受力分析

六、直齿圆锥齿轮传动

圆锥齿轮机构是用来传递空间两相交轴之间运动和动力的一种齿轮机构，其轮齿分布在截圆锥体上，齿形从大端到小端逐渐变小。圆柱齿轮中的有关圆柱均变成了圆锥。

（一）直齿圆锥齿轮传动的特点和应用

特点：圆锥齿轮的轮齿分布在一个圆锥体上。取圆锥齿轮大端的参数为标准值。一对圆锥齿轮两轴线间的夹角 Σ 称为轴角。其值可根据传动需要任意选取，在一般机械中，多取 $\Sigma=90°$。

应用：圆锥齿轮传动是用来传递两相交轴之间的运动和动力的。

圆锥齿轮 {
直齿轮锥齿轮：由于设计、制造、安装方便，应用最广
斜齿圆锥齿轮：介于两者之间，传动较平稳，设计较简单
曲齿轮锥齿轮：传动平稳。承载能力强，用于高速、重载传动
}

（二）直齿圆锥齿轮传动的参数

① 模数 m：以锥齿轮大端模数为标准值，按国标选取。

② 压力角 α：$\alpha = 20°$。

③ 齿顶高系数和顶隙系数 。

正常齿：当 $m < 1$ 时，$h_a^* = 1$　　　$c^* = 0.25$；

　　　　当 $m \geqslant 1$ 时，$h_a^* = 1$　　　$c^* = 0.2$。

　　短齿：$h_a^* = 0.8$　　　$c^* = 0.3$。

④ 小齿轮和大齿轮的分度圆锥角分别为 δ_1 和 δ_2。

（三）正确啮合条件：圆锥齿轮大端的模数和压力角分别相等，且锥距相等，锥顶重合。

$$\begin{cases} m_1 = m_2 = m \\ \alpha_1 = \alpha_2 = \alpha \\ \delta_1 + \delta_2 = 90° \end{cases}$$

（四）直齿圆锥齿轮传动的受力分析

图 3-4-18 所示为直齿圆锥齿轮轮齿受力情况。由于圆锥齿轮的轮齿厚度和高度向锥顶方向逐渐减小，故轮齿各剖面上的弯曲强度都不相同，为简化起见，通常假定载荷集中作用在齿宽中部的节点上。法向力 F_n 可分解为三个分力：

$$\begin{cases} 圆周力 \quad F_t = 2T_1/d_{m1} \\ 径向力 \quad F_r = F_t \tan\alpha \cos\delta \\ 轴向力 \quad F_a = F_t \tan\alpha \sin\delta \end{cases} \tag{3-30}$$

式中：d_{m1} 为小齿轮齿宽中点的分度圆直径。

 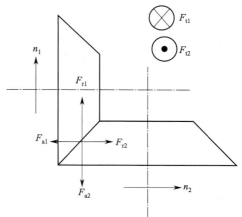

图 3-4-18　直齿圆锥齿轮传动的作用力　　　　　图 3-4-19　轮齿上的受力分析

圆周力 F_t 和径向力 F_r 的方向判断与直齿圆柱齿轮相同。轴向力 F_a 的方向对两个齿轮都是由小端指向大端。各分力大小关系如下：

$$\begin{cases} F_{t1} = -F_{t2} \\ F_{r1} = -F_{a2} \\ F_{a1} = -F_{r2} \end{cases} \tag{3-31}$$

直齿圆锥齿轮受力分析如图 3-4-19 所示。

七、蜗杆传动

蜗杆传动是在空间交错的两轴间传递运动和动力的一种传动，两轴线间的夹角可为任意值，常用的为 90°。蜗杆传动用于在交错轴间传递运动和动力。一般蜗杆是主动件。蜗杆传动主要是做减速传动，广泛应用于各种机械设备和仪表中。

（一）蜗杆传动的类型和特点

1. 蜗杆传动的类型

如图 3-4-20 所示按蜗杆的形状不同，蜗杆传动可分为圆柱蜗杆传动［图 3-4-20(a)］、圆弧面蜗杆传动［图 3-4-20(b)］、圆锥面蜗杆传动［图 3-4-20(c)］等类型。

(a)　　　　　　　　　　(b)　　　　　　　　　　(c)

图 3-4-20　蜗杆传动的类型

普通圆柱蜗杆传动的蜗杆按刀具不同又分为阿基米德蜗杆（za）、渐开线蜗杆（zi）、法向直齿廓蜗杆（zn）等，其中阿基米德蜗杆由于加工方便，其应用最广泛，如图 3-4-21 所示。

图 3-4-21　阿基米德蜗杆

阿基米德蜗杆螺旋面的形成与螺纹的形成相同。车削阿基米德蜗杆时，刀具切削刃的平面应通过蜗杆轴线，两切削刃的夹角 $2\alpha = 40°$，切得的轴面齿廓两侧边为直线。在垂直于蜗杆轴线的截面上，齿廓为阿基米德螺线，故称阿基米德蜗杆。本任务主要介绍阿基米德蜗杆蜗轮机构。

2. 蜗杆传动的特点

（1）可以得到很大的传动比，比交错轴斜齿轮机构紧凑。

（2）两轮啮合齿面间为线接触，其承载能力大大高于交错轴斜齿轮机构。

（3）蜗杆传动相当于螺旋传动，为多齿啮合传动，故传动平稳、噪声很小。

（4）具有自锁性。即只能由蜗杆带动蜗轮，而不能由蜗轮带动蜗杆。

（5）传动效率较低，磨损较严重。蜗轮蜗杆啮合传动时，啮合轮齿间的相对滑动速度大，故摩擦损耗大、效率低。另一方面，相对滑动速度大使齿面磨损严重、发热严重，为了散热和减小磨损，常采用价格较为昂贵的减摩性与抗磨性较好的材料及良好的润滑装置，因而成本较高。

（6）蜗杆轴向力较大。

（二）蜗杆传动的基本参数

蜗杆传动的基本参数有模数 m、压力角 α、蜗杆直径系数 q、导程角 γ、蜗杆头数 z_1、蜗轮齿数 z_2、齿顶高系数（取 1）及顶隙系数（取 0.2）。其中，模数 m 和压力角 α 是指蜗杆轴面的模数 m_{x1} 和压力角 α_{x1}，亦即蜗轮端面的模数 m_{t2} 和压力角 α_{t2}，且均为标准值；蜗杆直径系数 q 为蜗杆分度圆直径与其模数 m 的比值。

1. 模数 m 和压力角 α

蜗杆传动的设计计算都是以中间平面内的参数和几何尺寸为标准。在中间平面上，蜗轮与蜗杆的啮合相当于渐开线齿轮与齿条的啮合。正确啮合条件为：

$$\begin{cases} m_{x1} = m_{t2} = m \\ \alpha_{x1} = \alpha_{t2} = \alpha = 20° \\ \gamma = \beta \end{cases} \tag{3-32}$$

2. 蜗杆分度圆直径 d_1，蜗杆直径系数 q 及螺旋导程角 γ（图 3-4-22）

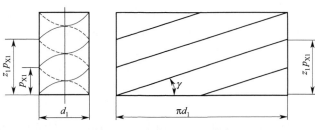

图 3-4-22　蜗杆平面展开图

$$\tan\gamma = \frac{z_1 p_{x1}}{\pi d_1} \quad m = \frac{p_{x1}}{\pi}$$

$$\tan\gamma = \frac{m z_1}{d_1} \rightarrow d_1 = \frac{z_1 m}{\tan\gamma}$$

$$q = \frac{z_1}{\tan\gamma} \quad d_1 = mq$$

$$\gamma = \arctan\frac{z_1}{q} \tag{3-33}$$

3. 蜗杆的头数 z_1 和蜗轮的齿数 z_2

4. 蜗杆传动传动比 i

$$i = \frac{n_1}{n_2} = \frac{z_2}{z_1} \tag{3-34}$$

5. 蜗杆传动的中心距 a

$$a=\frac{d_1+d_2}{2}=m\frac{q+z_2}{2} \tag{3-35}$$

（三）蜗杆传动的受力分析

蜗杆传动的受力分析与斜齿圆柱齿轮相似。齿面上的法向力 F_n 可分解为三个相互垂直的分力：圆周力 F_t，径向力 F_r 和轴向力 F_a（图 3-4-23）。

(a)　　　　　(b)　　　　　(c)

图 3-4-23　蜗杆与蜗轮传动的作用力

由于蜗杆轴与蜗轮轴交错成 90°角，所以蜗杆圆周力 F_{t1} 等于蜗轮轴向力 F_{a2}，蜗杆轴向力 F_{a1} 等于蜗轮圆周力 F_{t2}，蜗杆径向力 F_{r1} 等于蜗轮径向力 F_{r2}，即：

$$\begin{cases} F_{r1}=-F_{r2} \\ F_{t1}=-F_{a2} \\ F_{a1}=-F_{t2} \end{cases} \tag{3-36}$$

蜗杆和蜗轮轮齿上的作用力（圆周力、径向力、轴向力）方向的决定方法，与斜齿圆柱齿轮相同。**若为右旋蜗杆，则用右手握蜗杆，四指弯曲方向代表其转向，大拇指伸直方向的反方向为蜗轮在啮合点的圆周速度方向，然后再判定其转向**（图 3-4-24）。

(a)　　　　　(b)

图 3-4-24　蜗轮转向的判定

分任务五　轮　　系

一、轮系的类型及其应用

在齿轮传动中，由一对相互啮合的齿轮组成的齿轮机构是齿轮传动的最简单形式，可以用来传递运动和动力，实现减速、增速和改变转动方向的目的。但是在实际生产中，为了获得更大的传动比，或者将输入轴的一种转速变换为输出轴的多种转速时，一对齿轮的传动往往不能满足工作要求，必须采用多对齿轮来传递运动和动力。这种由一系列齿轮组成的传动系统称为**轮系**。

（一）轮系的类型

轮系可由各种类型的齿轮或蜗轮蜗杆组成，根据轮系传动时各齿轮轴线间的空间位置关系，可以分为**平面轮系**和**空间轮系**。根据传动时各齿轮的几何轴线相对于机架的位置是否固定，又可分为定轴轮系和周转轮系两种基本类型，有时还用到两种轮系的组合，即混合轮系。

1. 定轴轮系

轮系传动时，所有齿轮的几何轴线位置都是固定的，这种轮系称为定轴轮系，如图3-5-1所示。

(a) 平面定轴轮系　　　　　　　　　(b) 空间定轴轮系

图 3-5-1　定轴轮系

2. 周转轮系

轮系传动时，至少有一个齿轮的几何轴线是绕另一个齿轮的几何轴线转动的，这种轮系称为周转轮系，如图 3-5-2 所示。其中小齿轮 2 既可以绕自身的轴线 O_2 转动（自转），又可以绕固定轴线 O_1 转动（公转），称为行星轮。构件 H 用来支持行星轮转动，称为行星架，也称系杆。齿轮 1 和 3 的轴线位置固定不动，并同时与行星轮 2 啮合，这样的齿轮称为太阳轮或中心轮。

周转轮系中，一般都以太阳轮和行星架作为运动的输入和输出构件，故称它们为周转轮系的基本构件。根据机构自由度数目的不同，周转轮系可进一步分为以下两类。

（1）简单行星轮系　在图 3-5-2 所示的周转轮系中，若将太阳轮 3 固定，则整个轮系的自由度为1，这种自由度为1的周转轮系，称为简单行星轮系。只要将轮系中一个构件作为原动件，整个轮系的运动规律即可确定。

（2）差动轮系　在图 3-5-2 所示的周转轮系中，若太阳轮1和3均不固定，则整个轮系的自由度为2，这种自由度为2的周转轮系称为差动轮系。为使其具有确定的运动，需要有两个原动件。

3．混合轮系

由定轴轮系和周转轮系组合而成的轮系称为混合轮系，也称组合轮系。如图 3-5-3 所示，双点划线框内部分为周转轮系，外部为定轴轮系。

图 3-5-2　周转轮系　　　　　　　　　　　图 3-5-3　混合轮系

（二）轮系的应用

轮系广泛应用于各种机械中，主要有以下几个方面的用途。

1．实现较远距离的两轴之间的传动

当两轴之间的中心距较大时，如果只用一对齿轮传动，则齿轮机构的总体尺寸必然很大，并且浪费材料。如果改用轮系，便可使其结构紧凑，既节省空间，又方便制造、安装，如图 3-5-4 所示。如车床输入轴和主轴之间的轮系传动就是这种情况。

图 3-5-4　相距较远的两轴传动　　　　　　图 3-5-5　普通车床主轴箱传动系统图

2. 可获得较大的传动比

对于一对齿轮传动，由于受结构、外形尺寸等因素的制约，其传动比一般不大于8。当需要传动比较大时，如果只采用一对齿轮传动，两个齿轮直径相差较大，外廓尺寸大；小齿轮易于磨损和发生齿切干涉，使两轮寿命悬殊，而且制造和安装都不方便。而采用轮系则可获得很大的传动比，且不致产生上述缺点。

3. 可实现变速和换向要求

在输入轴转速和转向不变的情况下，利用具有变速、变向机构的轮系，可使输出轴获得不同的转速和转向。如图3-5-5所示普通车床主轴箱，通过定轴轮系的传动，可使主轴获得多级转速，并可实现正转和反转，以满足各种不同零件的加工要求。

4. 可实现分路传动

利用轮系可以由一个输入轴上的若干个齿轮分别把运动传递到多个工作部位。如图3-5-6所示，滚齿机用展成法加工齿轮时，要求滚刀与齿坯之间保持确定的相对运动关系，可通过轮系中主动轴上的两个齿轮，分两路将动力传递给滚刀和齿坯，以保证所需的相对运动关系。

图 3-5-6   滚齿机加工原理图

二、定轴轮系的传动比计算

1. 传动比的大小

轮系中，首轮1和末轮K的转速之比称为轮系的传动比，用 i_{1K} 来表示。在计算轮系传动比时，既要确定其大小，又要确定首末两轮间的转向关系。

当只有一对齿轮啮合传动时，设主动轮的转速为 n_1，齿数为 z_1；从动轮的转速为 n_2，齿数为 z_2，则传动比为：

$$i_{12} = \frac{n_1}{n_2} = \pm \frac{z_2}{z_1} \tag{3-37}$$

式中的齿数比表示传动比的大小，正负号用来反映首末两轮的转向关系。对于外啮合的圆柱齿轮传动，转向相同时取正，相反时取负。而对于两轴不平行的空间齿轮传动，如圆锥齿轮传动等，其传动比不存在正负号，两轴的转向应用画箭头的方法来确定。

图3-5-1所示定轴轮系，各齿轮的齿数分别为 z_1、z_2、z_2'、z_3、z_3'、z_4、z_5，各齿轮的

转速为 n_1、n_2、n_2'、n_3、n_3'、n_4、n_5，求该轮系的传动比。

由于轮系是多对齿轮啮合的机构，可先求得轮系中各对啮合齿轮的传动比为：

$$i_{12}=\frac{n_1}{n_2}=-\frac{z_2}{z_1}$$

$$i_{2'3}=\frac{n_2'}{n_3}=\frac{z_3}{z_2'}$$

$$i_{3'4}=\frac{n_3'}{n_4}=-\frac{z_4}{z_3'}$$

$$i_{45}=\frac{n_4}{n_5}=-\frac{z_5}{z_4}$$

将以上各式两边分别连乘得：

$$i_{12}i_{2'3}i_{3'4}i_{45}=\frac{n_1}{n_2}\cdot\frac{n_2'}{n_3}\cdot\frac{n_3'}{n_4}\cdot\frac{n_4}{n_5}=(-1)^3\frac{z_2z_3z_4z_5}{z_1z_2'z_3'z_4}$$

由于同一轴上的齿轮转速相同，故有 $n_2=n_2'$，$n_3=n_3'$。带入上式化简得：

$$i_{15}=\frac{n_1}{n_5}=i_{12}i_{2'3}i_{3'4}i_{45}=(-1)^3\frac{z_2z_3z_5}{z_1z_2'z_3'}$$

由上式可知，定轴轮系的传动比等于该轮系中各对啮合齿轮传动比的连乘积，也等于从首轮 1 到末轮 5 所有从动轮齿数的乘积与所有主动轮齿数的乘积之比，其正负号取决于外啮合齿轮的对数。轮系中齿轮 4 的齿数不影响传动比的大小，只起到改变从动轮转向的作用，称为惰轮。

以上结论可以推广到定轴轮系的一般情况。设 1 为首轮，K 为末轮，m 为外啮合对数，则定轴轮系传动比计算的一般公式为：

$$i_{1K}=\frac{n_1}{n_k}=(-1)^m\frac{\text{轮 1 至轮 K 间所有从动轮齿数的连乘积}}{\text{轮 1 至轮 K 间所有主动轮齿数的连乘积}} \tag{3-38}$$

2. 首末轮转向的确定

（1）在确定定轴轮系首末两轮的转向时，上述公式中的 $(-1)^m$ 只能用来判断轴线平行的定轴轮系的转向。

（2）若定轴轮系中包含了轴线不平行的锥齿轮、蜗杆蜗轮等空间齿轮传动，则不能用 $(-1)^m$ 判断转向，而只能用在图上画箭头的方法确定，如图 3-5-1 所示。对于圆柱齿轮传动，外啮合时箭头相反，内啮合时箭头相同；圆锥齿轮传动箭头相向或相离；蜗轮蜗杆传动则需先判断圆周力方向再判断其转向。

【例 3-4】 在图 3-5-1(a) 所示轮系中，已知 $z_1=20$，$z_2=50$，$z_2'=25$，$z_3=60$，$z_3'=45$，$z_4=24$，$z_5=30$。若 $n_1=1440\text{r/min}$，试求齿轮 5 的转速。

解： 由图可知，该轮系为轴线平行的定轴轮系，根据公式(3-38)计算首轮 1 与末轮 5 之间的传动比为：

$$i_{15}=\frac{n_1}{n_5}=(-1)^3\frac{z_2z_3z_5}{z_1z_2'z_3'}=\frac{50\times60\times30}{20\times25\times45}=-4$$

齿轮 5 的转速为：

$$n_5=\frac{n_1}{i_{15}}=\frac{1440}{-4}=-380(\text{r/min})$$

符号为负，说明齿轮 5 的转向与齿轮 1 的转向相反。

【例 3-5】　在图 3-5-7 所示轮系中，已知各轮的齿数分别为 $z_1=25$，$z_2=25$，$z_2'=z_3'=15$，$z_3=z_4=30$，$z_4'=2$（右旋），$z_5=60$，$z_5'=20$（$m=2$mm）。若 $n_1=1000$r/min，求齿条 6 移动速度 v_6 的大小及方向。

解：由图 3-5-7 可知，该轮系中各齿轮轴线之间的相对位置固定，并包含有圆锥齿轮和蜗轮传动，是一个空间定轴轮系。故其传动比大小可由式（3-38）计算，而各轮的转向需在图上用箭头标出。

首先，计算传动比大小：

$$i_{15}=\frac{n_1}{n_5}=\frac{z_2z_3z_4z_5}{z_1z_2'z_3'z_4'}=\frac{25\times30\times30\times60}{15\times15\times15\times2}=200$$

蜗轮 5 的转速：

$$n_5=\frac{n_1}{i_{15}}=\frac{1000}{200}=5(\text{r/min})$$

齿轮 5′ 与蜗轮 5 同轴，转速相同，即：

$$n_5'=n_5$$

而齿条 6 与補撤齿轮 5′ 啮合，其线速度与齿轮 5′ 在节圆处的线速度相同，所以：

$$v_6=v_5'=\frac{\pi d_5'n_5'}{60000}=\frac{\pi m z_5'n_5'}{60000}=\frac{3.14\times2\times20\times5}{60000}=0.0105(\text{m/s})$$

用画箭头的方法在图上标出各轮的转向，如图 3-5-7 所示。确定齿轮 5 的转向为顺时针方向，故齿条 6 的线速度方向水平向右。

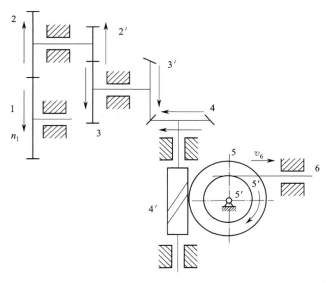

图 3-5-7　齿轮系

三、周转轮系传动比计算

由于周转轮系的轴线相对位置不固定，故其传动比不能直接用定轴轮系的传动比公式来计算。但若将周转轮系中行星轮的轴线加以固定，使之成为定轴轮系，便可用定轴轮系的传动比公式来计算了。

如图 3-5-8(a) 所示周转轮系，根据相对运动原理，假想地给整个轮系加上一个与行星架 H 转速大小相等、方向相反的公共转速度"$-n_H$"后，各构件间的相对运动关系依然保持不变。但此时行星架的转速变为 $n_1-n_H=0$，即相对静止不动，而原来的周转轮系也就转化为了定轴轮系，如图 3-5-8(b) 所示。这个假想的定轴轮系称为周转星轮系的转化轮系，转化方法称为相对速度法，也叫转化机构法。转化前后轮系中各构件转速见表 3-16。

(a) 周转轮系 　　　　　　(b) 转化轮系

图 3-5-8　周转轮系及其转化轮系

表 3-16　周转轮系转化前后各构件转速

构件	周转轮系中的转速	转化轮系中的转速
太阳轮 1	n_1	$n_1^H=n_1-n_H$
行星轮 2	n_2	$n_2^H=n_2-n_H$
太阳轮 3	n_3	$n_3^H=n_3-n_H$
行星架 H	n_H	$n_H^H=n_H-n_H=0$

表中 n_1^H、n_2^H、n_3^H 和 n_H^H 的右上角都标有 H，它表示这些转速都是各个构件相对行星架的转速。

对于转化轮系，其传动比可按定轴轮系的传动比公式(3-38)计算，即：

$$i_{13}^H=\frac{n_1-n_H}{n_3-n_H}=(-1)^1\frac{z_2 z_3}{z_1 z_2}=-\frac{z_3}{z_1}$$

上述结果也可以推广到一般的周转轮系中，则有周转轮系中任意两轮 G 和 K 以及行星架 H 转速之间的一般公式：

$$i_{GK}^H=\frac{n_G-n_H}{n_K-n_H}=(-1)^m\frac{\text{从 G 到 K 间所有从动齿轮齿数的连乘积}}{\text{从 G 到 K 间所有主动齿轮齿数的连乘积}} \quad (3-39)$$

式中，m 为齿轮 G 和 K 间外啮合齿轮的对数。

应用公式(3-39)计算时，应注意以下几点。

(1) 计算时将 n_G、n_H 数值代入公式的同时，必须连同转速的正负号代入。可先假设某一已知构件转向为正，则另一构件转向与之相同取正，反之取负。

(2) 传动比 i_{GK}^H 的符号为正（或负），表示转化轮系中的相对转速 n_G^H 和 n_K^H 的方向相同

（或相反），而与绝对转速 n_G 和 n_K 的转向无关。

（3）只有两轴平行时，两轴的转速才能代数相加减。故式（3-39）不仅适用于齿轮 G、K 和行星架 H 轴线相平行的场合，也适用于由锥齿轮、蜗杆蜗轮等空间齿轮组成的周转轮系，不过两个太阳轮和行星架的轴线必须平行，且转化机构的传动比 i_{GK}^H 的正负号必须用画箭头的方法确定。

（4）$i_{GK} \neq i_{GK}^H$，$i_{GK} = \dfrac{n_G}{n_K}$ 是周转轮系中的传动比；$i_{GK}^H = \dfrac{n_G^H}{n_K^H}$ 是转化轮系中的传动比。

混合轮系传动比的计算，是建立在定轴轮系和周转轮系传动比的计算基础上的。计算时，首先把整个轮系划分为各周转轮系和定轴轮系，然后分别列出它们传动比的计算公式，最后联立求解，即可得到整个轮系的传动比。

【例 3-6】 如图 3-5-9 所示为一个简单周转轮系。已知各轮齿数为 $z_1 = 100$，$z_2 = 101$，$z_2' = 100$，$z_3 = 99$。求传动比 i_{1H}。

解： 由式（3-39）可得

$$i_{13}^H = \frac{n_1 - n_H}{n_3 - n_H} = (-1)^2 \frac{z_2 z_3}{z_1 z_2'} = \frac{z_2 z_3}{z_1 z_2'}$$

由题意可知：$n_3 = 0$。将 n_1、n_3 及已知各齿轮齿数代入上式有

$$\frac{n_1 - n_H}{0 - n_H} = \frac{101 \times 99}{100 \times 100}$$

解之得

$$i_{1H} = \frac{n_1}{n_H} = 1 - \frac{9999}{10000} = \frac{1}{10000}$$

故传动比

$$i_{1H} = \frac{1}{10000}$$

【例 3-7】 如图 3-5-10 所示圆锥齿轮组成的周转轮系中，已知 $z_1 = 60$，$z_2 = 40$，$z_2' = z_3 = 20$，若 n_1 和 n_3 均为 120r/min，但转向相反（如图中实线箭头所示），求 n_H 的大小和方向。

图 3-5-9 简单周转轮系

图 3-5-10 周转轮系

解： 将 H 固定，画出转化轮系各轮的转向，如图 3-5-10 中虚线箭头所示。在转化轮系中，齿轮 1 和 3 的转向相同，故齿数比前取正号，代入式（3-39）得

$$i_{13}^H = \frac{n_1 - n_H}{n_3 - n_H} = +\frac{z_2 z_3}{z_1 z_2'} = +\frac{z_2}{z_1}$$

该轮系为轴线不平行的周转轮系。用画箭头的方法确定各齿轮的转向，如图 3-5-10 所示，可见轮 1 和轮 3 的转向相反。设轮 1 的转向为正，$n_1 = 120 \text{r/min}$ 和 $n_3 = -120 \text{r/min}$，带入上式得

$$\frac{120 - n_H}{-120 - n_H} = \frac{40}{60} = \frac{2}{3}$$

解之得

$$n_H = 600 \text{r/min}$$

知 识 小 结

1. 齿轮的类型、特点。

2. 渐开线齿轮的啮合特点：恒定的传动比；中心距有可分性；齿轮的传力方向不变。

3. 齿轮的主要参数和几何尺寸。

4. 直齿轮、斜齿轮的正确啮合条件。

5. 渐开线齿轮的加工方法：仿形法、范成法。

6. 直齿圆柱齿轮不根切的最少齿数 $z_{min} \geqslant 17$。

7. 标准齿轮的局限性及变位齿轮的概念。

8. 金属材料的力学性能指标。

9. 金属的晶体结构与结晶。

10. 常用的铁碳合金材料的力学性能。

11. 典型材料的热处理工艺。

12. 齿轮传动的失效形式与设计准则。

13. 直齿圆柱齿轮的受力分析、强度计算。

14. 斜齿圆柱齿轮、直齿圆锥齿轮、蜗杆传动的受力分析；特别是对斜齿轮轴向力或螺旋线方向的判断。

15. 轮系的概念、类型、特点及应用。

16. 定轴轮系和周转轮系的传动比计算。

知 识 考 查

1. 齿轮传动的类型有哪些？

2. 什么是渐开线？它有哪些特征？为什么渐开线齿轮能满足齿廓啮合基本定律？

3. 何谓标准齿轮？

4. 齿轮传动的失效形式有哪些？齿轮强度设计准则是如何确定的？

5. 渐开线齿轮正确啮合与连续传动的条件是什么？

6. 金属的力学性能包括哪些指标？

7. 分析低碳钢的拉伸试验曲线。

8. 下列各物件应选择何种硬度试验方法来测定其硬度？写出硬度符号。

（1）锉刀；（2）黄铜轴套；（3）供应状态的各种碳钢钢材；（4）硬质刀片；（5）灰铸铁

9. 下列硬度标注方法是否正确？

（1）600，650HBS；　（2）15～20HRC；　（3）89—100HRC；　（4）HRCA5；　（5）HBS210—240

10. 金属晶粒的大小对力学性能有何影响？控制金属晶粒大小的方法有哪些？

11. 默绘简化后的 $Fe-Fe_3C$ 相图，简述相图在工业生产中的应用。

12. 随着钢中碳的质量分数的增加，钢的力学性能有何变化？为什么？

13. 钢中碳的质量分数越高，质量越好，强度和塑性也越高，对吗？为什么？

14. 若将 30 钢用来制造锉刀，或将 20 钢当作 60 钢制成弹簧，则使用过程中将会出现什么问题？

15. 什么是热处理？

16. 常用退火方法有哪些？分别适用于处理哪一类零件？

17. 淬火的目的是什么？淬火加热温度如何选择？常用冷却介质和淬火方式各有哪些？

18. 什么叫回火？回火目的是什么？常用回火方法有哪些？分别适于处理哪类零件？

19. 什么叫淬透性、淬硬性？影响因素有哪些？有何现实意义？

20. 45 钢件，甲经正火处理，乙经调质处理，结果硬度相同，问甲、乙零件的性能是否相同？为什么？

21. 甲、乙两齿轮，甲为低碳钢，乙为中碳钢，各应采用什么热处理才能满足使用性能要求？

22. 试分析比较低合金结构钢、合金渗碳钢、合金调质钢、合金弹簧钢、合金工具钢、特殊性能钢的成分特点、使用状态、组织特点、性能特点、应用范围及热处理特点等。

23. 说明下列钢号的成分并判断各属于哪一类钢：

Q345、 ZGM13-2、 GCr15、 40Cr、 20CrMnTi、 60Si2Mn、 W18Cr4V、 1Cr13、 OCr18Ni9、 40CrNiMo、 3Cr2W8V、 Cr12、 CrWMn

24. 根据碳在铸铁中存在的形态，铸铁可分为哪几类？

25. 影响铸铁性能的主要因素有哪些？

26. 轮系有哪两种基本类型，它们的区别是什么？

27. 如何计算定轴轮系的传动比？怎样确定首轮和末轮的转向关系？

28. 什么是惰轮？它在轮系中起何作用？

29. 什么是周转轮系的转化轮系？转化轮系中的转速是否与周转轮系中的转速相同？

30. 如何区别转化轮系的转向和周转轮系的实际转向？

31. 一对标准外啮合直齿圆柱齿轮，已知 $z_1=19$，$z_2=57$，$m=4mm$，$\alpha=20°$，分别计算各齿轮的分度圆直径、齿根圆直径、齿顶圆直径、基圆直径、齿距及齿厚。

32. 若已知一对标准安装的直齿圆柱齿轮的中心距为 210mm，传动比 $i=3$，小齿轮齿数 $z_1=21$，试求这对齿轮的 m、d_1、d_2、d_{a1}、d_{a2}、d_{f1}、d_{f2}、p。

33. 某展开式二级斜齿圆柱齿轮传动中，齿轮 4 转动方向如题图 3-1 所示，已知Ⅰ轴为输入轴，齿轮 4 为右旋齿。若使中间轴Ⅱ所受的轴向力抵消一部分，试在图中标出：

(1) 各轮的轮齿旋向；(2) 各轮轴向力 F_{a1}、F_{a2}、F_{a3}、F_{a4} 的方向。

34. 如题图 3-2 所示为二级圆柱齿轮减速器，高速级和低速级均为标准斜齿轮传动。

(1) 为使Ⅱ轴所承受的轴向力较小，确定齿轮 3、4 的螺旋线方向；

(2) 画出齿轮 3、4 在啮合点处所受各分力的方向。

35. 如题图 3-3 所示，试确定：(1) 蜗轮的转向；(2) 蜗杆与蜗轮上作用力的方向。

36. 如题图 3-4 所示为蜗杆传动和圆锥齿轮传动的组合。已知输出轴上的锥齿轮 z_4 的转向 n。

题图 3-1

题图 3-2

题图 3-3

题图 3-4

（1）欲使中间轴上的轴向力能部分抵消，试确定蜗杆传动的螺旋线方向和蜗杆的转向；
（2）在图中标出各轮轴向力的方向。

37. 一单级闭式直齿圆柱齿轮传动，已知：传递功率 $P=12\text{kW}$，转速 $n_1=960\text{r/min}$，齿数 $z_1=25$，$z_2=75$，。单向转动，载荷平稳，电动机驱动。试问这对齿轮能否满足强度要求而安全工作？

38. 如题图 3-5 所示为二级斜齿圆柱齿轮减速器和一对开式锥齿轮所组成的传动系统。

题图 3-5

题图 3-6

已知动力由轴 I 输入，转动方向如图所示，为使轴 II 和轴 III 的轴向力尽可能小，试确定减速器中各斜齿轮的轮齿旋向，并画出各对齿轮在啮合处的受力方向。

39. 如题图 3-6 所示为直齿圆锥齿轮和斜齿圆柱齿轮组成的两极传动装置，动力由轴 I 输入，轴 III 输出，轴 III 的转向如图箭头所示，试分析：（1）在图中画出各轮的转向；（2）为使中间轴 II 所受的轴向力可以抵消一部分，确定齿轮 3、4 的螺旋方向；（3）画出圆锥齿轮 2 和斜齿轮 3 所受各分力的方向。

40. 指出题图 3-7 中未注明的蜗杆或蜗轮的螺旋线旋向及蜗杆或蜗轮的转向，并画出蜗杆和蜗轮啮合点处作用力的方向。

(a)　　　　　　　　　(b)　　　　　　　　　(c)

题图 3-7

41. 题图 3-8 所示轮系中，已知各齿轮的齿数为 $z_1 = z_2 = 20$，$z_3' = 26$，$z_4 = 30$，$z_4' = 22$，$z_5 = 34$。试求齿轮 3 的齿数 z_3 及轮系传动比 i_{15}。

42. 在题图 3-9 所示定轴轮系中，已知各轮的齿数为 $z_1 = 20$，$z_2 = 25$，$z_2' = 15$，$z_3 = 30$，$z_3' = 15$，$z_4 = 30$，$z_4' = 2$（左旋），$z_5 = 40$。试求轮系传动比 i_{15}，并判断蜗轮 5 的转向。

43. 在题图 3-10 所示的周转轮系中，已知轮 3 的转速 $n_3 = 2400 \text{r/min}$，各轮的齿数 $z_1 = 105$，$z_3 = 135$，试求行星架 H 的转速。

题图 3-8　　　　　　　　　　　　　　　题图 3-9

44. 某发动机减速器如题图 3-11 所示，内齿圈 3 与曲轴连接，行星架 H 与螺旋架连接。已知 $z_1=20$，$z_2=15$，$z_3=50$，中心轮 1 轴线固定不动，试求轮系传动比 i_{1H} 的大小，并计算发动机曲轴转速 $n_1=1440\text{r/min}$ 时螺旋桨的转速。

题图 3-10　　　　　　　　　　　　　　　题图 3-11

任务四　减速器输出轴的设计

≥» 任务描述

　　根据减速器的工作条件和用途，结合带传动、齿轮传动的设计成果，确定轴的设计内容，拟定设计方案，选择适当的设计参数，进行设计计算。完成设计说明书的编写、输出轴零件工作图的绘制。

≥» 任务目标

　　(1) 选择轴的材料及热处理工艺。
　　(2) 进行轴的结构设计。
　　(3) 判断轴的类型并进行强度设计。
　　(4) 选择相关标准件的型号并进行强度寿命校核。

分任务一　轴的分类、选材及加工工艺

　　轴是各种机器上的重要零件，它是用来支承机器中的回转零件（如齿轮、带轮、凸轮等），使回转零件具有确定的工作位置。所有做回转运动的转动零件都必须安装在轴上才能传递运动和转矩。

一、轴的分类

　　按照承受载荷的不同，轴可分为传动轴、心轴和转轴三类。

　　(1) 传动轴　主要用来传递转矩不承受或承受很小的弯矩的轴。如图 4-1-1 所示的连接汽车变速箱与后桥差速器的传动轴。

传动轴

图 4-1-1　汽车传动轴

　　(2) 心轴　只承受弯矩而不传递转矩的轴。按其是否转动又分为转动心轴和固定心轴两种。如图 4-1-2(a) 所示的火车轮轴为转动心轴，它与火车轮用过盈配合固定在一起，随车轮一起转动。如图 4-1-2(b) 所示的三轮车前轮为固定心轴，当三轮车前轮转动时，轴固定不动。

(a) 转动心轴　　　　　　　　　(b) 固定心轴

图 4-1-2　心轴

图 4-1-3　转轴

（3）转轴　既承受弯矩又同时传递转矩的轴。它是机械中最常见的轴，如图 4-1-3 所示减速器中的输出轴。

按照轴线形状不同，可分为直轴、曲轴和挠性轴三类。

（1）直轴　是一般机械中最常用的轴。直轴根据横截面的不同，又分为光轴和阶梯轴两种。如图 4-1-4(a) 所示为光轴。光轴为等截面直轴，制造简单，但轴上零件不易定位；如

(a) 光轴　　　　　　　　　(b) 阶梯轴

图 4-1-4　直轴

图 4-1-5　曲轴

图 4-1-4（b）所示为阶梯轴，阶梯轴为变截面直轴，各截面接近等强度，轴上零件容易定位，在一般机械中应用最广泛。

（2）曲轴　如图 4-1-5 所示，常用于往复式机械（如发动机、空气压缩机、内燃机等），它可以通过连杆及滑块将回转运动转变为直线往复运动，曲轴属于专用零件，本书不作专门论述，请参阅相关资料。

（3）挠性轴　如图 4-1-6 所示，挠性轴具有良好的挠性，常用于医疗器械、汽车里程表和电动的手持小型机具（如铰孔机等）的传动装置中。

图 4-1-6　挠性轴

实心轴和空心轴。多数直轴为实心轴，为减轻轴的重量，可将轴制成空心的，空心轴中空还可用来输送润滑油或放置棒料，如车床主轴。为保证空心轴的刚度及扭转稳定性，其内径与外径的比值通常为 0.5～0.6。

二、轴的材料及热处理

轴的材料是决定轴承载能力的重要因素，轴承受的载荷通常为交变应力，因此，轴的失效多为疲劳破坏。选择轴的材料应主要考虑的是：具有足够的抗疲劳强度、对应力集中的敏感性小、与滑动零件接触的表面应有足够的耐磨性、同时还要考虑制造的工艺性及经济性。

轴的材料主要采用碳素钢（常经调质处理）和合金钢。

碳素钢比合金钢价格便宜，对应力集中的敏感性低，中碳钢经过热处理后，能获得良好的综合力学性能（强度、刚度、塑性、韧性等），故应用广泛。常用的碳素钢有 30、35、40、45 和 50 钢，其中最常用的是 45 钢。对于不重要或受载较小的轴，可以使用 Q235、Q275 等普通碳素钢。

合金钢的机械强度高，淬火性能好，但对应力集中的敏感性较高，价格也较贵，因此多用于高速、重载及要求耐磨、耐高温或低温等特殊条件的场合。

需要注意的是，在常温下合金钢与碳素钢的弹性模量相差很小，因此，用合金钢代替碳素钢并不能提高轴的刚度。

轴的毛坯一般采用热轧圆钢或锻件。大直径或重要的轴常采用锻造毛坯，中小直径的轴常采用轧制圆钢毛坯。对于某些结构形状复杂的轴（如曲轴、凸轮轴等）也可采用球墨铸铁代替锻钢，这类材料容易浇铸成所需要的形状，而且有良好的吸振性，价格低廉，对应力集中敏感性低。轴常用材料及力学性能见表 4-1。

表 4-1　轴的常用材料及主要力学性能

材料牌号	热处理类型	毛坯直径/mm	硬度/HBS	抗拉强度 σ_b/MPa	屈服点 σ_s/MPa	应用说明
Q235	热轧或锻后空冷	>16～150		375～500	225～195	用于不重要的轴
Q275				400～540	265～225	
35	正火	≤100	149～187	520	270	用于一般轴
		>100～300	143～187	500	260	
	调质	≤100	156～207	560	300	
		>100～300		540	280	
45	正火	≤100	170～217	600	300	用于强度高、韧性中等的重要轴
		>100～300	162～217	580	290	
	调质	≤200	217～255	650	360	

材料牌号	热处理类型	毛坯直径/mm	硬度/HBS	抗拉强度 σ_b/MPa	屈服点 σ_s/MPa	应用说明
40Cr	调　质	25	≤207	1000	800	用于强度高强烈磨损、冲击小的重要轴
		≤100	246～286	750	550	
		>100～300		700	500	
35SiMn	调　质	≤100	229～286	800	520	可代替 40Cr,用于中小型轴
42SiMn	调　质					
40MnB	调　质	≤200	241～286	750	500	可代替 40Cr,用于小型轴

注：表中数据分别摘自 GB/T 700—2006、GB/T 699—1999、GB/T 3077—1999。

分任务二　轴的结构设计

轴的结构设计就是确定轴的形状和尺寸。由于影响轴结构的因素很多,如轴上作用载荷的大小及分布情况、轴上零件的布置及固定方式、轴承的类型及尺寸、轴的加工及装配的工艺性等。所以轴不像齿轮和带轮那样有典型的结构形式,需要根据具体情况确定较合理的结构。

在进行轴的结构设计时,主要应满足以下几方面的基本要求：轴的受力合理,有利于提高轴的强度和刚度,节约材料减轻重量；轴上零件定位准确,固定可靠；便于轴上零件的装拆、调整和轴的加工。

如图 4-2-1 所示为一个阶梯形转轴的结构简图,轴与轴承配合的部分称为**轴颈**；与其他回转零件配合的部分称为**轴头**；连接轴头和轴颈的部分称为**轴身**。

图 4-2-1　阶梯形转轴结构简图

轴结构设计步骤和内容包括如下。

1. 确定轴上零件布置方案并绘制布置图

根据传动方案的总体布置确定轴上零件的布置方案并绘图,如图 4-2-2(a) 所示。

2. 拟订轴上零件的装配方案

装配方案与轴的结构形式密切相关,不同的装配方案会得出不同的结构形式,通常需要拟定几种不同方案，综合考虑轴上零件的定位、固定及装拆方式，以便进行分析比较，选出最佳方案。

如图 4-2-2(b) 所示的阶梯轴，从左端装拆的零件有：左轴承和轴承盖。从右端装拆的零件有：齿轮、套筒、右轴承和轴承盖、联轴器。

图 4-2-2　轴的结构设计

3. 轴上零件的定位和固定

4. 确定轴径和轴段长度

5. 满足轴结构工艺性的要求

(1) 轴的结构形状和尺寸要尽量满足加工、装配和维修的要求。设计轴时，在形状上要力求简单，阶梯轴上的台阶数不宜过多，因为多加工一个台阶，就要多一次对刀、调整以及改换量具，台阶数增多使轴上应力集中区域增多，轴发生疲劳破坏的可能性也随之增大。轴上各段的键槽、圆角半径、倒角、中心孔等尺寸要尽可能统一，轴上有多处键槽时，一般应使各键槽位于同一母线上，并尽量采用同一规格尺寸。为了便于装配零件，轴端要制出 45°的倒角并去掉毛刺。当轴的某段需车制螺纹或磨削加工时，应留有螺纹退刀槽 [见图 4-2-3(a)]或砂轮越程槽 [见图 4-2-3(b)]。具体尺寸可参看相关标准或手册。

(2) 减小应力集中，提高轴的抗疲劳强度。合理布置并设计轴上零件，以减小轴的载荷；改进轴的结构以减小应力集中的影响，对阶梯轴相邻轴段直径不宜相差太大，过渡圆角半径不宜太小，尽量避免在轴上开横孔、凹槽和加工螺纹；通过降低表面粗糙度，采用碾压、喷丸和表面热处理等工艺改进轴的表面质量以提高轴的抗疲劳强度。

(a)   (b)

图 4-2-3 工艺槽

在进行轴的结构设计时，轴和轴上零件的结构、工艺以及轴上零件的安装布置等都对轴的强度、刚度有很大影响，应综合考虑各方面因素比选确定。

轴结构设计的核心内容是轴上零件的定位、固定及轴径、轴段长度的确定，因此必须掌握轴上零件的定位、固定方法，轴径、轴段长度的计算方法。

一、轴上零件的定位和固定方法

1. 轴上零件的定位

定位是为了保证轴上零件有准确的安装位置。轴上零件定位多用轴肩和轴环。在图 4-2-4(b) 中，齿轮靠轴环定位，联轴器和左轴承靠轴肩定位，右轴承通过套筒和齿轮也靠轴环间接定位。为了保证定位准确，轴肩或轴环处的圆角半径 r 必须小于轮毂的圆角 R 或倒角 C，定位轴肩的高度取 $h=(2\sim3)C$ 或 $h=(0.07\sim0.1)d$（d 为配合轴径），非定位轴肩高取 $1\sim2$mm，轴环宽度 $b\approx1.4h$，如图 4-2-4(a) 所示。

2. 轴上零件的轴向固定

轴上零件轴向固定的目的是使其准确而可靠地处在规定的位置。如图 4-2-1 所示的齿轮靠轴环和套筒实现轴向固定；左轴承靠套筒和轴承盖轴向固定；右轴承靠轴肩和轴承盖轴向固定；联轴器靠轴肩和另一半与它相连的联轴器（图中未画出）轴向固定。常用的轴向固定方法如下。

(1) 轴肩和轴环 如图 4-2-4(a) 所示，能承受较大的轴向力，加工方便，固定可靠，应用最广泛。

(2) 套筒 如图 4-2-4(b) 所示，能承受较大的轴向力，固定可靠，多用于两个相距不远的零件之间的双向固定。

(3) 轴端挡圈 如图 4-2-4(c) 所示，能承受较大的轴向力和冲击载荷，常用于外伸轴端处零件的固定。

(4) 弹性挡圈 如图 4-2-4(d) 所示，结构简单，装拆方便，但承受轴向力小，可靠性差，常用作滚动轴承的轴向固定。

(5) 圆螺母与止动垫圈 如图 4-2-4(e) 所示，固定可靠，能承受较大的轴向力，常用于零件与轴承之间距离较大且轴上允许车制螺纹的场合，可实现轴上零件的位置调整。

(6) 锥面结构 如图 4-2-4(f) 所示，能承受冲击载荷，装拆方便，常用于对中性要求高或需要经常拆卸的场合。

3. 轴上零件的周向固定

为了保证轴可靠地传递运动和转矩，避免轴上零件与轴发生相对转动，轴上零件应进行周向固定。常用的周向固定方法有：过盈配合、平键、花键、紧定螺钉、圆锥销等，如图 4-2-5 所示。齿轮与轴通常采用过盈配合与平键连接；滚动轴承则用较紧的过盈配合；受力小或光轴上的零件可用紧定螺钉固定；受力大且要求零件做轴向移动时用花键连接。

图 4-2-4 轴上零件的定位与轴向固定

二、轴径和轴段长度的计算

根据轴上零件的固定方法、装拆顺序、各轴段所受载荷大小等定出各轴段的直径并应满足强度和刚度的要求。轴的长度应根据轴上零件的宽度以及各零件之间的相互配置确定。

1. 确定各轴段的直径

（1）一般用计算法或类比法（参考其他同类机械或凭经验）来确定轴上最小部分的最小

(a) 过盈配合   (b) 平键

(c) 花键   (d) 紧定螺钉   (e) 圆锥销

图 4-2-5   轴上零件的周向固定

轴径。见图 4-2-2（b）中轴外伸端装联轴器处的直径 d_1。

（2）联轴器与滚动轴承之间的轴段直径 d_2 应大于 d_1，以便形成轴肩，使联轴器定位。

（3）安装滚动轴承处的轴径 d_3 应大于 d_2 并符合轴承内径。这样做既便于轴承的装拆又可节省轴的加工费用，因为装轴承的轴段加工精度要求高，把它单独做成一个轴段，可以节省精加工的工时。

（4）安装齿轮处的直径 d_4 应大于 d_3，可使齿轮方便地装拆并避免装拆时划伤轴颈表面。齿轮定位靠左端轴环，轴环直径 d_5 应大于 d_4，保证定位可靠。

（5）为装配方便，同一轴上两端轴承采用相同的型号，故左端轴承处的轴径也为 d_3。

（6）在确定 d_6 时，除了要满足左端轴承的定位要求外，还应保证轴承装拆方便。

在确定轴上各个配合处的直径时要注意以下几点。

① 与滚动轴承配合的轴颈直径，必须符合滚动轴承的内径系列。

② 安装联轴器的轴头直径，必须与联轴器的孔径相适应。

③ 轴上螺纹部分必须符合螺纹的标准。

④ 轴上键的部分必须符合键的标准。

⑤ 各段配合直径均应采用标准值，标准直径见表 4-2。

表 4-2   轴的标准直径 （GB/T 1569—2005）   mm

12	14	16	18	19	20	22	24	25	28	30	32	35	38	40	42	45	48
50	53	57	60	63	65	70	71	75	80	85	90	95	100	110	120	125	130

2. 确定各轴段的长度

（1）为使套筒、轴端挡圈、圆螺母等能可靠地压紧在轴上零件的端面，轴头的长度通常

比轮毂宽度 b 小 2～3mm。

（2）轴颈处的轴段长度应与轴承宽度 B 相匹配。

（3）回转件与箱体内壁间的距离为 10～15mm；轴承端面距箱体内壁为 5～10mm；联轴器或带轮与轴承盖间的距离通常取 10～15mm；套筒长度一般取 15～25mm。

（4）其他轴段长度应根据结构、装拆要求确定。

分任务三　滚动轴承的类型选择及寿命校核

轴承是支承轴和轴上零件的部件。根据工作时的摩擦性质，分为滚动轴承和滑动轴承两类。滚动轴承适用于一般载荷和一般速度的场合。滑动轴承适用于高速、高精度、重载荷和有较大冲击的场合以及不重要的低速机械中。

滚动轴承与滑动轴承相比，有如下特点。

（1）类型众多，能适应一般的载荷、转速范围和运转精度，因而应用广泛。

（2）启动和运转时摩擦阻力小，效率高。

（3）已标准化，有专业工厂大量生产，价格便宜。

（4）高速运转时有噪声，寿命不长。

（5）承受冲击载荷的能力较差。

（6）轴承不能剖分，在长轴或曲轴的中间部分由于安装困难，往往不能使用滚动轴承。

通常，在滚动轴承和滑动轴承都满足使用要求时，宜优先选用滚动轴承。

一、滚动轴承的结构

滚动轴承的基本结构可用图 4-3-1 的球轴承来说明，包括内圈、外圈、滚动体及保持架四个部分。

内圈及外圈一方面支持着滚动体，另一方面分别与轴及机座固定，以便组成支承总体。内圈及外圈可分别为旋转或固定件，也可都是旋转件。

保持架用减摩材料做成，如软钢、铜、胶木、塑料等，它的作用是使滚动体能够等距离地分布在轴承之内，并能引导滚动体运动，改善轴承内部的润滑性能。

滚动体的形状是多种多样的，常用的有球、圆柱滚子、圆锥滚子、球面滚子、滚针等形状（见图 4-3-2）。它们的数量、形状及大小直接影响滚动轴承的承载能力及使用性能。

图 4-3-1　滚动轴承的结构

| (a) 球 | (b) 圆柱滚子 | (c) 圆锥滚子 | (d) 球面滚子 | (e) 滚针 |

图 4-3-2　常用滚动体

在推力轴承中没有内圈和外圈，但有紧圈及活圈。活圈与机壳固定，紧圈与轴固定。滚动体在内、外圈的滚道内运动时，接触处产生滚动摩擦。

二、滚动轴承的类型、性能及特点

（一）按滚动体的形状不同分类

1. 球轴承

滚动体为球体的轴承称为球轴承。由于球和内外圈滚道都为点接触，所以承载能力和刚度都较低，又不耐冲击，但球轴承的制造工艺简单，极限转速较高，价格便宜，故应用最广泛。

2. 滚子轴承

滚动体为圆柱或圆锥体的轴承都称为滚子轴承。滚子与内外圈滚道为线接触，有较高的承载能力、刚度和耐冲击能力，但制造工艺较球轴承复杂，价格也比球轴承高。

（二）按公称接触角 α 的大小分类

公称接触角 α 是指滚动体与外围接触处的法线与径向平面之间的夹角。

α 越大，滚动轴承所能承受的轴向载荷越大，各类球轴承的公称接触角见表 4-3。

表 4-3　各类球轴承的公称接触角

轴承类型	向心轴承		推力轴承	
	径向接触	向心角接触	推力角接触	轴向接触
公称接触角 α	$\alpha=0°$	$0°<\alpha\leqslant45°$	$45°<\alpha<90°$	$\alpha=90°$
图例				

1. 向心轴承

向心轴承主要承受径向载荷，可分为如下类型。

（1）径向接触轴承（$\alpha=0°$）　主要承受径向载荷，也可承受较小的轴向载荷，如深沟球轴承、调心轴承等。

（2）向心角接触轴承（$0°<\alpha\leqslant45°$）　能同时承受径向载荷和轴向载荷的联合作用。如角接触球轴承、圆锥滚子轴承等。其接触角越大，承受轴向载荷的能力越强。圆锥滚子轴承能同时承受较大的径向和单向轴向载荷，内、外圈沿轴向可以分离，装拆方便，间隙可调。

有的向心轴承不能承受轴向载荷，只能承受径向载荷，如圆柱滚子轴承、滚针轴承等。

2. 推力轴承

推力轴承只能或主要承受轴向载荷，可分为如下类型。

（1）轴向推力轴承（$\alpha=90°$）　只能承受轴向载荷，如单、双向推力球轴承、推力滚子轴承等。推力球轴承两个套圈的内孔直径不同。直径较小的套圈紧配在轴颈上，称为轴圈；直径较大的套圈安放在机座上，称为座圈。由于套圈上滚道深度浅，当转速较高时，滚动体的离心力较大，轴承对滚动体的约束力不够，故允许的转速较低。

（2）推力角接触轴承（$45°<\alpha<90°$）　主要承受轴向载荷，也可承受较小的径向载荷，如推力调心球面滚子轴承等。

常用滚动轴承的基本类型和特性见表 4-4。

表 4-4　常用滚动轴承的基本类型和特性

类型代号	简图	类型名称	结构代号	极限转速	轴向承载能力	性能和特点
1		调心球轴承	10000	中	少量	因为外圈滚道表面是以轴承轴线中点为中心的球面,故能自动调心,允许内圈(轴)对外圈(外壳)轴线偏斜量为 2°～3°,一般不宜承受纯轴向载荷
2		调心滚子轴承	20000	低	少量	性能、特点与调心球轴承相同,但具有较大的径向承载能力,允许内圈对外圈轴线偏斜
3		圆锥滚子轴承	30000	中	较大	可以同时承受径向载荷及轴向载荷(30000 型以径向载荷为主,30000B 型以轴向载荷为主)。外圈可分离,安装时可调整轴承的游隙,一般成对使用
4		推力球轴承	51000	低	只能承受单向轴向载荷	为了防止钢球与滚道之间的滑动,工作时必须加有一定的轴向载荷。高速时离心力大,钢球与保持架磨损,发热严重,寿命降低,故极限转速很低。轴线必须与轴承座底面垂直,载荷必须与轴线重合,以保证钢球载荷的均匀分配
5		双向推力球轴承	52000	低	能承受双向轴向载荷	
6		深沟球轴承	60000	高	少量	主要承受径向载荷,也可同时承受小的轴向载荷。当量摩擦因数最小。在高转速时,可用来承受纯轴向载荷。工作中允许内、外圈轴线偏斜量为 8'～16',大量生产,价格最低
7		角接触球轴承	70000	高	大	可以同时承受径向及轴向载荷,也可以单独承受轴向载荷。能在较高转速下正常工作。由于一个轴承只能承受单向的轴向力,因此,一般成对使用,承受轴向载荷的能力由接触角 α 决定

续表

类型代号	简图	类型名称	结构代号	极限转速	轴向承载能力	性能和特点
N		外圈无挡边的圆柱滚子轴承	N0000		无	外圈（或内圈）可以分离，故不能承受轴向载荷。滚子由内圈（或外圈）的挡边轴向定位，工作时允许内、外圈有少量的轴向错动。有较大的径向承载能力，但内外圈轴线的允许偏斜量很小（2′～4′）
		内圈无挡边的圆柱滚子轴承	NU0000	高		
		内圈有单挡边的圆柱滚子轴承	NJ0000		少量	

三、滚动轴承的代号

按 GB/T 272—1993 的规定，滚动轴承代号由基本代号、前置代号和后置代号组成。滚动轴承的端面上通常印有该轴承的代号。格式为：

| 前置代号 | 基本代号 | 后置代号 |

1. 前置代号

在基本代号之前用来说明成套轴承各部分的分部件的特点，用字母表示，一般可省略。

2. 基本代号

基本代号表示轴承的基本类型、结构和尺寸一般用五个数字或四个数字和一个字母表示。基本代号由轴承类型代号、尺寸系列代号及内径代号三部分构成。

（1）类型代号　滚动轴承的类型代号用数字或大写拉丁字母表示，即有 0、1、2、3、4、5、6、7、N 和 NA 共 10 类，经常使用的有 8 类，见表 4-4。

有关滚动轴承代号更详细的内容及表示方法可查阅《滚动轴承手册》。

（2）尺寸系列代号　直径系列代号和宽度系列代号统称为尺寸系列代号。

直径系列代号表示同一内径，不同外径的轴承系列。

宽度系列代号表示内、外径相同，宽度（对推力轴承指高度）不同的轴承系列。

图 4-3-3 所示为不同尺寸系列的深沟球轴承示意图，滚动轴承尺寸系列代号见表 4-5。

表 4-5　滚动轴承尺寸系列代号

直径系列代号		向心轴承			推力轴承	
		宽度系列代号			高度系列代号	
		(0)	1	2	1	2
		窄	正常	宽	正常	
		尺寸系列代号				
0	特轻	(0)0	10	20	10	—
1		(0)1	11	21	11	—
2	轻	(0)2	12	22	12	22
3	中	(0)3	13	23	13	23
4	重	(0)4	—	24	14	24

（3）内径代号　右起第一、二两位数字表示轴承内径，表示方法见表 4-6。

表 4-6　常用轴承内径代号

内径代号	00	01	02	03	04~99
轴承内径/mm	10	12	15	17	数字×5

3. 后置代号

紧接在基本代号之后或与基本代号以"—"、"/"分隔表示。说明内容较多，下面介绍几个常用的代号。

（1）内部结构代号　表示同一类型轴承的不同内部结构。如角接触球轴承后置代号中的 C、AC、B 分别表示其公称接触角的大小为 15°、25°、40°。

（2）公差等级代号　轴承的公差等级分为 2、4、5、6、6x 和 0 级，共六个级别，从高级到低级排列标注为 /P0、/P6x、/P6、/P5、/P4 和 /P2，其中 0 级为普通级，一般不标注，在说明轴承代号含义时必须叙述。

（3）游隙代号　游隙是指内外圈之间沿径向或轴向的相对移动量。常用的轴承径向游隙系列分为 1、2、0、3、4、5 共六组，依次由小到大。标注为 /C1、/C2、/C0、/C3、/C4、/C5，其中 0 组为基本游隙，可省略不标注，在说明轴承代号含义时也不叙述。

图 4-3-3　尺寸系列对比

【例 4-1】　说明 6210、72211AC/P2、57220 代号的含义。

解：6210 为深沟球轴承，尺寸系列 02，其中宽度系列 0，直径系列 2，轴承内径为 50mm，公称接触 $\alpha=25°$，公差等级 P0 级。

72211AC/P2 为角接触球轴承，尺寸系列 22，其中宽度系列 2，直径系列 2，公称接触角 $\alpha=25°$，轴承内径 55mm，公差等级 P2 级。

57220 为推力球轴承，尺寸系列 72，其中高度系列 7，直径系列 2，轴承内径 100mm，公差等级 P0 级。

四、滚动轴承的选用

（一）滚动轴承类型的选择

滚动轴承类型的选择，应根据轴承的实际工作条件，合理选择轴承类型和型号。一般应考虑下列因素。

1. 载荷和转速

转速较高、载荷较小、要求旋转精度较大且有冲击时，应选用滚子轴承；轴承仅承受径向载荷，应选用向心轴承；只承受轴向载荷时，则选用推力轴承；同时承受径向和轴向载荷的轴承，当轴向载荷与径向载荷相比较小时，可选用深沟球轴承、接触角 α 较小的角接触球轴承或圆锥滚子轴承；如轴向载荷较大时，则应选用接触角 α 较大的角接触球轴承、加大型圆锥滚子轴承或向心轴承和推力轴承的组合结构。

2. 调心和安装要求

当轴的支点跨度较大、工作中弯曲变形较大或两轴承座孔的同轴度较差时，应选用调心轴承；轴承的尺寸确定后，径向空间受限时，选用外径较小的尺寸系列或滚针轴承；轴向空间受限时，选用宽度较窄的尺寸系列；在经常装拆或装拆比较困难的场合，应选用内外圈可分离的圆柱或圆锥滚子轴承。

3. 经济性

从经济性角度考虑．球轴承比滚子轴承价廉，同型号轴承，精度越高，价格越贵。因此，在满足使用要求的情况下，尽可能选用球轴承或普通精度轴承。

图 4-3-4 滚动轴承
载荷分布图

（二）滚动轴承的尺寸选择

滚动轴承尺寸选择的基本准则是根据轴承的失效形式建立的。其失效形式和计算准则如下：

1. 疲劳点蚀

如图 4-3-4 所示，滚动轴承工作时，滚动体与滚道接触面受变应力的作用，滚动轴承的失效形式主要是疲劳点蚀。对于以疲劳点蚀为主要失效形式的轴承，应按照额定动载荷进行寿命计算。

2. 塑性变形

滚动轴承在转速较低时，可能因很大静载荷的作用，使轴承滚道或滚动体工作面上产生过大的塑性变形，导致轴承不能正常工作。对于低速重载或受冲击载荷的轴承应该进行静强度计算。

3. 磨损

高速工作的轴承，由于使用维护和保养不当等原因，常常会引起轴承磨损甚至胶合，因其影响因素十分复杂，只能采取适当地润滑和密封，限制其工作转速等预防措施。

五、滚动轴承的寿命计算

（一）滚动轴承的寿命计算基本概念

大部分滚动轴承的失效形式是疲劳点蚀。对于单个轴承，从开始工作，到任一轴承元件出现疲劳点蚀前的总转数，或在一定转速下的工作小时数，称为滚动轴承的寿命。

1. 基本额定寿命 L

大量实验表明，同一型号、同批次生产，在相同载荷、温度、润滑等工作条件下运转的轴承，其寿命各不相同，分布离散，最高寿命和最低寿命甚至相差几十倍。因而轴承的寿命不能以某个轴承的试验结果为标准，因此，引入数理统计的寿命概念，以基本额定寿命作为计算选用轴承的依据。

基本额定寿命是指一批相同型号的轴承，在相同的工作条件下运转，90%的轴承不发生疲劳点蚀前的总转数 L_{10}（单位：10^6 r），或在一定转速下的工作小时数 L_h。

2. 基本额定动载荷 C

标准中规定使轴承的寿命恰好为 10^6 r 时所能承受的载荷值 C 即为该轴承的基本额定动载荷，它表示轴承抵抗点蚀破坏的能力。对于向心轴承指径向载荷，用 C_r 表示；对于推力轴承指轴向载荷，用 C_a 表示；对于角接触轴承，指其径向分量。各类轴承的基本额定动载荷 C_r 和 C_a 值可在轴承手册中查得。

3. 当量动载荷 P

滚动轴承的基本额定动载荷是在向心轴承和角接触轴承只承受径向载荷、推力轴承只承受轴向载荷的特定实验条件下测得的，而滚动轴承在实际工作时，可能同时承受径向和轴向载荷，所以必须把实际载荷换算成与基本额定动载荷的载荷条件相同的假想载荷，这个假想载荷称为当量动载荷，用 P 表示。计算公式为：

$$P = f_P(XF_r + YF_a) \tag{4-1}$$

式中，f_P 为考虑载荷性质引入的载荷系数，其值见表 4-7；F_r、F_a 为径向、轴向载荷；X、Y 为径向、轴向载荷系数。

表 4-7　载荷系数

载荷性质	f_P	举　　例
无冲击或轻微冲击	1.0～1.2	电机、汽轮机、通风机等
中等冲击	1.2～1.8	车辆、动力机械、起重机、造纸机、冶金机械、木材加工机械、传动装置、机床等
强大冲击	1.8～3.0	破碎机、轧钢机、钻探机、振动筛

X、Y 值可由表 4-8 查得。对于只承受径向载荷的轴承，$P = f_P F_r$；对于只承受轴向载荷的轴承，$P = f_P F_a$。

表 4-8　径向和轴向载荷系数

轴承类型	相对轴向载荷 F_a/C_{0r}	e	$F_a/F_r > e$		$F_a/F_r \leqslant e$	
			X	Y	X	Y
深沟球轴承 （60000 型）	0.014	0.19		2.30		
	0.028	0.22		1.99		
	0.056	0.26		1.71		
	0.084	0.28		1.55		
	0.11	0.30	0.56	1.45	1	0
	0.17	0.34		1.31		
	0.28	0.38		1.15		
	0.42	0.42		1.04		
	0.56	0.44		1.00		

续表

轴承类型		相对轴向载荷 F_a/C_{0r}	e	F_a/F_r		$F_a/F_r \leqslant e$	
				X	Y	X	Y
角接触球轴承	$\alpha=15°$ (70000C 型)	0.015	0.38		1.47		
		0.029	0.40		1.40		
		0.058	0.43		1.30		
		0.087	0.46		1.23		
		0.12	0.47	0.44	1.19	1	0
		0.17	0.50		1.12		
		0.29	0.55		1.02		
		0.44	0.56		1.00		
		0.58	0.56		1.00		
	$\alpha=25°$ (70000AC 型)	—	0.68	0.41	0.87	1	0
	$\alpha=40°$ (70000B 型)	—	1.14	0.35	0.57	1	0

图 4-3-5 滚动轴承的载荷-寿命曲线

（二）滚动轴承的寿命计算

滚动轴承的载荷与寿命之间的疲劳曲线关系如图 4-3-5 所示。该曲线的方程为

$$P^{\varepsilon}L_{10}=C^{\varepsilon}\times 1=常数 \qquad (4-2)$$

根据上述公式，考虑轴承在高温条件下（$\geqslant 20℃$）工作时的温度修正系数 f_t，得出滚动轴承寿命计算的基本公式为

$$L_{10}=\left(\frac{f_t C}{P}\right)^{\varepsilon} \qquad (4-3)$$

式中，f_t 为温度系数，见表 4-9；C 为基本额定动载荷，N；P 为当量动载荷，N；ε 为寿命指数，对于球轴承，$\varepsilon=3$；对于滚子轴承，$\varepsilon=10/3$。

表 4-9 温度修正系数 f_t

轴承工作温度/℃	≤120	125	150	175	200	225	250	300	350
温度系数 f_t	1.00	0.95	0.90	0.85	0.80	0.75	0.70	0.6	0.5

轴承的寿命计算公式以小时表示：

$$L_h=\frac{10^6}{60n}\left(\frac{f_t C}{P}\right)^{\varepsilon} \qquad (4-4)$$

式中，n 为轴承转速，r/min。

若已知轴承的当量动载荷 P 和转速 n，并给定了预期寿命 L_h'，可根据待选轴承需具有的基本额定动载荷 C'，对轴承进行选型或校核，计算公式为：

$$C'=\frac{P}{f_t}\sqrt[\varepsilon]{\frac{60nL_h'}{10^6}} \qquad (4-5)$$

表 4-10 中列出了常见机器轴承预期使用寿命的推荐值。根据 C' 选择轴承时，应使所选轴承的基本额定动载荷 $C \geqslant C'$。

表 4-10　轴承预期使用寿命

机 器 类 型	预期使用寿命 L_h'/h
不经常使用的仪器或设备,如闸门开闭装置等	300～3000
短期或间断使用的机械,中断使用不致引起严重后果,如手动机械等	3000～8000
间断使用的机械,中断使用后果严重,如发动机辅助设备、流水作业线自动传送装置、升降机、车间吊车、不常使用的机床等	8000～12000
每日 8h 工作的机械(利用率不高),如一般的齿轮传动、某些固定电动机等	12000～20000
每日 8h 工作的机械(利用率较高),如金属切削机床、连续使用的起重机、木材加工机械、印刷机械等	20000～30000
24h 连续工作的机械,如矿山升降机、纺织机械、泵、电动机等	40000～60000
24h 连续工作的机械,中断使用后果严重。如纤维生产或造纸设备、发电站主机、矿井水泵、船舶螺旋桨轴等	100000～200000

【例 4-2】 某减速器采用一级直齿圆柱齿轮传动,支承根据工作条件选用深沟球轴承。已知知轴承径向载荷 $F_r=1212.84$N,转速 $n=76.4$r/min。轴颈直径 50mm,运转时无冲击,预期寿命 $L_h'=24000$h。试校核轴承寿命。

解:(1)初选轴承型号　根据工作条件和轴颈直径,初选轴承 6210。由轴承手册查得该轴承的基本额定动载荷 $C=3500$N。

(2)计算当量动载荷 P　因无冲击,查表 4-7,取载荷系数 $f_P=1$,则当量动载荷为:

$$P=f_P F_r=1\times1212.84=1212.84\text{(N)}$$

(3)计算轴承寿命　因轴承为常温下工作,取 $f_t=1$,球轴承,$\varepsilon=3$,则

$$L_h=\frac{10^6}{60n}\left(\frac{f_t C_r}{P}\right)^3=\frac{10^6}{60n}\times\left(\frac{1\times3.5\times10^3}{1212.84}\right)^3=5316802\text{h}>L_h'=24000\text{h}$$

所选轴承 6210 合适。

分任务四　联轴器的类型及型号选择

联轴器是机械传动中的常用部件,主要用于两轴连接,使它们一起转动以传递运动和转矩。

一、联轴器的作用

联轴器连接的两根轴一般属于两个不同的机械或部件,由于制造和安装误差以及负载后变形和热变形等影响,很难使它们的轴线严格对中,两轴将会产生某种形式的相对位移误差,如图 4-4-1 所示,图(a)为轴向偏移误差,图(b)为径向偏移误差,图(c)为角偏移误差,图(d)为综合偏移误差。如果联轴器对各种偏移没有补偿能力,工作中将会产生附加动载荷,使工作情况恶化,甚至出现强烈的振动,破坏机器正常工作。因此,这就要求联轴

图 4-4-1　联轴器连接两轴的偏移形式

器在结构上具有补偿能力。

二、联轴器的分类

根据联轴器补偿两轴偏移能力的不同，可以将联轴器分为刚性联轴器和弹性联轴器两大类。刚性联轴器又可分为固定式和可移式两类。

（一）固定式刚性联轴器

这种联轴器不具有缓冲性和补偿两轴相对偏移性，常用于两轴能严格对中并在工作中不发生相对位移的场合。刚性联轴器结构简单，制造成本低，装拆、维护方便，传递转矩较大，故应用广泛。常用的固定刚性联轴器有套筒联轴器、凸缘联轴器等。

1. 套筒联轴器

套筒联轴器是利用套筒及连接零件（键或销）将两轴连接起来。如图 4-4-2(a) 中的紧定螺钉用作轴向固定，图 4-4-2(b) 中的圆锥销当轴超载时会被剪断，起到安全保护作用。

套筒联轴器结构简单，制造容易，径向尺寸小，但两轴线要求严格对中，装拆时必须做轴向移动，适用于工作平稳、无冲击载荷的低速、轻载、小尺寸轴，多用于金属切削机床中。

(a)　　　　　　　　　　　　　(b)

图 4-4-2　套筒联轴器

2. 凸缘联轴器

凸缘联轴器是刚性联轴器中应用最广泛的一种，结构如图 4-4-3 所示。凸缘联轴器由两个带凸缘的半联轴器用螺栓连接而成。半联轴器与两轴之间用键连接。常用的结构形式有两种，图 4-4-3(a) 所示为两半联轴器用铰制孔螺栓连接，靠螺栓杆与螺栓孔配合对中，拆装方便，传递转矩大，装拆时轴不须做轴向移动。图 4-4-3(b) 所示为两半联轴器靠凸肩与凹槽相配合实现对中，用普通螺栓连接，依靠结合面的摩擦力传递转矩，对中精度高，但装拆时，轴必须做轴向移动。

(a)　　　　　　　(b)

图 4-4-3　凸缘联轴器

（二）可移式刚性联轴器

可移式刚性联轴器不仅能传递运动和转矩，还能在一定程度上补偿轴的偏移。常用的可移式刚性联轴器有十字滑块联轴器、齿式联轴器和十字轴万向联轴器等。

1. 十字滑块联轴器

十字滑块联轴器是由两端面上带有凸榫的中间滑块 2 与两个端面开有凹槽的半联轴器 1、3 组成的，如图 4-4-4 所示。中间滑块 2 两侧相互垂直的凸榫分别嵌装在两个半联轴器 1、

3 的凹槽中。中间滑块的凸榫可在半联轴器的凹槽中径向滑动，补偿径向位移并能补偿角位移。

图 4-4-4　十字滑块联轴器

十字滑块联轴器结构简单、制造方便。但不耐冲击，易于磨损。适用于低速、轴的刚度较大但无剧烈冲击的场合。

2. 齿式联轴器

齿式联轴器是无弹性元件联轴器中应用较广泛的一种。它是由两个带外齿环的套筒Ⅰ和两个带内齿环的套筒Ⅱ所组成，如图 4-4-5 所示。

套筒Ⅰ分别装在被连接的两轴端，由螺栓连成一体的套筒Ⅱ通过齿环与套筒Ⅰ啮合。为能补偿两轴的相对位移，将外齿环的轮齿做成鼓形齿，齿顶做成中心线在轴线上的球面，如图 4-4-5（b）所示，齿顶和齿侧留有较大的间隙。齿式联轴器允许两轴有较大的综合位移。当两轴有位移时，联轴器齿面间因相对滑动产生磨损。为减少磨损，联轴器内注有润滑剂。

齿式联轴器同时啮合的齿数多，承载能力大，外廓尺寸较紧凑，可靠性高，适用速度范围广，但结构复杂，制造困难，通常在高速重载的重型机械中使用。

(a)　　　　(b)

图 4-4-5　齿式联轴器

3. 十字轴万向联轴器

如图 4-4-6 所示，十字轴万向联轴器由两个叉形接头 1、3 和一个十字轴 2 组成。它利用中间连接件十字轴连结的两叉形半联轴器均能绕十字轴的轴线转动的性能，从而使联轴器的两轴线能成任意角度 α，一般 α 最大可达 $35°\sim45°$，但 α 角越大，传动效率越低。当十字轴万向联轴器单个使用、主动轴以等角速度转动时，从动轴做变角速度回转，造成在传动中产生附加动载荷。为了避免这种现象，可采用两个万向联轴器成对使用，如图 4-4-7 所示，使两次角速度变化的影响相互抵消，从而达到主、从动轴同步转动。

图 4-4-6　万向联轴器

图 4-4-7　双万向联轴器

十字轴万向联轴器的材料常用合金钢制造，以获得较高的耐磨性和较小的尺寸。十字轴万向联轴器能补偿较大的角位移，结构紧凑，使用、维护方便，广泛用于汽车、工程机械等传动系统中。

（三）弹性联轴器

这种联轴器是利用联轴器中弹性元件的变形来补偿位移的，具有缓冲和减振的作用。常见的有弹性套柱销联轴器、弹性柱销联轴器等。

1. 弹性套柱销联轴器

弹性套柱销联轴器的结构与凸缘式联轴器很近似，只是用装有弹性套的柱销代替了连接螺栓（如图 4-4-8 所示）。利用弹性套的弹性变形来补偿两轴的径向位移和角位移，并具有缓冲和吸振作用。

这种联轴器结构简单、容易制造、装拆方便、成本较低。其主要用于冲击载荷小、启动频繁的中、小功率传动中。

图 4-4-8　弹性套柱销联轴器

图 4-4-9　弹性柱销联轴器

2. 弹性柱销联轴器

这种联轴器与弹性套柱销联轴器很相似，但用弹性柱销（通常用尼龙制成）将两半连轴器连接起来，如图 4-4-9 所示。为了防止柱销滑出，两侧用挡环封闭。为了增加补偿量，常将柱销的一端制成鼓形。

这种联轴器结构简单，两半联轴器可以互换，加工容易，维修方便，尼龙柱销的弹性不如橡胶，但强度高、耐磨性好。当两轴相对位移不大时，这种联轴器的性能比弹性套柱销联轴器还要好些，特别是寿命长，结构尺寸紧凑，适用于轴向窜动较大、冲击不大，经常正反转的中、低速以及较大转矩的传动中。

三、联轴器的选用

常用联轴器的种类很多，大多已标准化和系列化，一般不需要重新设计，直接从标准中选用即可。选择联轴器的步骤和方法如下。

1. 选择联轴器的类型

联轴器类型的选择要根据机器的工作特点和要求，结合各类联轴器的性能，并参照同类机器的使用经验来选择。两轴的对中要求高、轴的刚度又大时，可选用套筒联轴器或凸缘联轴器；载荷不平稳、两轴对中困难、轴的刚度较差时，可选弹性柱销联轴器；如所传递的转矩较大时，宜选用凸缘联轴器或齿式联轴器；两轴相交时，则应选用万向联轴器等。

2. 选择联轴器的型号

联轴器的主要性能参数为：额定转矩 T_n、许用转速 $[n]$、位移补偿量和被连接轴的直径范围等。

联轴器型号通常是根据所传递的转矩、轴的直径和转速，从联轴器标准中选用的。选择的型号应满足以下条件。

（1）计算转矩 T_c 应小于或等于所选型号的额定转矩 T_n，即：

$$T_c \leqslant T_n$$

（2）转速 n 应小于或等于所选型号的许用转速 $[n]$，即

$$n \leqslant [n]$$

（3）轴的直径应在所选型号的孔径范围之内。

考虑机器启动时的惯性力和工作时可能出现的过载，联轴器的计算转矩可由下式计算：

$$T_c = KT = 9550K\frac{P}{n}$$

式中，K 为工作情况系数，见表 4-11；P 为传递功率，kW；n 为工作转速，r/min；T 为联轴器的转矩，N·mm。

表 4-11　联轴器和离合器的工作情况系数 K

原动机	工作机械	K
电动机	皮带运输机、鼓风机、连续运转的金属切削机床	1.25~1.5
	链式运输机、刮板运输机、螺旋运输机、离心泵、木工机械	1.5~2.0
	往复运动的金属切削机床	1.5~2.0
	往复泵、往复式压缩机、球磨机、破碎机、冲剪机	2.0~3.0
	起重机、升降机、轧钢机	3.0~4.0
汽轮机	发电机、离心泵、鼓风机	1.2~1.5
往复式发动机	发电机	1.5~2.0
	离心泵	3~4
	往复式工作机	4~5

注：1. 刚性联轴器选用较大的 K 值，弹性联轴器选用较小的 K 值。

2. 牙嵌式离合器 $K=2$~3；摩擦式离合器 $K=1.2$~1.5。

3. 从动件的转动惯量小，载荷平稳时 K 取较小值。

四、离合器简介

离合器与联轴器一样也是机械传动中的常用部件。主要用于连接两轴，使它们一起转动，以传递运动和转矩。联轴器和离合器的区别是：联轴器只有在机械停机时才能将连接分开，使两轴分离；离合器可以根据工作需要，在机械运转时随时使两轴脱开或接合。

图 4-4-10　牙嵌式离合器

使用离合器的目的是按需要随时分离和接合机器的主、从动轴。对离合器的基本要求是：接合平稳，分离迅速彻底，工作可靠，操作灵活、省力，调节和维护方便，外廓尺寸小，重量轻，耐磨性和散热性好。常用离合器有以下几种类型。

1. 牙嵌式离合器

牙嵌式离合器是由两个端面带牙的半离合器所组成，如图 4-4-10 所示。其中一半离合器 1 用键固定于主动轴上，另一半离合器 2 则用导向平键 3（或花键）与从动轴连接，通过操纵机构可使离合器沿导向平键做轴向移动，以实现两半离合器的结合和分离。对中环用来保证两轴线同心。

牙嵌式离合器常用的牙型有三角形、矩形、梯形、锯齿形等，其径向剖面如图 4-4-11 所示。

图 4-4-11　牙型剖面图

三角形牙用于传递中、小转矩的低速离合器，其容易接合、分离，但牙齿强度较低；梯形牙接合和分离方便，能自动补偿牙因磨损而产生的侧隙，从而使其在反转时的冲击减小，另外它的牙根强度高，能传递的转矩较大，故应用最普遍；矩形牙不便于接合、分离，仅适用于静止时手动接合；锯齿形牙强度高，接合方便，但只能传递单向转矩。

牙嵌式离合器结构简单，外廓尺寸小，能保证两轴同步运转，但只能在停车或低速转动时才能进行接合。故常用于低速和不需在运转中进行接合的机械上，如在机床和农业机械中应用较多。

2. 摩擦离合器

利用主、从动盘摩擦片接触面间的摩接力来传递转矩的离合器，通称为摩擦离合器，它是能在高速下离合的机械式离合器。最简单的摩擦离合器如图 4-4-12 所示，主动盘固定在主动轴上，从动盘利用导向键与从动轴连接，它可以沿轴向滑动。为了增加摩擦系数，在一

个盘的表面上装有摩擦片。工作时利用操纵
机构，在可移动的从动盘上施加轴向压力 F_A
（可由弹簧、液压缸或电磁吸力等产生），使
两盘压紧，产生摩擦力来传递转矩。

图 4-4-12　摩擦离合器

摩擦离合器与牙嵌离合器比较，优点是：
两轴能在不同速度下接合；接合和分离过程
比较平稳、冲击振动小；从动轴的加速时间
和所传递的最大转矩可以调节；过载时将发
生打滑，避免使其他零件受到损坏。故摩擦离合器的应用较广。缺点是结构复杂、成本高；
当产生滑动时不能保证被连接两轴间的精确同步转动；摩擦会产生发热，当温度过高时会引
起摩擦系数的改变，严重的可能导致摩擦盘胶合和塑性变形。所以，一般对钢制摩擦盘应限
制其表面最高温度不超过 $300\sim400℃$，整个离合器的平均温度不超过 $100\sim120℃$。

3. 定向离合器

定向离合器也称为超越离合器，它只能按一个转向传递转矩，反向转动时就自动分离。

图 4-4-13　滚柱式定向离合器

定向离合器的种类很多，图 4-4-13 所示为滚柱式定向离
合器，它是由星轮、外环、滚柱和弹簧顶杆组成。弹簧
顶杆的作用是将滚子压向星轮的楔形槽内，使其与星轮、
外圈相接触。

当星轮为主动件并做顺时针方向转动时，滚柱受摩
擦力的作用被楔紧在槽内，从而带动外环一起转动。

当星轮逆时针方向转动时，滚柱被推到槽中较宽的
部位，它不再楔紧在槽内，因而外环就不转动，离合器
处于分离状态。若外环为主动件时，则情况刚好相反，
即外环逆时针方向转动时，离合器处于接合状态，而顺
时针方向转动时，则处于分离状态。定向离合器工作时
没有噪声，故适用于高速传动，但制造精度要求较高。
定向离合器常用于汽车、拖拉机和机床等的传动装置中，自行车后轴上也安装有超越离
合器。

分任务五　键的选择及强度校核

为了便于机器的制造、安装、运输及维修，机械中广泛地使用了各种连接。所谓**连接**就
是将两个或两个以上的物体接合在一起的结构，其中起连接作用的物体称为**连接件**，如螺
栓、螺母、键和销等。

机械连接有两大类：一类是机器工作中被连接的零（部）件间可以有相对运动的连
接，称为动连接，如机构中的各种运动副；另一类是机器在工作时，被连接零件间不
允许产生相对运动的连接，称为静连接。在机械制造中，如无特殊说明，"连接"均指
静连接。

静连接又分为可拆连接和不可拆连接。可拆连接是指不损坏连接中的任一零件就可拆开
的连接。常见的有螺纹连接、键连接及销连接等。不可拆连接是指需要损坏连接中的某一部

分才能拆开的连接，常见的有铆接、焊接、粘接等。本书主要研究可拆连接中键连接的类型、应用特点及设计。

一、键连接的类型及应用

键连接主要用于轴和轴上零件（如带轮、齿轮、凸轮等）之间的周向固定以传递运动和转矩，有的还可以实现轴上零件的轴向固定或轴向移动。键是一种标准零件，在机械中应用极为广泛。

按键在连接中的松紧程度可分为松键连接和紧键两类。

（一）松键连接

1. 平键连接

平键的两侧面为工作面，上表面与轮毂键槽底面间有间隙［见图 4-5-1（a）］。工作时靠键的两侧面与轴及轮毂上键槽侧面的挤压来传递运动和转矩。平键连接结构简单、装拆方便、对中性好，但不能承受轴向力，对轴上的零件不能起到轴向固定的作用。

|(a)|(b) A型|(c) B型|(d) C型|

图 4-5-1　普通平键连接

平键连接按用途不同又可分为普通平键、薄平键、导向平键和滑键四种。

普通平键如图 4-5-1 所示，这种键用于静连接，其端部形状可分为圆头（A 型）、平头（B 型）和单圆头（C 型）3 种。A 型和 C 型键的轴上键槽用键槽铣刀铣出，键在键槽中能实现较好的轴向定位，应用最广泛。缺点是键的端部圆头与轮毂键槽不接触，使键的圆头部分不能充分利用，同时轴槽端部的弯曲应力集中较大。B 型键的轴槽用盘铣刀铣出，轴上的应力集中较小，但键在轴上的轴向定位不好，对于尺寸较大的键，需用紧定螺钉把键固定在键槽中，以防松动。C 型键则适用于轴端与轮毂的连接。平键连接的尺寸标准参见表 4-12。

薄型平键与普通平键结构相似，也有圆头、平头和单圆头 3 种。但其厚度只有普通平键的 $60\%\sim70\%$，因而传递转矩的能力较低，常用于薄壁轮毂、空心轴及一些径向尺寸受限制的场合，或只传递运动的轴与轮毂连接。

导向平键和滑键都用于动连接。当被连接的轮毂类零件在工作中必须在轴上做轴向移动时则应采用导向平键或滑键连接。当相对移动距离较小时可采用导向平键连接，如图 4-5-2（a）所示。导向平键是一种较长的平键，用螺钉固定在轴上的键槽中，为了方便拆卸，常在键中间留有起键螺钉孔。导向键和轮毂键槽采用间隙配合，轮毂可沿导向键轴向移动。当移动距离较大时应采用滑键连接，如图 4-5-2（b）所示。滑键固定在轮毂上，轮毂带动滑键在轴上的键槽中做轴向移动。

表 4-12　普通平键的基本规格（摘自 GB/T 1095—2003、GB/T 1096—2003）

轴	键	键槽											
			宽度 b					深度				半径 r	
轴径 d	公称尺寸 $b \times h$	公称尺寸 b	偏差					轴 t_1		毂 t_2			
			较松键连接		一般键连接		较紧键连接	公称	偏差	公称	偏差	最小	最大
			轴 H9	毂 D10	轴 N9	毂 Js9	轴和毂 P9						
6～8	2×2	2	+0.025	+0.060	−0.004	±0.0125	−0.006	1.2	+0.1 0	1	+0.1 0	0.08	0.16
>8～10	3×3	3	0	+0.020	−0.029		−0.031	1.8		1.4			
>10～12	4×4	4	+0.030	+0.078	0	±0.015	−0.012	2.5					
>12～17	5×5	5	0	+0.030	−0.030		−0.042	3.0					
>17～22	6×6	6						3.5				0.16	0.25
>22～30	8×7	8	+0.036	+0.098	0	±0.018	−0.015	4.0					
>30～38	10×8	10	0	+0.040	−0.036		−0.051	5.0					
>38～44	12×8	12						5.0	+0.2 0		+0.2 0		
>44～50	14×9	14	+0.043	+0.120	0	±0.0215	−0.018	5.5				0.25	0.40
>50～58	16×10	16	0	+0.050	−0.043		−0.061	6.0					
>58～65	18×11	18						7.0					
>65～75	20×12	20	+0.052	+0.149	0	±0.026	−0.022	7.5					
>75～85	22×14	22	0	+0.065	−0.052		−0.074	9.0				0.40	0.60
>85～95	25×14	25						9.0					
>95～110	28×16	28						10.0					
长度（L）系列	6,8,10,12,14,16,18,20,22,25,28,32,35,40,45,50,55,60,70,80,90,100,110,125,140,160,180,200,220,250,280,320,360,400,450,500												

注：$d-t_1$ 和 $d+t_2$ 两组组合尺寸的偏差按相应的 t_1 和 t_2 的偏差选取，但 $d-t_1$ 偏差值应取负号。对于键，b 的偏差按 h9，h 的偏差按 h11，L 的偏差按 h14。

(a) 导向平键连接　　　　　　　　　　　(b) 滑键连接

图 4-5-2　导向平键连接和滑键连接

2. 半圆键连接

半圆键连接如图4-5-3所示。半圆键的两侧面为半圆形，能在键槽内摆动以适应键槽的斜度。键的上表面与轮毂键槽底面间有间隙，工作时靠键的侧面受挤压来传递运动和转矩。这种连接的优点是工艺性较好，装配方便；缺点是轴上的键槽窄而深，对轴的强度削弱较大，主要用于传递转矩不大的连接，尤其适用于锥形轴端与轮毂的连接。

图 4-5-3　半圆键连接

（二）紧键连接

1. 楔键连接

楔键连接用于静连接，如图4-5-4所示。楔键的上表面与轮毂键槽底面都有1∶100的斜度。键的上下表面是工作面，装配后，上下表面楔入轮毂和轴上的键槽之间，产生很大的压紧力。工作时，靠工作表面之间的摩擦力来传递运动和转矩，并可承受单方向的轴向载荷，起单向的轴向固定作用。这类键的缺点是装配楔紧时使轴与轮毂的配合产生偏心和偏斜，定心精度不高。因此主要用于定心精度要求不高、载荷平稳、速度较低的场合。

楔键按形状分普通楔键和钩头楔键两种，普通楔键按其端部形状又分圆头楔键和方头楔键两类，钩头楔键的钩头是为了便于装拆用的。

(a) 圆头楔键连接　　　　(b) 方头楔键连接　　　　(c) 钩头楔键连接

图 4-5-4　楔键连接

2. 切向键连接

切向键由一对普通的楔键组成，如图4-5-5所示。上下两个平行的窄面为工作面，工作时依靠工作面间的挤压来传递运动和转矩。装配时两键分别从轮毂两端打入，拼合后沿轴的切线方向楔紧。一个切向键只能传递单向转矩；若需要传递双向转矩，必须两个切向键组合使用，并互成120°～135°布置。切向键的键槽对轴的强度削弱较大，定心精度低，常用于重型机械。

二、键的选择和平键强度校核

（一）键的选择

键的选择包括类型选择和尺寸选择两个方面。键的类型应根据键连接的结构特点、使用要求和工作条件来选择。需要综合考虑定心精度、传递转矩、是否轴向固定或轴向移动距离

图 4-5-5 切向键连接

和键在轴上位置等因素。

键的主要尺寸为其剖面尺寸，包括宽度 b，高度 h 和长度 L。键尺寸 $b×h$ 可根据轴的公称直径从标准中选取，见表 4-12。键的长度 L 则需根据齿轮轮毂的宽度确定，一般要略小于轮毂宽度 5~10mm，并符合键的标准长度系列值；对于导向键和滑键，其键长 L 则按轮毂宽度和移动距离而定。

（二）平键的强度校核

1. 剪切的概念和剪切强度

平键在工作时，键的左右两个侧面受到力的作用[见图 4-5-6(a)、(b)]，将使键的上下两部分沿截面发生相对错动 [见图 4-5-6(c)]，这种现象叫作剪切，发生相对错动的截面 m—m 称为剪切面。机器中许多连接，如键、螺栓、销和铆钉等工作时主要发生的都是剪切变形。

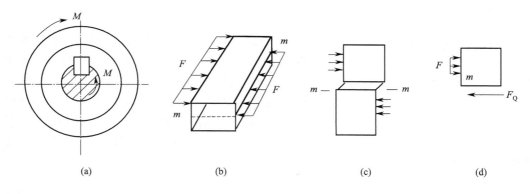

(a)   (b)   (c)   (d)

图 4-5-6 剪切

剪切变形的**外力特点**是：构件受到与其轴线相垂直的、大小相等、方向相反且作用线相距很近的两个力作用；**变形特征**是：横截面将产生相对错动的变形。

应用截面法假想将平键沿剪切面 m—m 截为两段，任取一段作为研究对象，如图 4-5-6(d)所示。由平衡条件可知，剪切面上必有一个与外力 F 大小相等、方向相反的内力，这个与截面相切的内力称为剪力，用 F_Q 表示。

剪切面上单位截面积的剪力称为切应力，方向和截面相切，用符号 τ 表示。切应力在剪切面上的分布规律比较复杂，工程上通常采用实用计算法，即假设剪力在剪切面上是均匀分布的。于是，切应力可按式(4-6) 计算：

$$\tau = \frac{F_Q}{A} \tag{4-6}$$

式中，τ 为切应力，MPa；F_Q 为剪力，N；A 为剪切面面积，mm^2。

为了保证构件在工作时不发生剪切破坏，必须使构件剪切面上的工作切应力不超过材料的许用切应力，即剪切实用的强度条件为：

$$\tau = \frac{F_Q}{A} \leqslant [\tau] \tag{4-7}$$

式中，$[\tau]$ 为材料的许用切应力，MPa。

工程上常用材料的许用切应力，可从相关设计手册中查得。

2. 挤压的概念和挤压强度

螺纹、键、销等连接件在工作中受到剪切变形的同时必然伴随有挤压变形。在连接件和被连接件的接触面上互相压紧，产生局部塑性变形，这种现象称为挤压，接触面上的作用力称为挤压力。如图 4-5-7 所示为螺纹连接时的挤压变形情况。

图 4-5-7　螺栓挤压破坏

接触面上单位面积的挤压力称为挤压应力，方向和接触面垂直，用 σ_P 表示。挤压应力在接触面上的分布很不均匀，但工程上仍使用实用计算法。挤压的强度条件是：

$$\sigma_P = \frac{F}{A_F} \leqslant [\sigma_P] \tag{4-8}$$

式中，σ_P 为挤压应力，MPa；F 为挤压力，N；A_F 为挤压面积，mm^2；$[\sigma_P]$ 为材料的许用挤压应力，MPa。

3. 平键的强度校核

对于采用常用材料和按标准选择尺寸的普通平键连接，其主要失效形式是键、轴槽和轮毂槽三者中强度最弱的工作面被压溃。除非严重过载，一般情况下其剪切强度足够，不会发生剪切破坏。因此，平键连接通常只按工作面的最大挤压应力 σ_P 进行强度计算。

设键上载荷均匀分布，由图 4-5-8 可得平键连接的挤压强度条件：

$$\sigma_p = \frac{4T}{dhl} \leqslant [\sigma_p] \tag{4-9}$$

对于导向键连接和滑键连接等动连接，其主要失效形式是工作面的磨损。应按工作面上的最大压强 p 进行强度计算，即：

$$p = \frac{4T}{dhl} \leqslant [p] \tag{4-10}$$

式中，T 为转矩，N·mm；d 为轴径，mm；h 为键的高度，mm；l 为键的工作长度，键工作长度与键的类型有关，普通平键的 A 型 $l = L - b$，B 型 $l = L$，C 型 $l = L - \frac{b}{2}$，mm；$[\sigma_p]$ 为许用挤压应力见表 4-13，MPa；$[p]$ 为许用压强，见表 4-13，MPa。

图 4-5-8　平键连接的受力分析　　　　　　　　图 4-5-9　两个平键组成的连接

表 4-13　平键连接的许用挤压应力、许用压强　　　　　　　　　　MPa

许用值	键连接中最薄弱零件的材料	载荷性质		
		静载荷	轻微冲击	冲击
$[\sigma_p]$	钢	125～150	100～120	60～90
	铸铁	70～80	50～60	30～45
$[p]$	钢	50	40	30

　　计算后如强度不足，在结构允许时可适当增加轮毂宽度和键的长度。如强度仍不足，可采用相隔 180° 的双键连接，如图 4-5-9 所示。考虑到制造误差和键上载荷分布的不均匀，强度计算时，双键按 1.5 个计算。

　　【例 4-3】　如图 4-5-10 所示，减速器中直齿圆柱齿轮和轴的材料都为 45 钢，齿轮轮毂宽度 $B=70\text{mm}$，轴的直径 $d=53\text{mm}$，传递的转矩 $T=431250\text{N·mm}$，载荷平稳。试选择键并验算连接的强度。

图 4-5-10　减速器中的轴连接

　　解：（1）选择键的类型和尺寸　根据齿轮传动的工作要求，选择 A 型普通平键。

　　根据轴的直径 $d=53\text{mm}$，轮毂宽度 $B=70\text{mm}$，查表 4-12，选取 $b=16\text{mm}$，$h=10\text{mm}$，$L=63\text{mm}$。

　　（2）强度校核　由表 4-13 查得 $[\sigma_p]=125\text{MPa}$，键的工作长度 $l=63-16=47\text{mm}$，代入公式（4-9）计算得：

$$\sigma_p=\frac{4T}{dhl}=\frac{4\times431250}{53\times10\times47}=69.25\text{MPa}<[\sigma_p]=125\text{MPa}$$

　　故此平键连接满足强度要求。

分任务六 轴的承载能力分析

一、传动轴的强度与刚度分析

扭转是由一对大小相等、转向相反、作用在垂直于轴线平面内的外力偶引起的。如图4-6-1(a) 所示的钻杆、如图4-6-1(b) 所示汽车的传动轴、如图4-6-1(c) 所示汽车方向盘的操纵杆等都是受扭构件的实例。

图 4-6-1 扭转变形实例

图 4-6-2 扭转变形

扭转变形的**受力特点**是：轴两端受到一对大小相等、转向相反的外力偶的作用；**变形特征**是：横截面绕轴线发生相对转动。如图 4-6-2 所示，两端相对转过的 φ 角称为扭转角。

受扭构件强度和刚度分析的内容，与轴向拉（压）变形相似。即首先求出构件的内力（转矩），然后计算应力和应变，最后建立强度和刚度条件。

（一）扭转时横截面上的内力

1. 外力偶矩的计算

机器中的动力是由电动机来传递的。作用在轴上的外力偶矩一般不直接给出，而是给出轴所传递的功率和轴的转速。这时可利用功率、转速和外力偶矩之间的关系，求出作用在轴上的外力偶矩。

$$M=9550\frac{P}{n} \tag{4-11}$$

式中，M 为作用在轴上的外力偶矩，N·m；P 为轴传递的功率，kW；n 为轴的转速，r/min。

当传递的功率 P 用马力（PS）作单位时（1PS=0.7355kW），式(4-11) 可改写为：

$$M=7024\frac{P}{n} \tag{4-12}$$

　　由上述公式可知：当功率 P 确定后，轴的转速越高传递的外力偶矩越小；反之，转速越低，传递的外力偶矩越大。

　　2. 扭转时横截面上的内力——转矩

　　确定了作用在轴上的外力偶矩之后，就可以根据外力偶矩计算扭转时横截面上的内力了。计算转矩的方法仍然采用截面法。

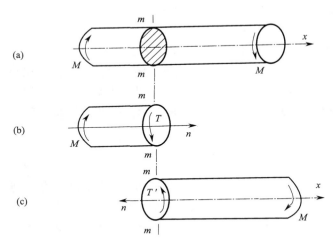

图 4-6-3　截面法求转矩

　　如图 4-6-3（a）所示的等直圆轴，在其两端垂直轴线平面内分别作用着等值、反向的一对外力偶，其力偶矩为 M，求任意横截面 $m-m$ 上的转矩 T。

　　解：（1）截开　沿 $m-m$ 用假想平面将轴截为两段，如图 4-6-3（b）所示，取左段为研究对象。

　　（2）代替　根据力偶的性质可知，力偶要用力偶来平衡，因此，横截面上必然出现一个内力偶与外力偶平衡，即为去掉的右段对左段的作用，该力偶作用在 $m-m$ 截面内，称为**转矩**，用符号 T 表示。

　　（3）平衡　由平衡方程式　$M=0$ 确定转矩 T 的大小。

$$T-M=0$$

得　　　　　　　　　　　　　　$$T=M$$

　　也可以取右段为研究对象，得到的转矩 T' 与取左段为研究对象求出的 T 是一对作用与反作用力偶，它们大小相等，转向相反。因此，求任意截面上的转矩时，可以取左段也可以取右段为研究对象，其计算结果是一致的。如图 4-6-3（c）所示。

　　不论是取左段还是取右段为研究对象，为使所得同一截面上的转矩正负号相同，一般都先假设截面上的转矩为正。若计算结果为正，则表明转矩为正，转向即为所假设的方向，否则与所假设方向相反。转矩转向的正负用**右手螺旋法**判断即：

　　右手四指表示转矩转动方向，大拇指表示转矩矢量方向，若大拇指与截面外法线方向相同，则转矩为正，反之为负，如图 4-6-4 所示。

　　3. 转矩图

　　当轴上有多个外力偶作用时，为了清晰的表达出轴各截面的转矩及变化情况，以便确定危险截面上的转矩值，通常以横轴表示轴各截面的位置，以纵轴表示相应截面上的转矩，把

图 4-6-4　右手螺旋法

转矩随截面位置的变化用图线表示的图称为**转矩图**。

（二）扭转时横截面上的应力——剪应力 τ

1. 扭转时任一截面上任一点处的剪应力及最大剪应力

分析传动轴扭转时的应力需要结合扭转变形的变形特点，考虑三方面因素：几何变形、物理关系和静力学关系。则横截面上任一点的剪应力 τ 与转矩 T 及该点至轴心的距离 ρ 成正比；与截面的极惯性矩 I_P 成反比。如图 4-6-5 所示。因此，轴扭转时任一横截面上任一点的剪应力计算公式为：

图 4-6-5　扭转的应力

$$\tau_\rho = \frac{T}{I_P}\rho \qquad (4\text{-}13)$$

式中，T 为横截面上的转矩；ρ 为所求应力点到轴心的距离；I_P 为截面的极惯性矩，表示截面的几何性质，它的大小与截面形状、尺寸有关，其量纲为毫米的四次方或米的四次方，即 mm^4 或 m^4。

当 $\rho = \dfrac{D}{2}$ 时，有 $\tau_\rho = \tau_{max}$，即任一截面上的最大剪应力

$$\tau_{max} = \frac{T}{I_P} \times \frac{D}{2} \qquad (4\text{-}14)$$

令 $W_P = \dfrac{I_P}{D/2}$，称为**抗扭截面系数**，其量纲为毫米的三次方或米的三次方，即 mm^3 或 m^3。将其代入式（4-14）中，得任一截面上的最大剪应力公式为：

$$\tau_{max} = \frac{T}{W_P} \qquad (4\text{-}15)$$

抗扭截面系数 W_P 也称抗扭截面模量，表示截面抵抗扭转变形的能力。显然，在相同转矩的作用下，W_P 越大产生的剪应力越小，表明截面抵抗扭转变形的能力越强。

W_P 的大小与截面的形状和尺寸有关，不同的截面形状有不同的计算公式，常用的截面及抗扭截面系数计算如下。

实心圆截面如图 4-6-6(a) 所示，其 I_P、W_P 分别为：

$$I_P = \frac{\pi D^4}{32} \qquad (4\text{-}16)$$

$$W_P = \frac{\pi}{16} D^3 \qquad (4\text{-}17)$$

空心圆截面如图 4-6-6(b) 所示，其 I_P、W_P 分别为：

$$I_P = \frac{\pi D^4}{32}(1 - \alpha^4) \qquad (4\text{-}18)$$

$$W_P = \frac{\pi D^3}{16}(1 - \alpha^4) \qquad (4\text{-}19)$$

$\alpha = \dfrac{d}{D}$，为内、外径之比。

(a)　　　　(b)

图 4-6-6　实心圆与空心圆

2. 扭转时横截面上剪应力的分布规律

通过分析公式(4-13)可以得到传动轴扭转时横截面上剪应力的分布规律。如图 4-6-7 所示，横截面上某点的剪应力与该点至轴心的距离成正比且为线性关系，与过该点的半径垂直，方向与截面上的转矩转向一致，轴心处剪应力为零，离开轴心越远，剪应力越大，在距离轴心最远的圆周上剪应力最大。图 4-6-7 的（a）图为实心圆截面的应力分布图；（b）图为空心圆截面的应力分布图。

图 4-6-7　扭转的应力分布

（三）传动轴的强度计算

传动轴受到扭转变形后，产生最大剪应力的横截面是最危险的。为了保证传动轴有足够的强度而不会被破坏，要求轴工作时，不允许轴内最大扭转剪应力超过材料的许用剪应力 $[\tau]$。因此圆轴扭转时的强度条件为：

$$\tau_{max} = \frac{T_{max}}{W_P} \leqslant [\tau] \tag{4-20}$$

式中，$[\tau]$ 为材料的许用剪应力，可查阅相关手册；T_{max} 为危险截面的转矩；W_P 为抗扭截面模量。

应用圆轴扭转的强度条件可以解决强度校核、设计截面和确定许可传递的功率和力偶矩等问题。

【例 4-4】 汽车传动轴由无缝钢管制成，外径 $D=90\text{mm}$，内径 $d=85\text{mm}$，材料为 45 钢，许用剪应力 $[\tau]=60\text{MPa}$，已知轴的转速 $n=100\text{r/min}$，传递的功率 $P=17\text{kW}$，试校核轴的强度。

解：（1）求转矩 T　根据题目所给已知条件可得：

$$T = M = 9550\frac{P}{n} = 9550 \times \frac{17}{100} = 1623.5(\text{N·m})$$

（2）轴的强度校核

$$W_P = \frac{\pi D^3}{16}(1-\alpha^4) = \frac{3.14 \times 90^3}{16} \times \left[1 - \left(\frac{85}{90}\right)^4\right] = 29.2 \times 10^3(\text{mm}^3)$$

$$\tau_{max} = \frac{T}{W_P} = \frac{1623.5 \times 10^3}{29.2 \times 10^3} = 56\text{MPa} < [\tau] = 60\text{MPa}$$

所以，传动轴满足强度要求。

【例 4-5】 如果把上例中的轴改为相同材料的实心轴，要求与原空心轴的强度相同，试确定其直径 D_1，并比较空心轴与实心轴的重量。

解：（1）确定实心轴直径 D_1　由于空心轴和实心轴的强度相同，则它们的抗扭截面系数必相等。即 $W_{P空} = W_{P实} = 29.2 \times 10^3 \text{mm}^3$，则有

$$\frac{\pi D^3}{16}(1-\alpha^4)=\frac{\pi D_1^3}{16}=29.2\times 10^3 (\mathrm{mm^3})$$

解得
$$D_1=\sqrt[3]{\frac{16\times 29.2\times 10^3}{3.14}}=53 (\mathrm{mm})$$

（2）比较空心轴和实心轴的重量　两轴的材料相同和长度相同，它们的重量比就等于面积比。

设实心轴截面积为 A_1，空心轴截面积为 A_2，则有：

$$A_1=\frac{\pi D_1^2}{4}\quad ;\quad A_2=\frac{\pi D^2}{4}(1-\alpha^2)$$

故：
$$\frac{A_2}{A_1}=\frac{\frac{\pi D^2}{4}(1-\alpha^2)}{\frac{\pi}{4}D_1^2}=\frac{90^2\times\left[1-\left(\frac{85}{90}\right)^2\right]}{53^2}=0.31=31\%$$

计算结果表明：在强度相同的情况下，空心轴的重量仅为实心轴重量的 31%，采用空心轴可节约近三分之二的材料。这是因为轴扭转横截面上的剪应力沿半径呈线性分布，圆心附近应力较小，材料未能充分发挥作用。改为空心轴后，更能有效发挥其截面的优势，符合剪应力 τ 的分布规律，而且空心轴比实心轴省料、重量轻，因此合理选择截面形状，可以提高轴的强度。但是，空心轴加工较困难，成本较高，长轴不宜采用。

（四）传动轴的刚度计算

传动轴正常工作时，若轴的变形过大，会直接影响机器的加工精度，甚至产生扭转振动。例如，车床丝杠扭转变形过大，将直接影响切削加工精度和车床的使用寿命。因此在传动轴的设计中，除须考虑强度要求外，还应将其变形限制在一定范围内，从而保证轴工作时安全可靠。

扭转变形时，任意两个截面间产生的相对角位移称为**扭转角**，扭转角是扭转变形程度的度量值。长度为 L 的轴两端相对扭转角为

$$\varphi=\frac{TL}{GI_P}\qquad\qquad(4\text{-}21)$$

式中，φ 为扭转角，rad；T 为转矩，N·mm；G 为材料的剪切模量，MPa；I_P 为截面的极惯性矩，$\mathrm{mm^4}$。

由上式可以看出，当转矩 T 及轴长 L 一定时，GI_P 越大，扭转角 φ 越小。GI_P 反映了轴的材料抵抗扭转变形的能力，称为**抗扭刚度**。

工程中通常用单位长度扭转角 θ 来衡量轴的变形，**单位长度扭转角** θ 是相距一个单位长度的两个横截面间的相对转角，单位为 rad/m。

$$\theta=\frac{\varphi}{L}=\frac{T}{GI_P}\qquad\qquad(4\text{-}22)$$

实际应用中单位长度扭转角 θ 常用（°）/m 为单位，则上式写为：

$$\theta=\frac{T}{GI_P}\times\frac{180^\circ}{\pi}\qquad\qquad(4\text{-}23)$$

由此得圆轴扭转时的刚度条件为：

$$\theta=\frac{T}{GI_P}\leqslant[\theta]\qquad\qquad(4\text{-}24)$$

或
$$\theta=\frac{M_n}{GI_P}\times\frac{180^\circ}{\pi}\leqslant[\theta]\qquad\qquad(4\text{-}25)$$

式(4-24) 和式(4-25) 称为**圆轴扭转时的刚度条件**。式中许用长度扭转角 $[\theta]$ 值可查阅有关手册。一般按轴的精度要求规定各种轴应满足：

精密机器、仪器的轴 $[\theta]=(0.15\sim0.5)°/m$；

一般传动轴 $[\theta]=(0.5\sim1.0)°/m$；

精度要求不高的轴 $[\theta]=(1.0\sim2.5)°/m$；

精度较低的传动轴 $[q]=(2.0\sim4.0)°/m$。

圆轴扭转时的刚度条件同样可以解决刚度校核、设计截面尺寸和求许可传递的功率和力偶矩等问题。

【例 4-6】 如图 4-6-8(a) 所示等直圆轴上主动轮 B 的输入功率为 $P_1=248\text{kW}$，从动轮 A、C 的输出功率分别为 $P_2=120\text{kW}$，$P_3=128\text{kW}$，轴的转速 $n=955\text{r/min}$，轴径 $d=60\text{mm}$，轴材料的剪切模量 $G=80\text{GPa}$，许用剪应力 $[\tau]=40\text{MPa}$，单位许用扭转角 $[\theta]=1°/m$，求：(1) 1—1 和 2—2 截面上的转矩并绘制转矩图；(2) 校核轴的强度和刚度。

(a)

(b)

(c)

(d)

图 4-6-8 转矩图

解：(1) 计算作用在轮 B、A 和 C 上的外力偶矩 M_1、M_2 和 M_3，根据式(4-11) 计算各轮上的外力偶矩得：

$$M_1=9550\frac{P_1}{n}=9550\times\frac{248}{955}=2480(\text{N}\cdot\text{m})$$

$$M_2=9550\frac{P_2}{n}=9550\times\frac{120}{955}=1200(\text{N}\cdot\text{m})$$

$$M_3=9550\frac{P_3}{n}=9550\times\frac{128}{955}=1280(\text{N}\cdot\text{m})$$

（2）应用截面法分别求 1—1 和 2—2 截面的转矩。

沿 1—1 截面截开，取左部分为研究对象，如图 4-6-8(b) 所示，求轮 A 和 B 间截面上的转矩 T_1，则

$$M=0，M_2+T_1=0$$

得

$$T_1=-M_2=-1200\text{N}\cdot\text{m}$$

沿 2—2 截面截开，取右部分为研究对象，如图 4-6-8(c) 所示，求轮 B 和 C 间截面上的转矩 T_2，则

$$M=0 \qquad M_3-T_2=0$$

得

$$T_2=M_3=1280\text{N}\cdot\text{m}$$

（3）绘制转矩图。如图 4-6-8(d) 所示，危险截面上的转矩 $T_{\max}=1280\text{N}\cdot\text{m}$。

（4）轴的强度校核。

由式(4-20) 可得：

$$\tau_{\max}=\frac{T_{\max}}{W_{\text{P}}}=\frac{1280\times10^3}{\dfrac{3.14\times60^3}{16}}=30\text{MPa}<[\tau]=40\text{MPa}$$

满足强度要求。

（5）刚度校核。

由式(4-25) 可得：

$$\theta_{\max}=\frac{T_{\max}}{GI_{\text{P}}}\times\frac{180°}{\pi}=\frac{1280\times10^3}{80\times10^3\times\dfrac{3.14\times60^4}{32}}\times\frac{180}{3.14}=0.72\times10^{-3}\ (°/\text{mm})=0.72°/\text{m}<[\theta]=1°/\text{m}$$

满足刚度要求。

二、心轴的强度分析

心轴在载荷作用下将发生弯曲变形。弯曲变形的**外力特点**是：作用在轴上的外力（包括支座反力）都垂直于轴的轴线；**变形特征**是：变形后轴的轴线由直线变成曲线，称为挠曲线。

（一）轴的计算简图及载荷的简化

机械上心轴（工程中也称梁）的截面形状、载荷及支承情况都比较复杂，为了便于分析和计算，必须对梁进行简化，不管心轴的截面形状有多复杂，均以轴线代表轴。如图 4-6-9 所示火车轮轴的计算简图。

作用于梁上的外力，包括载荷和支座反力，可以简化为集中力、分布载荷和集中力偶三种形式。

图 4-6-9　火车轮轴的计算简图

根据支座对轴约束的不同特点，通常心轴有三种基本类型：

（1）简支梁　一端是活动铰支座，另一端为固定铰链支座的梁，如图 4-6-10(a) 所示。

（2）外伸梁　一端或两端伸出支座之外的梁，如图 4-6-10(b) 所示。

图 4-6-10　心轴的种类

（3）悬臂梁　一端为固定端支座，另一端自由的梁，如图 4-6-10（c）所示。

（二）弯曲时横截面上的内力——剪力 F_Q 和弯矩 M

梁弯曲时横截面上内力的求解仍然采用截面法。下面以简支梁为例说明剪力 F_Q 和弯矩 M 的求解方法。

设跨度为 L 的简支梁上 C 点作用一个集中力 F，此梁在载荷及支座反力共同作用下处于平衡状态，如图 4-6-11（a）所示，试求出 $m—m$ 截面上的内力。

（1）以梁整体为研究对象，求解支座反力。受力如图 4-6-11（b）所示。

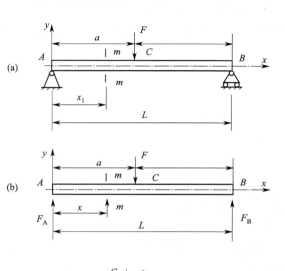

根据静力学平衡方程可求出支座反力为

由 $\sum M_A(F)=0$ 　$F_B \times L - F \times a = 0$

解得　　　　　　　$F_B = \dfrac{Fa}{L}$

由 $\sum F_Y = 0$ 　$F_B + F_A - F = 0$

解得　　　　　　　$F_A = \dfrac{Fb}{L}$

（2）用截面法求内力。

在 $m—m$ 截面处，用一个假想垂直于轴线的平面将梁截为两段如图 4-6-11（c）、（d）所示，研究其中的任一段，如左段梁，该段梁上除作用有支座反力 F_A 外，在截开的截面上还有右段梁对左段梁的作用力，此力就是梁该截面上的内力。该内力应从平衡方面分析。由于梁原来是平衡的，截开后的每段梁仍然保持平衡，根据 $\sum F_Y = 0$ 可知：在 $m—m$ 截面上，应该有向下的力 F_Q 与 F_A 平衡；同时 F_Q 与 F_A 组成一个力偶，此力偶将会使左段梁产生转动，根据 $\sum M_o(F)=0$，在 $m—m$ 截面上，必定有一个与其力偶矩大

图 4-6-11　轴截面上的内力

小相等、转向相反的力偶矩为 M 的力偶与之平衡。力 F_Q 与力偶 M 就是弯曲时横截面上产生的两种内力。力 F_Q 称为**剪力**，力偶 M 称为**弯矩**。

$m—m$ 截面上的剪力和弯矩的具体值可由平衡方程求得，即：

$$\sum F_Y = 0 \qquad F_A - F_Q = 0$$

得　　　　　　　　$$F_Q = F_A = \dfrac{Fb}{L}$$

$$\sum M_o(F) = 0 \qquad F_A x - M = 0$$

得
$$M = F_A x = \frac{Fb}{L} x$$

矩心 O 必须是 m—m 截面的形心。

m—m 截面上的内力也可以通过右段梁的平衡来求得，其结果与通过左段梁求得的结果完全相同，但它们是作用力与反作用力的关系，大小相等、方向相反。

为了使取左段梁或右段梁作为分离体求得的同一截面上的内力具有相同的符号，对剪力 F_Q 与弯矩 M 的正负号作如下规定：

当截面上的剪力使所取分离体微段梁产生左侧截面向上，右侧截面向下的相对错动时剪力为正，如图 4-6-12(a) 所示，反之为负，如图 4-6-12(b) 所示；当截面上的弯矩使所取分离体微段梁产生上部受压、下部受拉（上凹下凸的变形）时弯矩为正，如图 4-6-13(a) 所示，反之为负，如图 4-6-13(b) 所示。

上述剪力、弯矩的正负号规定可总结为两句口诀："**左上右下，剪力为正；左顺右逆，弯矩为正。**"口诀中的左右是指：在选取的分离体中，所求内力的截面位于左侧或右侧。

图 4-6-12 剪力符号

图 4-6-13 弯矩符号

【例 4-7】 简支梁受载荷如图 4-6-14(a) 所示，试求图中各指定截面的剪力和弯矩，截面 1—1、2—2 表示集中力 F 作用处的左、右侧截面（即截面 1—1、2—2 间间距趋于无穷小），截面 3—3、4—4 表示集中力偶 M_e 左、右侧截面。

解：（1）求出支座反力。以梁为研究对象，受力如图 4-6-14(b) 所示。列平衡方程，即：

$$\sum M_B = 0, \quad -F_A \times 4 + F \times 3 - M_e + q \times 2 \times 1 = 0$$
$$\sum F_Y = 0, \quad F_A + F_B - F - q \times 2 = 0$$

解得：
$$F_A = F_B = 10 \text{kN}$$

（2）计算各指定截面的内力

① 取 1—1 截面的左段梁为研究对象，受力如图 4-6-14(c) 所示，列平衡方程解得：

$$F_{Q1} = F_A = 10 \text{kN}$$
$$M_1 = F_A \times 1 = 10 \times 1 = 10 (\text{kN·m})$$

② 取 2—2 截面的左段为研究对象（包含力 F 的作用），受力如图 4-6-14(d) 所示，列平衡方程解得：

$$F_{Q2} = F_A - F = 10 - 12 = -2 (\text{kN})$$
$$M_2 = F_A \times 1 - F \times 0 = 10 \times 1 = 10 (\text{kN·m})$$

③ 取 3—3 截面的右段梁为研究对象，受力如图 4-6-14(e) 所示，列平衡方程解得：

$$F_{Q3} = q \times 2 - F_B = 4 \times 2 - 10 = -2 (\text{kN})$$
$$M_3 = F_B \times 2 - q \times 2 \times 1 - M_e = 10 \times 2 - 4 \times 2 \times 1 - 4 = 8 (\text{kN·m})$$

④ 取 4—4 截面的右段梁为研究对象，受力如图 4-6-14(f) 所示，列平衡方程解得：

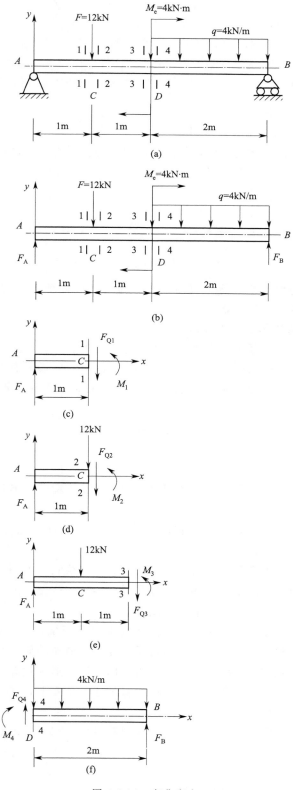

图 4-6-14 弯曲内力

$$F_{Q4} = -F_B + q \times 2 = -10 + 4 \times 2 = -2(kN)$$
$$M_4 = F_B \times 2 - q \times 2 \times 1 = 10 \times 2 - 4 \times 2 \times 1 = 12(kN \cdot m)$$

通过上例计算比较 1—1 截面和 2—2 截面的剪力值，可以看出，在集中力 $\boldsymbol{F}$ 作用处的两侧截面上的剪力发生突变，突变值为该处集中力的大小。同样，比较 3—3 截面和 4—4 截面，可以看出，在集中力偶 M_e 作用处的两侧截面上弯矩值发生突变，突变值为该处集中力偶 M_e 的大小。

（三）剪力图和弯矩图

1. 梁的内力图——剪力图和弯矩图

梁的内力随截面位置变化的图线，称为梁的**内力图**。内力图包含剪力图和弯矩图。剪力图和弯矩图的坐标系统如图 4-6-15 所示。

图 4-6-15　剪力图和弯矩图的坐标系统

其中的 x 轴必须与梁轴线平行用以表示截面位置，因此要求剪力图和弯矩图必须画在梁的下方并反映出相应的截面位置。

2. 绘制剪力图和弯矩图的基本方法

绘制梁内力图的方法有很多，常用的基本方法有三种。

（1）方程法　从内力的求解中，可以看到一般情况下，梁横截面上的剪力、弯矩随截面位置而变化。若以梁的轴线为 x 轴，则坐标 x 表示梁上横截面的位置。那么剪力和弯矩可表示为 x 的函数。即：

$$Q = Q(x)$$
$$M = M(x)$$

分别称为剪力方程和弯矩方程。

对所要分析的梁通过列出剪力方程和弯矩方程并根据方程绘制出剪力图和弯矩图的方法称为**方程法**。

方程法是绘制剪力图和弯矩图最基本的方法，但此方法不适合于梁上载荷较复杂的情况，而且绘图过程也较烦琐。

（2）简捷法　利用梁上载荷与剪力、弯矩的微分关系绘制剪力图和弯矩图的方法称为**简捷法**。用简捷法绘制内力图简单、快捷，而且可以很容易的掌握，因此，在绘制梁的内力图时经常使用，本课程主要讲解并要求掌握简捷法。

（3）叠加法　在弹性范围内和小变形条件下的平面弯曲梁，任一载荷产生的支座反力、弯矩和变形，不受其他载荷的影响。梁上同时承受几个载荷作用而产生的支座反力、内力和变形，等于各个载荷单独作用时引起的支座反力、内力和变形的代数和，称为**叠加原理**。利用叠加原理求支座反力、内力和变形的方法称为**叠加法**。事实上，在求解梁的支座反力、内力和变形时都可以采用叠加法。

采用叠加法绘制内力图需要在掌握和记忆一定数量内力图的基础上进行，对于初学者来说难度较大。

3. 简捷法

（1）梁上荷载与剪力、弯矩的微分关系

$$\frac{\mathrm{d}Q(x)}{\mathrm{d}x} = q(x) \tag{4-26}$$

上式表明，梁上任一横截面上的剪力对 x 的一阶导数等于作用在该截面处的分布载荷集度。这一微分关系的几何意义是：剪力图上某一点切线的斜率等于相应截面处的分布载荷集度。

$$\frac{\mathrm{d}M(x)}{\mathrm{d}x} = Q(x) \tag{4-27}$$

上式表明，梁上任一横截面上的弯矩对 x 的一阶导数等于作用在该截面处的剪力。这一微分关系的几何意义是：弯矩图上某一点切线的斜率等于相应截面上的剪力值。

$$\frac{\mathrm{d}^2 M(x)}{\mathrm{d}x^2} = q(x) \tag{4-28}$$

上式表明，梁上任一横截面上的弯矩对 x 的二阶导数等于作用在该截面处的分布载荷集度。这一微分关系的几何意义是：由分布载荷集度的正负可以确定弯矩图的凹凸方向。

（2）用简捷法绘制梁的内力图　由梁上载荷与剪力、弯矩的微分关系及几何意义，可以总结出梁的剪力图、弯矩图的**图形变化规律**。利用这些规律，只要知道梁上外力情况，就可以知道梁各段剪力图、弯矩图的图形形状。因此，只需计算出控制截面（分界点、极值点所在的截面位置）的剪力值、弯矩值，就可以直接点绘出梁的剪力图和弯矩图。

（3）梁内力图的图形变化规律　下面我们将绘制梁的内力图中最常用的图形变化规律总结成五个要点。掌握这五个要点对于绘制常见梁的内力图是足够用了，更加全面的图形规律参看表 4-14。

表 4-14　梁的剪力、弯矩图的规律

① 如果某段梁上无分布载荷作用（$q = 0$），剪力图是一条水平直线，弯矩图是一条斜直线。

② 如果某段梁上有分布载荷作用（$q \neq 0$）且均布载荷向下（$q < 0$），剪力图是一条下斜直线（　＼　）；弯矩图为上凸二次抛物线（　⌒　）。

③ 在集中力作用的截面位置处剪力图将发生突变，其突变值等于该处集中力的大小，而弯矩图会出现"尖点"。

④ 在集中力偶作用的截面位置处，剪力图无变化，弯矩图发生突变，其突变值等于该处集中力偶矩的大小。

⑤ 剪力等于零的截面位置处，弯矩有极值。

（4）用简捷法绘图的步骤及注意事项

步骤：

① 求出梁的支座反力（悬臂梁可不求）。

② 根据梁上载荷作用情况分段（依据外力变化分段）。

③ 判断各段剪力图、弯矩图的大致图形形状。

④ 求控制截面的剪力值和弯矩值。

⑤ 逐段画出剪力图和弯矩图。

⑥ 在图上标注各控制截面的内力值。

注意事项：

① 剪力图、弯矩图必须画在梁的下方并与截面位置对齐。

② 若有剪力为零的截面，在剪力图上标注截面位置，在弯矩图上求出相应的弯矩值。

③ 绘制曲线至少需要有三个控制值。

【例 4-8】 简支梁受载荷如图 4-6-16（a）所示，绘制剪力图与弯矩图。

解：（1）求梁的支座反力 取梁的整体为研究对象，受力图如图 4-6-16（b）所示，解得：

$$F_A = \frac{Fb}{L} \qquad F_B = \frac{Fa}{L}$$

（2）作剪力图 AC 和 CB 段均为水平直线。确定以下控制点并求出控制点的剪力值。

$$F_{QA} = F_A = \frac{Fb}{L} \qquad F_{QB} = -F_B = -\frac{Fa}{L}$$

剪力图如图 4-6-16（c）所示。

（3）作弯矩图 AC 和 CB 段均为斜直线。确定以下控制点并求出控制点的弯矩值。

$$M_A = 0 \qquad M_C = F_A a = \frac{Fab}{L} \qquad M_B = 0$$

弯矩图如图 4-6-16（d）所示。

从图中可见，在集中力作用的截面处，剪力图有突变，其突变的数值等于该处集中力 F，而弯矩图在该处有尖点。

【例 4-9】 简支梁受载荷如图 4-6-17（a）所示，绘制剪力图与弯矩图。

解：（1）求梁的支座反力。

取梁的整体为研究对象，受力图如图4-6-17（b）所示，解得：

$$F_A = F_B = \frac{M}{L}$$

（2）作剪力图。AC 和 CB 段均为水平直线。确定以下控制点并求出控制点的剪力值。

$$F_{QA} = -F_A = -\frac{M}{L} \qquad F_{QB} = -F_B = -\frac{M}{L}$$

剪力图如图 4-6-17（c）所示。

（3）作弯矩图。AC 和 CB 段均为斜直线。确定以下控制点并求出控制点的弯矩值。

$$M_A = 0$$

$$M_{C左}=-F_A a=-\frac{Ma}{L}$$

$$M_{C右}=F_B b=\frac{Mb}{L}$$

$$M_B=0$$

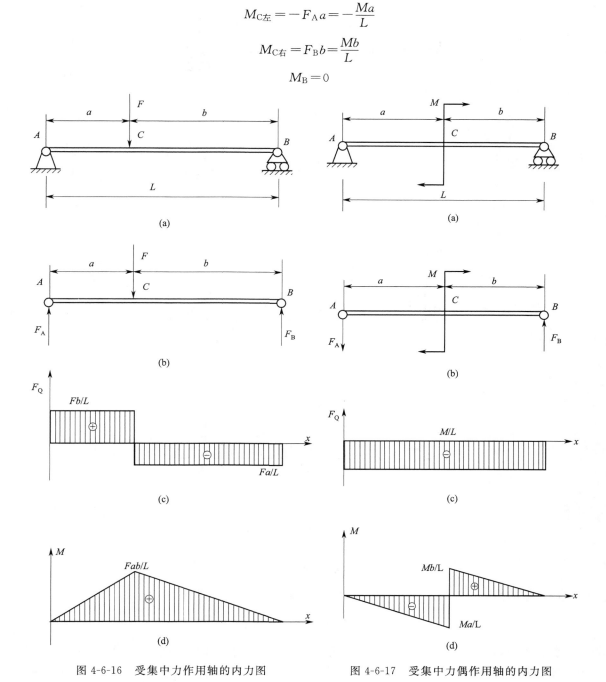

图 4-6-16　受集中力作用轴的内力图　　　　图 4-6-17　受集中力偶作用轴的内力图

弯矩图如图 4-6-17(d) 所示。

从图中可见，在集中力偶作用的截面处，弯矩图有突变，其突变的数值等于该处集中力偶 M，对剪力图没有影响。

【例 4-10】　简支梁受载荷如图 4-6-18(a) 所示，绘制剪力图与弯矩图。

解：(1) 求梁的支座反力。

取梁的整体为研究对象，受力图如图4-6-18(b) 所示，解得：

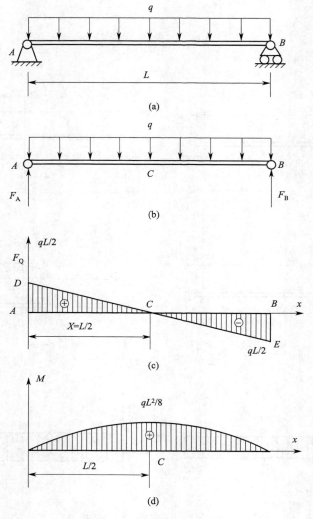

图 4-6-18　受均布载荷作用轴的内力图

$$F_A = F_B = \frac{qL}{2}$$

（2）作剪力图。AB 段为斜直线。确定以下控制点并求出控制点的剪力值。

$$F_{QA} = F_A = \frac{qL}{2} \qquad F_{QB} = -F_B = -\frac{qL}{2}$$

剪力图如图 4-6-18（c）所示。从图中可见，存在有剪力为零的截面，作图时要求在剪力图上标出截面位置，作弯矩图时求出相应截面处的弯矩值。截面位置的确定方法是：见图 4-6-18（c），通常三角形 ADC 和 CBE 是相似三角形（本题为全等三角形），根据相似三角形对应边成比例的几何性质，得出

$$\frac{AD}{BE} = \frac{AC}{CB} = \frac{\dfrac{qL}{2}}{\dfrac{qL}{2}} = \frac{X}{L-X} \qquad \text{解得} \qquad X = \frac{L}{2}$$

（3）作弯矩图。AB 段为上凸二次抛物线。确定以下控制点并求出控制点的弯矩值。

$$M_A = 0 \quad M_C = F_A \times \frac{L}{2} = \frac{qL^2}{8} \quad M_B = 0$$

弯矩图如图 4-6-18(d) 所示。

【**例 4-11**】　外伸梁受载荷如图4-6-19(a) 所示，绘制剪力图与弯矩图。

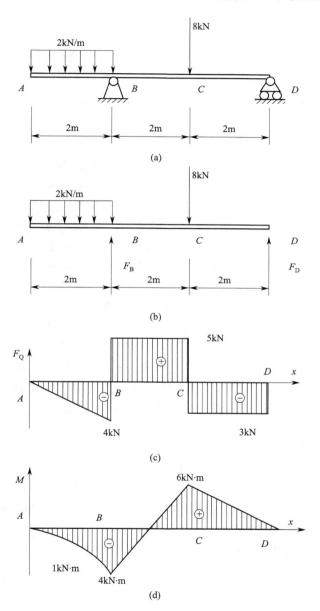

(a)

(b)

(c)

(d)

图 4-6-19　外伸梁内力图

解：（1）求梁的支座反力。

取梁的整体为研究对象，受力图如图 4-6-19(b) 所示，解得：

$$F_B = 9\text{kN} \qquad F_D = 3\text{kN}$$

（2）作剪力图。AB 段为斜直线、BC 和 CD 段均为水平直线。确定以下控制点并求出控制点的剪力值。

$$F_{QA}=0 \quad F_{QB左}=-4\text{kN} \quad F_{QB右}=5\text{kN}$$
$$F_{QC左}=5\text{kN} \quad F_{QC右}=-3\text{kN}$$

剪力图如图 4-6-19(c) 所示。

（3）作弯矩图。AB 段为上凸二次抛物线，BC 和 CD 段均为斜直线。确定以下控制点并求出控制点的弯矩值。

$$M_A=0 \quad M_B=-4\text{kN·m} \quad M_C=6\text{kN·m} \quad M_D=0$$

AB 段曲线段中点的弯矩值为 1kN·m。

弯矩图如图 4-6-19(d) 所示。

（四）弯曲时横截面上的应力及分布规律

1. 纯弯曲

如果梁的横截面上既有弯矩，又有剪力。这种弯曲为**横力弯曲**；若梁的横截面上只有弯矩而无剪力，称为**纯弯曲**。

如图 4-6-20(a) 所示的简支梁 AB，从图 4-6-20(b)、(c) 所示梁的剪力图和弯矩图中可以看到，CD 段梁上的剪力值为零，而弯矩值为 M，AC 和 DB 段的剪力值、弯矩值均不为零，因此 CD 段上发生的是纯弯曲，而 AC 和 DB 段为横力弯曲。

纯弯曲的梁横截面上仅有正应力。为研究梁横截面上的正应力及分布规律，需从研究纯弯曲入手，然后推广到横力弯曲。理论与试验已证明，这样做对于横力弯曲的细长梁（横截

图 4-6-20 纯弯曲和横力弯曲

面高度 h 和梁跨度 L 之比 $h/L \leqslant 0.2$ 的梁），只要材料在弹性范围之内，所得纯弯曲结论和公式仍然适用。

2. 中性层和中性轴

梁发生弯曲变形后，靠近顶层的纵向纤维缩短，靠近底层的纵向纤维伸长。由变形的连续性可知，其间必有一层既不伸长也不缩短的纤维，这一长度不变的纵向纤维层称为**中性层**。中性层与横截面的交线称为**中性轴**。经推导得知：**中性轴必通过横截面的形心**。中性轴通常用 z 轴来表示。如图 4-6-21 所示。

3. 正应力的计算公式及分布规律

（1）梁任一截面任一点处的正应力计算公式

$$\sigma=\pm\frac{My}{I_z} \qquad (4-29)$$

式中，M 为横截面的弯矩；y 为横截面上所求应力点到中性轴的距离；I_z 为截面对中性轴**惯性矩**，m^4 或 mm^4。

正负号规定：拉应力为正、压应力为负。

（2）梁任一截面上的最大正应力计算公式 从式（4-29）可知，在离中性轴最远的梁的上、下边

图 4-6-21 中性层和中性轴

缘处正应力最大。即

$$\sigma_{\max} = \frac{My_{\max}}{I_z} \qquad (4-30)$$

令 $W_z = \dfrac{I_z}{y_{\max}}$，称为**横截面对中性轴的抗弯截面模量**，单位是 m^3 或 mm^3。则

$$\sigma_{\max} = \pm\frac{M}{W_z} \qquad (4-31)$$

正值表示最大拉应力、负值表示最大压应力。

（3）横截面上正应力的分布规律　由公式（4-29）可知，横截面上任一点的正应力与该点到中性轴的距离 y 成正比，离开中性轴越远正应力越大，中性轴上各点正应力为零。正应力沿截面高度线性分布，距离中性轴等远处即 y 值相同的点，正应力也相等。如图 4-6-22 所示。

图 4-6-22　正应力分布规律

（4）惯性矩和抗弯截面模量的计算　惯性矩和抗弯截面模量与截面的形状有关，反映了截面的几何性质，常用的简单图形惯性矩和抗弯截面模量的计算如下。

① 矩形截面

如图 4-6-23 所示　　$I_z = \dfrac{bh^3}{12}; I_y = \dfrac{hb^3}{12}; W_z = \dfrac{bh^2}{6}; W_y = \dfrac{hb^2}{6}$

② 圆形截面

如图 4-6-24 所示　　$I_z = I_y = \dfrac{\pi D^4}{64}; W_z = W_y = \dfrac{\pi D^3}{32}$

图 4-6-23　矩形截面

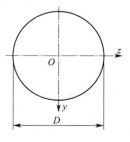

图 4-6-24　圆形截面

③ 圆环形截面

如图 4-6-25 所示　　$I_y = I_z = \dfrac{\pi D^4}{64}(1 - \alpha^4)$；$W_y = W_z = \dfrac{\pi D^3}{32}(1 - \alpha^4)$

式中，D 为圆环外径，d 为圆环内径，α 为内外径之比，即 $\alpha = \dfrac{d}{D}$。

图 4-6-25　圆环形截面

（五）弯曲强度条件

为保证梁能够安全的工作，必须使梁具备足够的强度。梁的最大弯曲正应力所在截面为危险截面，最大正应力所在的点为危险点。梁的最大正应力发生在危险截面距中性轴最远的上、下边缘处。若材料的许用正应力为 $[\sigma]$，则梁弯曲正应力强度条件为：

$$\sigma_{max} = \frac{M_{max}}{W_z} \leqslant [\sigma] \tag{4-32}$$

公式(8-19)，只适用于许用拉应力 $[\sigma_l]$ 和许用压应力 $[\sigma_y]$ 相等的塑性材料。对于脆性材料（如铸铁）许用拉应力 $[\sigma_l]$ 和许用压应力 $[\sigma_y]$ 是不相等的，应分别建立相应强度条件，即

$$\sigma_{lmax} = \frac{M_{max} y_{lmax}}{I_z} \leqslant [\sigma_l] \tag{4-33}$$

$$\sigma_{ymax} = \frac{M_{max} y_{ymax}}{I_z} \leqslant [\sigma_y] \tag{4-34}$$

应用梁的正应力强度条件同样可以解决强度校核、设计截面尺寸、确定许可载荷三类强度问题。

【例 4-12】　火车轮轴受力如图 4-6-26(a) 所示，承受的载荷 $F = 30\text{kN}$，轴的直径 $d = 100\text{mm}$，轴材料的许用应力$[\sigma] = 80\text{MPa}$，试校核此轴的强度。

(a)

(b)

弯矩图

图 4-6-26　火车轮轴强度分析

解：（1）确定最大弯矩值。作弯矩图如图 4-6-26(b) 所示，最大弯矩值为：
$$M_{max} = 30 \times 240 = 7200(\text{kN·mm})$$

（2）计算弯曲截面模量

$$W_z = \frac{\pi d^3}{32} = \frac{3.14 \times 100^3}{32} = 98125(\text{mm}^3)$$

（3）校核强度。根据式(4-32)：

$$\sigma_{max}=\frac{M_{max}}{W_z}=\frac{7200\times10^3}{98125}=73.4\text{MPa}<[\sigma]=80\text{MPa}$$

故轮轴的强度满足要求。

三、转轴的强度分析及设计

（一）转轴受力分析

机器中的转轴，通常是在弯曲与扭转的组合变形下工作，其受力较复杂，下面以直齿轮传动为例分析转轴工作的受力情况。

1. 力的平移定理

定理　作用在构件上的力 **F**，可以平行的移动到构件内任意一点 O，但必须同时附加一个力偶，此附加力偶的力偶矩，等于原力对新作用点 O 的矩。

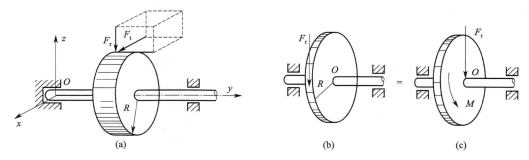

图 4-6-27　力的平移定理

直齿轮传动时，轮齿啮合产生的啮合力分解为圆周力 F_t 和径向力 F_r，如图 4-6-27（a）所示，其分力 F_r 作用在齿轮节圆上，为分析力 F_r 对轴的作用效果，将力 F_r 平移至轴心 O 点，则有平移力 F_r 作用于轴上，使轴产生弯曲变形；同时有附加力偶 M 使轴产生扭转变形。

2. 转轴受力分析

（1）外力分析

电动机轴的外伸端装有带轮，工作时，电动机给轴输入转矩通过带传动输出运动和转矩，如图 4-6-28（a）所示。

电动机轴受力的计算简图为一个悬臂梁，设电动机轴右端受到带轮的垂直拉力 **F** 和 2**F**，带轮的直径为 D，根据力的平移定理将两力平移至轴心，得到力 $F'=3F$ 和附加力偶 M_B

$$M_B=2F\frac{D}{2}-F\frac{D}{2}=\frac{FD}{2}$$

F' 垂直于轴的轴线使轴产生弯曲变形，而附加力偶 M_B 则使轴产生扭转变形，电动机轴发生的是弯扭组合变形，受力如图 4-6-28（b）所示。

（2）内力分析及危险截面的确定

分别画出轴的弯矩图［见图 4-6-28（c）］和转矩图［见图 4-6-28（d）］。由图可见，固定端 A 处为危险截面，其上的弯矩和转矩值分别为

$$M=F'L=3FL$$

$$T=M_B=\frac{FD}{2}$$

图 4-6-28　电动机轴受力分析

（3）应力分析

如图 4-6-28（e）、（f）所示为轴 A 截面处弯曲正应力和扭转剪应力的分布情况。在 C、E 两点的正应力和剪应力分别达到最大值，因此，这两点为危险点，该两点的应力分别为：

$$\sigma = \frac{M}{W_z} \qquad \text{(a)}$$

$$\tau = \frac{T}{W_P} \qquad \text{(b)}$$

对弯、扭组合变形，可采用第三或第四强度理论作为强度条件，则有

$$\sigma_e = \sqrt{\sigma^2 + 4\tau^2} \leqslant [\sigma] \qquad \text{(4-35)}$$

或

$$\sigma_e = \sqrt{\sigma^2 + 3\tau^2} \leqslant [\sigma] \qquad \text{(4-36)}$$

将（a）、（b）代入以上两式，并注意到圆截面轴的 $W_p = 2W_z$，可得转轴在扭转与弯曲组合变形下的强度条件为：

$$\sigma_e = \frac{\sqrt{M^2 + T^2}}{W_z} \leqslant [\sigma] \qquad \text{(4-37)}$$

或

$$\sigma_{\mathrm{e}}=\frac{\sqrt{M^2+0.75T^2}}{W_z}\leqslant[\sigma] \tag{4-38}$$

（二）转轴的交变应力及疲劳破坏

1. 交变应力

转轴受载后，其应力往往随时间作周期性变化，这种应力称为**交变应力**。产生交变应力的原因主要是受到周期性变化的载荷的作用，这种多次循环的变动载荷称为**交变载荷**。交变应力可由动载荷产生，也可由静载荷产生。如图 4-6-29(a) 所示的齿轮轴在受到静载荷 **F** 作用转动时，齿轮轴表面上任一点横截面上的弯曲正应力，随时间作周期性变化，当齿轮轴旋转一周，轴横截面边缘上 K 点的位置将由 1→2→3→4→1 变化，如图 4-6-29(b) 所示，K 点应力的变化从 $0 \to \sigma_{\max} \to 0 \to \sigma_{\min} \to 0$，如图 4-6-29(c) 所示。这种应力每重复变化一次的过程称为一个**应力循环**。

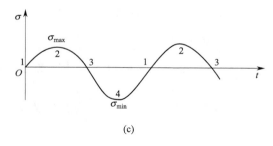

图 4-6-29　齿轮轴

2. 交变应力的循环特性及类型

（1）循环特征

如图 4-6-30(a) 所示，在一根轴上放上可转动的物体，当物体不运动时，在重力作用下，梁产生弯曲变形而处于静平衡状态，当物体转动时，轴将在静平衡位置做强迫振动，产

图 4-6-30　循环特征

生交变应力。把交变应力随时间变化的曲线，称为**应力循环曲线**，如图 4-6-30(b) 所示。从曲线图可以看出，交变应力具有以下循环特征。

① 循环次数。应力重复变化的次数，称为**循环次数**。交变应力每重复变化一次，称为**一个应力循环**，完成一个应力循环所需要的时间，称为一个**周期**。

② 最大应力、最小应力和平均应力。在一个应力循环中，应力的最大值 σ_{max} 称为**最大应力**；应力的最小值 σ_{min} 称为**最小应力**；应力循环中最大应力和最小应力的平均值，称为**平均应力**，即

$$\sigma_m = \frac{\sigma_{max} + \sigma_{min}}{2}$$

③ 应力幅。最大应力与最小应力的一半，称为**应力幅** σ_a。

$$\sigma_a = \frac{\sigma_{max} - \sigma_{min}}{2}$$

④ 循环特征。应力循环中最小应力与最大应力之比，称为**循环特征** g，即：

$$g = \frac{\sigma_{min}}{\sigma_{max}}$$

它表示交变应力的不对称程度，是表征交变应力特征的重要参数。

（2）交变应力的类型

工程中常见的交变应力类型主要有以下几种。

① 对称循环交变应力。当交变应力的最大应力 σ_{max} 与最小应力 σ_{min} 相等而符号相反时的应力，称为**对称循环交变应力**。即 $\sigma_{max} = -\sigma_{min}$，这时循环特征为：

$$g = \frac{\sigma_{min}}{\sigma_{max}} = -1$$

② 非对称循环交变应力。最大应力与最小应力数值不等的交变应力称为**非对称循环交变应力**。即 $\sigma_{max} \neq \sigma_{min}, g \neq -1$。

③ 脉动循环交变应力。最小应力 $\sigma_{min} = 0$ 的交变应力称为**脉动循环交变应力**。其循环特征为：

$$g = \frac{\sigma_{min}}{\sigma_{max}} = 0$$

3. 疲劳破坏

金属材料在交变应力作用下的破坏称为**疲劳破坏**。构件的疲劳破坏与静应力的破坏是不相同的，因此疲劳破坏具有以下特点。

（1）应力低　构件破坏时的最大应力远低于材料在静载荷下的极限应力，甚至低于屈服极限，表明在低应力下就可发生疲劳破坏。

（2）突然断裂　构件在疲劳破坏前没有明显的塑性变形，对于塑性好的材料，经过多次交变应力的作用，也呈突发性突然断裂。

（3）断口形状　对疲劳破坏的构件，观察其断口形状，可以看到明显的两个不同的区域：光滑区和粗糙区。如图 4-6-31 所示，在光滑区可以看到圆弧曲线，该曲线是由裂纹源在多次循环应力作用下逐渐扩展而形成的。当裂纹扩展到一定程度，构件突然断裂形成断口的粗糙区。

这种破坏是在没有明显的塑性变形的情况下突然发生的，极易造成严重的事故。

粗糙区
光滑区
裂纹源

图 4-6-31　疲劳破坏

4. 提高轴抗疲劳强度的措施

（1）合理设计轴的形状，减缓应力集中　轴最大应力发生于表层或截面发生突变的应力集中处，设计轴的形状时，尽量避免出现方形或带有尖角的孔和槽以及截面尺寸的急剧变化，在截面尺寸变化处，要采用足够大的圆角过渡如图 4-6-32（a）所示，可采用过渡肩环〔见图 4-6-32（b）〕或凹切圆槽〔见图 4-6-32（c）〕，以增大轴肩圆角半径，减少局部应力集中。在轴与轴上零件过盈配合处，零件轮毂上开减载槽 B〔见图 4-6-32（d）〕，可以减少过盈配合处的局部应力。

图 4-6-32　减缓应力集中的措施

（2）提高轴表面质量　减小轴表面的粗糙度，以发挥其抗疲劳的性能；对轴最大应力所在的表层采取表面强化措施，如滚压、喷丸、淬火、渗碳或渗氮等，增加表面强度；在装配、检修及运输中，应尽量避免在轴表面上造成伤痕。

（三）转轴的设计

1. 轴的设计准则

（1）为了保证轴能正常工作，要求轴有足够的强度和刚度。

（2）为了保证轴上零件能固定可靠、装拆方便和便于加工制造，要求轴必须有合理的结构。

典型机构中大部分的轴主要进行结构和强度设计。但对某些机构的轴，如金属切削机床，其主轴的刚度就很重要。因为机床主轴受力后如果变形过大，会严重影响机床的加工精度。在轴的设计时要全面考量机构的工作状况、特性等，制定合理的设计方案，达到既安全又经济的目标。

2. 轴的设计步骤

（1）选择轴的材料及热处理，确定许用应力。

材料类型及热处理的选择，参见表 4-1；轴的许用弯曲应力可查表 4-15。

表 4-15　轴的许用弯曲应力　　　　　　　　　　　　　　　　MPa

材料	σ_b	$[\sigma_{+1b}]$	$[\sigma_{0b}]$	$[\sigma_{-1b}]$
碳素钢	400	130	70	40
	500	170	75	45
	600	200	95	55
	700	230	110	65
合金钢	800	270	130	75
	900	300	140	80
	1000	330	150	90
铸钢	400	100	50	30
	500	120	70	40

注：$[\sigma_{-1b}]$、$[\sigma_{0b}]$、$[\sigma_{+1b}]$ 分别为对称循环、脉动循环和静应力状态下的许用弯曲应力。

（2）初步估算轴的最小直径。

初估轴最小直径的设计公式为：

$$d \geqslant A \sqrt[3]{\frac{P}{n}} \tag{4-39}$$

式中，P 为轴传递的功率，kW；n 为轴的转速，r/min；A 为由轴的材料和承载情况确定的系数，可按表 4-16 确定。

表 4-16　常用材料的 $[\tau]$ 和 A 值

轴的材料	Q235,20	35	45	40Cr,35SiMn,42SiMn
$[\tau]$/MPa	12~20	20~30	30~40	40~52
A	160~135	135~118	118~107	107~98

注：1. 轴上所受弯矩较小或只受转矩时，A 取较小值，否则取较大值。

2. 用 Q235、35SiMn 时，A 取较大值。

3. 轴上开一个键槽时，A 值增大 4%~5%；开两个键槽时，A 值增大 7%~10%。

确定最小轴径时，要结合整体设计将由式（4-39）所得直径圆整为标准直径或与相配合的零件（如联轴器、带轮等）的孔径吻合。

（3）进行轴的结构设计，绘制轴的结构草图　见"轴的结构设计"相关内容。

（4）按弯、扭强度条件校核轴的危险截面强度　轴的最小轴径确定后，可依次确定其他各段轴径和轴长，轴上零件的位置得以确定，这时，轴的强度校核顺序如下。

① 绘出轴的空间受力简图，将轴上载荷分解为水平分力和铅垂分力。

② 求出水平面内的支反力 F_H 和铅垂面内的支反力 F_V。

③ 分别绘出水平面内的弯矩图（M_H）和铅垂面内的弯矩图（M_V）。

④ 计算合成弯矩 $M = \sqrt{M_H^2 + M_V^2}$，绘出合成弯矩图。

⑤ 计算转矩 T，绘出转矩图。

⑥ 计算弯、扭组合的当量弯矩 $M_e = \sqrt{M^2 + (\alpha T)^2}$，绘出当量弯矩图。

式中的 α 为根据转矩性质确定的折算系数，转矩不变时，$\alpha = 0.3$；转矩为脉动循环（单向转动）时，$\alpha \approx 0.6$；转矩为对称循环（频繁正反转）时，$\alpha = 1$。

⑦ 判断危险截面，按式（4-40）校核危险截面处的轴径。

$$d \geqslant \sqrt[3]{\frac{M_e}{0.1[\sigma_{-1b}]}} \tag{4-40}$$

⑧ 比较轴径，当 $d_计 \leqslant d_设$ 时，说明轴满足强度要求，可以正常安全的工作，否则需重新进行轴的结构设计。

（5）绘制轴的零件工作图。

图 4-6-33　挠度和转角

3. 轴的弯曲刚度简介

（1）挠度和转角　弯曲变形的主要特征是轴线由直线变为曲线，这条曲线称为**挠曲线**。梁轴线上任一点的竖向线位移称为**挠度**，用 y 表示，单位为 mm；横截面绕中性轴转过的角度称为**转角**，用 θ 表示，单位为 rad。如图 4-6-33 所示。

（2）刚度条件　轴的弯曲变形**刚度条件**是最大挠度和转角不超过允许的范围，即：

$$\begin{cases} [y]_{\max} \leqslant [y] \\ [\theta]_{\max} \leqslant [\theta] \end{cases} \qquad (4\text{-}41)$$

式中，$[y]$ 和 $[\theta]$ 分别为轴的许用挠度和许用转角。其值由轴的具体工作要求来确定，可从有关设计手册中查得或参考下列数据。

一般用途的转轴 $[y]=(0.0003\sim0.0005)L$；L 为两轴承间的跨距。

$$[\theta]=0.001\sim0.002\mathrm{rad}$$

（四）实例分析——转轴设计

【例 4-13】设计图 4-6-34 所示输送机传动装置中齿轮减速器输出轴。已知输出轴的转速 $n=76.4\mathrm{r/min}$，传递的功率 $P=3.45\mathrm{kW}$，齿轮轮毂宽度 $B=70\mathrm{mm}$，齿数 $z=128$，模数 $m=2\mathrm{mm}$，输送机工作时单向运转，载荷平稳。

减速器从动轴设计计算见表 4-17。

图 4-6-34　输送机传动装置

1—电动机；2—圆柱直齿轮传动；

3—联轴器；4—输送机

表 4-17　减速器从动轴设计计算

计算项目	计 算 说 明	计 算 结 果
1. 选择轴的材料，确定许用应力	普通用途，中小功率减速器，选用 45 钢正火处理，由表 4-1 查得，$\sigma_b=600\mathrm{MPa}$，$\sigma_s=300\mathrm{MPa}$，表 4-15 查得 $[\sigma_{-1b}]=55\mathrm{MPa}$	$\sigma_b=600\mathrm{MPa}$ $[\sigma_{-1b}]=55\mathrm{MPa}$
2. 粗估最小轴径	由表 4-16 查得 $A=115$ 按式 4-39 $$d \geqslant A\sqrt[3]{\frac{P}{n}}=115\times\sqrt[3]{\frac{3.45}{76.4}}=40.95(\mathrm{mm})$$ 轴上开一个键槽，将轴径增大 5% $d\times1.05=40.95\times1.05=42.99(\mathrm{mm})$ 该轴外端安装联轴器，为补偿轴的偏移，选用弹性柱销联轴器： $$T_c=KT=1.5\times9550\times\frac{3.45}{76.4}=646.875(\mathrm{N\cdot m})$$ 查设计手册选用弹性柱销联轴器，其规格为 $HL_4\,45\times84$（GB/T 5014—2003），孔径 $d_1=45\mathrm{mm}$ 与轴外伸直径相符	$d_1=45\mathrm{mm}$ 选 HL_4 弹性柱销联轴器
3. 轴初步设计，绘制轴结构草图	根据轴上零件的位置，齿轮、套筒、左轴承、轴承盖和联轴器由左端装配；右轴承从右端装配。轴上零件要做到定位准确，固定可靠[见图 4-6-35(a)] 减速器采用直齿轮传动，选用深沟球轴承 6210。凸缘式轴承盖使轴系两端固定，齿轮通常采用油浴润滑，轴承采用脂润滑	
4. 轴的结构设计	(1)轴径确定 $d_1=45\mathrm{mm}$ $d_2=50\mathrm{mm}$(符合轴承内径，便于轴承装拆) 轴承型号初选为 6210 深沟球轴承。 $d_3=d_2+2h'=50+2\times(1\sim2\mathrm{mm})=53(\mathrm{mm})$ (取标准直径，$d_4>d_3$ 便于装配) $d_4=d_{\min}=57\mathrm{mm}$($d_{\min}$ 为轴承最小安装尺寸) $d_5=d_2=50\mathrm{mm}$(两轴承同型号) (2)轴段长度确定 $L_1=82\mathrm{mm}$(HL_4 联轴器丁型轴孔 $B_1=84\mathrm{mm}$，L_1 短 2~3mm)	$d_1=45\mathrm{mm}$ $d_2=50\mathrm{mm}$ $d_3=53\mathrm{mm}$ $d_4=57\mathrm{mm}$ $d_5=50\mathrm{mm}$ $L_1=82\mathrm{mm}$ $L_2=97\mathrm{mm}$ $L_3=68\mathrm{mm}$ $L_4=20\mathrm{mm}$ $L_5=21\mathrm{mm}$ $L=130\mathrm{mm}$

计 算 项 目	计 算 说 明	计 算 结 果
4. 轴的结构设计	$L_2=97$mm（L_2 由四部分组成：①轴承到联轴器的距离：根据箱体宽度、轴承盖结构尺寸和螺钉头到联轴器的间距取 55～65mm，初步确定为 55mm；②轴承宽度与挡油环厚度 21mm；③套筒长度 $L_{套}=15～25$mm 取 19mm；④其余 2mm 为齿轮轮毂宽度的一部分。） $L_3=68$mm（齿轮轮毂宽 70mm，L_3 比轮毂宽小 2～3mm） $L_4=20$mm（按照轴环宽度 $b \geqslant 1.4h=1.4 \times \dfrac{d_4-d_3}{2}=$ 2.8mm、回转件与箱体内壁间的距离为 10～15mm、轴承端面距箱体内壁为 5～10mm 综合考虑取得。） $L_5=B'+1=21$mm（轴承宽 $B'=20$mm，挡油环厚 1mm） （3）两轴承间的跨距（认为支点在轴承宽度的中点） $L=(L_2-65)+L_3+L_4+(L_5-11)=130$（mm）	
5. 齿轮受力计算	分度圆直径：$d=mz=2 \times 128=256$（mm） 转矩：$T=9.55 \times 10^6 \dfrac{P}{n}=9.55 \times 10^6 \times \dfrac{3.45}{76.4}=431250$（N·mm） 圆周力：$F_t=\dfrac{2T}{d}=\dfrac{2 \times 431250}{256}=3369$（N） 径向力：$F_r=F_t \tan\alpha=1226$N	$d=256$mm $T=431250$N·mm $F_t=3369$N $F_r=1226$N
6. 轴的强度校核	（1）画轴的受力图［见图 4-6-35(b)］ （2）将齿轮所受力分解成水平面 H 和铅垂面 V 内的力，见图 4-6-35(c)、(e) （3）求水平面和铅垂面内的反力 H 面内 $F_H=\dfrac{F_t}{2}=\dfrac{3369}{2}=1684.5$（N） V 面内 $F_V=\dfrac{F_r}{2}=\dfrac{1226}{2}=613$（N） （4）绘制弯矩图 H 面内弯矩图［见图 4-6-35(d)］ $M_H=F_H \times 65=109492.5$（N·mm） V 面内弯矩图［见图 4-6-35(f)］ $M_V=F_V \times 65=39845$（N·mm） 合成弯矩图［见图 4-6-35(g)］ $M=\sqrt{M_H^2+M_V^2}=\sqrt{109492.5^2+39845^2}=116517$（N·mm） （5）绘制转矩图［见图 4-6-35(h)］ $T=431250$N·mm （6）绘制当量弯矩图［见图 4-6-35(i)］ 单向转动，转矩为脉动循环 $\alpha=0.6$ A 截面和 B 截面： $M_{eA}=M_{eB}=\alpha T=0.6 \times 431250=258750$（N·mm） C 截面： $M_{eC}=\sqrt{M^2+(\alpha T)^2}=\sqrt{116517^2+258750^2}=283774$（N·mm） （7）校核危险截面 A、C 根据式(4-40) $d_A=\sqrt[3]{\dfrac{M_{eA}}{0.1[\sigma_{-1b}]}}=\sqrt[3]{\dfrac{258750}{0.1 \times 55}}=36.10$（mm） $d_C=\sqrt[3]{\dfrac{M_{eC}}{0.1[\sigma_{-1b}]}}=\sqrt[3]{\dfrac{283774}{0.1 \times 55}}=37.23$（mm） 考虑键槽： $d_A=36.10 \times 105\%=37.90mm<d_1=45$mm $d_C=37.23 \times 105\%=39.09mm<d_3=53$mm 强度足够，无需修改结构	
7. 绘制轴的工作图	根据有关要求绘图	

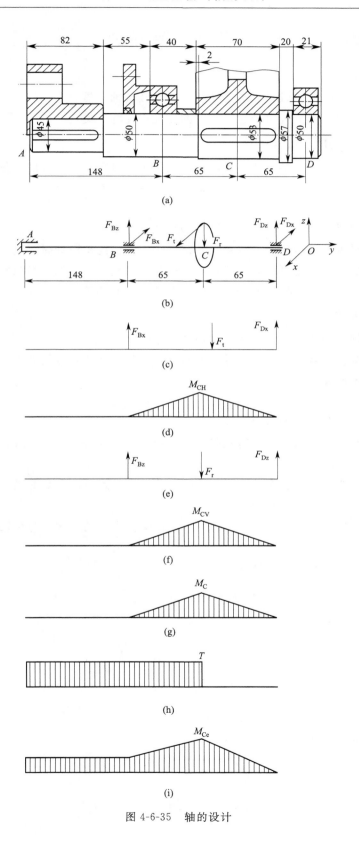

图 4-6-35　轴的设计

知 识 小 结

一、轴的分类

按照承受载荷的不同，轴可分为传动轴、心轴和转轴三类。

按照轴的轴线形状不同，可分为直轴、曲轴和挠性轴三类。

二、轴材料的选择及结构设计

轴的材料是决定轴承载能力的重要因素。选择轴的材料应主要考虑的是：具有足够的抗疲劳强度、对应力集中的敏感性小、与滑动零件接触的表面应有足够的耐磨性、同时还要考虑制造的工艺性及经济性。

轴的材料主要采用碳素钢（常经调质处理）和合金钢。

轴的结构设计就是确定轴的形状和尺寸。在进行轴的结构设计时，主要应满足以下几方面的基本要求：轴的受力合理，有利于提高轴的强度和刚度，节约材料减轻重量；轴上零件定位准确，固定可靠；便于轴上零件的装拆、调整和轴的加工。

三、传动轴的强度计算

主要用来传递转矩不，承受或承受很小的弯矩的轴。

扭转变形的**受力特点**是：轴两端受到一对大小相等、转向相反的外力偶的作用；**变形特征**是：横截面绕轴线发生相对转动。

1. 重点概念

（1）判断转矩正负所用的右手螺旋法则：

四指表示转矩转向，拇指表示转矩矢量，拇指与截面外法线方向一致，转矩为正，反之为负。

（2）转矩图：当轴上有多个外力偶作用时，为了清楚地看出各截面的转矩变化情况，以便确定危险截面，需要绘制转矩图。

（3）扭转时剪应力分布规律：剪应力的方向是垂直半径的，大小与到轴心距离成正比。

2. 常用公式

（1）力偶矩与功率转速关系公式

$$M = 9550 \frac{P}{n} (\text{N} \cdot \text{m})$$

（2）剪应力计算公式

$$\tau_\varphi = \frac{T}{I_P} \varphi; \quad \tau_{max} = \frac{T}{W_P}$$

（3）强度条件

$$\tau_{max} = \frac{T}{W_P} \leqslant [\tau]$$

（4）刚度条件计算公式

$$\theta = \frac{T}{GI_P} \leqslant [\theta]$$

或

$$\theta = \frac{M_n}{GI_P} \times \frac{180^\circ}{\pi} \leqslant [\theta]$$

3. 两种截面的极惯性矩和抗扭截面系数

圆截面
$$I_P = \frac{\pi d^4}{32}, \quad W_P = \frac{\pi d^3}{16}$$

圆环截面
$$I_P = \frac{\pi D^4}{32}(1-\alpha^4); \quad W_P = \frac{\pi D^3}{16}(1-\alpha^4); \quad \alpha = \frac{d}{D}$$

4. 强度条件与刚度条件计算公式均可解决三方面问题：

（1）求许可力偶矩或功率；（2）设计截面尺寸；（3）进行强度和刚度校核。

四、心轴的强度计算

只承受弯矩而不传递转矩的轴。

弯曲变形的**外力特点**是：作用在轴上的外力（包括支座反力）都垂直于轴的轴线；**变形特征**是：变形后轴的轴线由直线变成曲线，称为挠曲线。

1. 重点概念

（1）纯弯曲与横力弯曲　梁的横截面上既有弯矩，又有剪力。这种弯曲称为**横力弯曲**；若梁的横截面上只有弯矩而无剪力，称为**纯弯曲**。

（2）中性层和中性轴　在梁的受拉区和受压区之间有一层既不伸长也不缩短的纤维，这一长度不变的纵向纤维层称为**中性层**。中性层与横截面的交线称为**中性轴**。**中性轴必过截面形心**。

（3）判断剪力、弯矩正负的口诀：**"左上右下，剪力为正；左顺右逆，弯矩为正。"**

（4）剪力图和弯矩图　当轴上有多个外力作用时，为了清楚地表达出各截面内力的变化情况，以便确定危险截面，需要绘制剪力图和弯矩图。

（5）弯曲时正应力分布规律　离开中性轴越远正应力越大，中性轴上各点正应力为零。正应力沿截面高度线性分布，距离中性轴等远处的点，正应力相等。

2. 常用公式

通常心轴的横截面上既有弯矩，又有剪力，因而横截面上有正应力和剪应力。正应力是决定心轴是否被破坏的主要因素，只有在特殊的情况下才需进行剪应力强度校核。因此，弯曲正应力的强度计算是重点。

（1）正应力计算公式
$$\sigma = \frac{M_y}{I_z}$$

（2）强度条件
$$\sigma_{max} = \frac{M_{max}}{W_z} \leqslant [\sigma]$$

3. 三种截面的惯性矩和抗弯截面模量

矩形截面：
$$I_z = \frac{bh^3}{12}; I_y = \frac{hb^3}{12}; W_z = \frac{bh^2}{6}; W_y = \frac{hb^2}{6}$$

圆形截面：
$$I_z = I_y = \frac{\pi D^4}{64}; W_z = W_y = \frac{\pi D^3}{32}$$

圆环形截面：
$$I_y = I_z = \frac{\pi D^4}{64}(1-\alpha^4); W_y = W_z = \frac{\pi D^3}{32}(1-\alpha^4)$$

4. 应用强度条件可解决三方面问题：

（1）强度校核；（2）设计截面尺寸；（3）求许可载荷。

五、转轴的设计

既承受弯矩又同时传递转矩的轴。它是机械中最常见的轴。

按照轴的轴线形状不同，可分为直轴、曲轴和挠性轴三类。

其中直轴是一般机械中最常用的轴。直轴根据外形的不同，又分为光轴和阶梯轴两种。光轴为等截面直轴，阶梯轴为变截面直轴，各截面接近等强度，轴上零件容易定位，在一般机械中应用最广泛。

转轴在扭转与弯曲组合变形下的强度条件为：

$$\sigma_e = \frac{\sqrt{M^2 + T^2}}{W_z} \leqslant [\sigma] \qquad （第三强度理论式）$$

$$\sigma_e = \frac{\sqrt{M^2 + 0.75T^2}}{W_z} \leqslant [\sigma] \qquad （第四强度理论式）$$

设计转轴时应考虑的主要问题：

（1）为了保证轴能正常工作，要求轴有足够的强度和刚度。

（2）为了保证轴上零件能固定可靠、装拆方便和便于加工制造，要求轴必须有合理的结构。

六、其他传动零（部）件的设计

主要包括滚动轴承、联轴器、键连接的选择与设计。

知 识 考 查

1. 判断题图 4-1(a)、(b)、(c) 所示剪应力分布图是否正确。

题图 4-1

2. 判断题图 4-2(a)、(b)、(c) 所示正应力分布图是否正确。

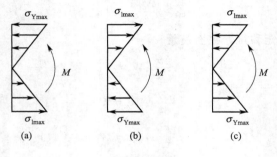

题图 4-2

3. 轴按功能和所受载荷不同分几类？常见的轴多属于哪一种？

4. 自行车的前轴、中轴和后轴各是心轴还是转轴？

5. 轴的常用材料有几种？如果轴的刚度不够，是否可以采用高强度合金钢提高轴的刚度？为什么？

6. 什么是轴上零件的定位和固定？轴向固定和周向固定的方法有哪些？

7. 为什么大多数转轴都做成阶梯轴？各段轴径如何确定？

8. 题图 4-3 中传动轴转速 $n=250\text{r/min}$，主动轴输入功率 $P_B=8\text{kW}$，从动轮 A、C 输出功率 $P_A=5\text{kW}$、$P_C=2\text{kW}$，试画该轴转矩图。

题图 4-3

9. 传动轴如题图 4-4 所示，轴的转速 $n=300\text{r/min}$，主动轮输出功率 $P_C=30\text{kW}$，从动轮输出功率 $P_A=5\text{kW}$，$P_B=10\text{kW}$，$P_D=15\text{kW}$，轴的直径 $d=44\text{mm}$，材料的许用剪应力 $[\tau]=40\text{MPa}$，试校核轴的强度。

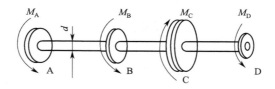

题图 4-4

10. 试求题图 4-5 所示各轴指定截面上的剪力和弯矩。设 q，a，F 均为已知。

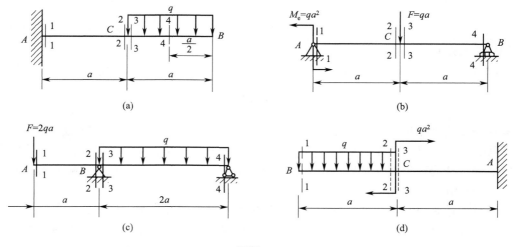

题图 4-5

11. 用简捷法画出题图 4-6 所示各梁的剪力图和弯矩图，求出 $F_{Q\max}$ 和 $M_{\max}$。

12. 空心轴受载荷如题图 4-7 所示。已知 $[\sigma]=150\text{MPa}$，轴外径 $D=60\text{mm}$，在保证安全的条件下，求内径 d 的最大值。

题图 4-6

题图 4-7

13. 试说明下列滚动轴承代号的含义：

6208/P6　　N2312　7216AC　33315B

任 务 实 施

本课程主要采用项目引领，任务驱动的教学模式，课程教学在理实一体化实验实训室进行。课程教学按照基于工作过程相对固定的资讯、计划、决策、实施、检查、评价的 6 个阶段进行实施，分为理论性（常用机构的识别与应用）和实践性（轴系观察与减速器拆装）两类典型工作任务单，详见下表。

工作任务单是根据所学的理论知识点而设置的，设置的理念是以课程标准为目标，以学生为主体，每一个任务是一个知识点的应用，实施形式尽量多样化，学生可以根据教师要求自行设计，也可以按教师的设计完成相应的任务。训练学生针对具体的任务分析问题、发现问题、解决问题的能力；培养吃苦耐劳、不怕脏不怕累的良好工作习惯与工作作风；培养积极主动的工作态度；培养与人沟通的技能、训练团队协作意识，形成正确的人生观与价值观。

每五人分为一小组，每小组有一个小组长，由小组长全权负责任务的分配与协调工作，教师只是起答疑、辅导、巡查与监督作用。

每个工作任务完成后,由学生根据完成的过程和情况进行自评与互评,最后由教师定评。

《典型机械结构的分析与设计》工作任务单
任务名称:常用机构的识别与应用
专业:机电一体化技术(能源方向)、机械制造与自动化专业
班级:　　　　　学号:　　　　　姓名:
一、任务内容 1.典型机构运动分析 2.典型机构受力图的绘制 3.典型机构静力平衡分析 二、任务要求 1.典型机构运动分析 (1)至少选取三种典型机构进行分析。 (2)绘制机构的运动简图。 (3)进行机构自由度计算并分析运动状态。 2.典型机构受力图的绘制 (1)至少选取四种典型机构进行分析。 (2)绘制受力图。 3.典型机构静力平衡分析 (1)至少选取三种典型机构进行分析。 (2)绘制受力图。 (3)应用平衡方程求解约束反力。 三、任务成果 1.提交相关含有计算过程的计算说明书 2.提交相关图纸 四、检查评价(自我评价、教师评价) 资讯:阅读任务书、查阅相关学习资料、信息。 决策:选择和确定方案并进行方案比较。 计划:制订完成方案的计划。 实施:按照计划完成项目(任务)并提交成果。

《典型机械结构的分析与设计》工作任务单
任务名称:轴系观察与减速器拆装
专业:机电一体化技术(能源方向)、机械制造与自动化专业
班级:　　　　　学号:　　　　　姓名:
一、任务内容 1.轴的类型和功用、减速器输出轴的结构设计 2.滚动轴承的型号及选用 3.根据轴系结构设计的思路进行模拟设计及装配 (1)确定传动零件的轴上固定方法、支承方式、润滑方式。 (2)根据设计思路选择合适的零件组装成轴系结构。 (3)将组装好的轴系结构交指导老师检查。 4.在装配好的基础上绘制出轴系部件装配图(至少完成2种组合轴系结构图) 5.减速器拆卸 6.减速器清洗 7.减速器装配 (1)装配工艺方案。正确反映轴与齿轮、轴与轴承、轴与联轴器、主动轴与从动轴的配合关系。 (2)装配工艺实施。按照装配工艺方案正确实施了装配过程,工具、量具使用方法正确,零件摆放正确,机械故障处理正确。

二、任务要求

1. 了解轴和轴承部件结构

2. 掌握不同转速、载荷的传动零件轴系结构的设计方法

3. 加深理解轴上零件的安装固定润滑密封的各种方法

4. 会进行减速器输出轴的设计

5. 能区别常用的滚动轴承类型

6. 通过对各类减速器拆装，了解减速器的类型、功用、轴类结构、齿轮结构、轴承类型、润滑方式、密封以及箱体结构、制造工艺等

三、任务成果

1. 提交相关图纸

2. 提交拆装报告

四、检查评价(自我评价、教师评价)

资讯：阅读任务书、查阅相关学习资料、信息。

决策：选择和确定方案并进行方案比较。

计划：制订完成方案的计划。

实施：按照计划完成项目(任务)并提交成果。

五、任务成果分析讨论

1. 轴做成阶梯形状的目的主要是 ＿＿＿＿＿ 和 ＿＿＿＿＿。

2. 轴外伸端轴承内圈的轴向定位方法有 ＿＿＿＿＿；外圈轴向定位方法有 ＿＿＿＿＿，它与轴采用 ＿＿＿＿＿ 配合。

3. 轴承型号 6210 属于 ＿＿＿＿＿ 类型，轴承周向定位方法是 ＿＿＿＿＿，它采用 ＿＿＿＿＿ 作润滑剂，其密封方式是 ＿＿＿＿＿，轴承轴向间隙用 ＿＿＿＿＿ 调整。

4. 齿轮与其配合的轴采用 ＿＿＿＿＿ 配合，周向用 ＿＿＿＿ 固定。

5. 齿轮的轴向定位方法是 ＿＿＿＿＿，而周向的定位方法是 ＿＿＿＿＿，它的轮毂宽度 B 与配合的轴的长度 L 要满足 ＿＿＿＿＿ 条件，齿轮内孔倒角 C1 与配合轴肩处的圆角 R1 要满足 ＿＿＿＿＿ 的条件。

6. 轴系部件在箱体上采用 ＿＿＿＿＿ 定位，用 ＿＿＿＿＿ 和 ＿＿＿＿＿ 固定，其位置调整用 ＿＿＿＿＿。

项目　带式输送机一级直齿圆柱齿轮减速器的设计

【项目描述】

设计带式输送机的一级圆柱齿轮减速器，内容包括机械传动装置的总体设计、传动零件的设计计算、装配图和零件图的设计与绘制、设计说明书的编写四个部分，项目成果包括设计说明书、装配图、零件图。

【项目条件】

输送机运输带工作拉力、运输带工作速度、滚筒直径如下表中所示。

数据编号	1	2	3	4	5	6	7	8	9	10	11
运输带工作拉力 F/N	3000	2000	2100	2200	2300	2400	2500	2600	2700	2800	2900
运输带工作速度 $v/(m/s)$	0.80	0.90	0.85	0.80	0.75	0.70	0.95	0.90	1.2	0.88	0.80
卷筒直径 D/mm	330	330	320	310	280	290	340	340	300	320	320
数据编号	12	13	14	15	16	17	18	19	20	21	22
运输带工作拉力 F/N	3100	3200	3300	3400	3500	3600	3700	3800	3900	4000	4100
运输带工作速度 $v/(m/s)$	0.78	0.85	0.95	0.95	0.90	0.85	0.85	1.15	1.15	1.1	1.1
卷筒直径 D/mm	320	350	350	350	340	340	330	380	400	390	400
数据编号	23	24	25	26	27	28	29	30	31	32	33
运输带工作拉力 F/N	3200	3200	3300	3400	3500	3600	3700	3800	3900	4000	4100
运输带工作速度 $v/(m/s)$	0.78	0.85	0.95	0.95	0.90	0.85	0.85	1.15	1.15	1.1	1.1
卷筒直径 D/mm	320	330	340	360	360	370	380	390	420	380	390
数据编号	34	34	36	37	38	39	40	41	42	43	44
运输带工作拉力 F/N	3100	3100	3400	3100	3600	3500	3450	3350	3250	4000	4050
运输带工作速度 $v/(m/s)$	0.78	0.85	0.95	0.95	0.90	0.85	0.85	1.15	1.15	1.1	1.1
卷筒直径 D/mm	350	350	310	350	340	340	330	380	400	390	400
数据编号	45	46	47	48	49	50	51	52	53	54	55
运输带工作拉力 F/N	900	850	850	3200	3500	3600	3700	3800	3900	4000	4100
运输带工作速度 $v/(m/s)$	0.78	0.85	0.95	0.85	0.90	0.85	0.85	1.15	1.15	1.1	1.1
卷筒直径 D/mm	320	350	350	340	330	330	340	340	350	350	360

续表

数据编号	56	57	58	59	60	61	62	63	64	65	66
运输带工作拉力 F/N	3100	3200	3300	3400	3500	3600	3700	3500	3700	4000	4100
运输带工作速度 v/(m/s)	0.78	0.85	0.95	0.95	0.90	0.85	0.90	1.15	1.15	1.1	1.15
卷筒直径 D/mm	360	370	380	390	310	320	330	340	360	360	370
数据编号	67	68	69	70	71	72	73	74	75	76	77
运输带工作拉力 F/N	3100	3200	3300	3400	3500	3600	3700	3800	3900	4000	4100
运输带工作速度 v/(m/s)	0.90	0.90	0.90	0.90	0.85	0.90	0.90	1.00	1.00	1.05	1.05
卷筒直径 D/mm	320	350	350	350	340	340	330	380	400	390	400

【相关知识】

一、减速器的主要类型及特点

减速器是在原动机和工作机或执行机构之间的独立的闭式传动装置，用来降低转速和增大转矩，以满足工作需要，在某些场合也用来增速，称为增速器。在现代机械中应用极为广泛。减速器是一种相对精密的机械，它的种类繁多，型号各异，不同种类有不同的用途和特点。

减速器按照传动类型不同可分为齿轮减速器、蜗杆减速器和行星齿轮减速器；按照传动级数不同可分为单级和多级减速器；按照齿轮形状可分为圆柱齿轮减速器、圆锥齿轮减速器和圆锥-圆柱齿轮减速器；按照传动的布置形式又可分为展开式、分流式和同轴式减速器。

1. 一级圆柱齿轮减速器

如图 5-1-1 所示，轴线可水平布置、上下布置和垂直布置。可使用直齿、斜齿和人字齿齿轮，传动比一般小于 5，传递功率可达数万千瓦，效率较高，生产工艺简单，精度易于保证，一般工厂都能制造，加工性价比较高，应用广泛。

图 5-1-1　一级圆柱齿轮减速器

2. 二级圆柱齿轮减速器

如图 5-1-2 所示，轴线可水平布置、上下布置和垂直布置。可使用直齿、斜齿和人字齿齿轮，传动比一般为 8～40。展开式减速器由于齿轮相对于轴承不对称布置，因而造成载荷沿齿向分布不均匀，要求轴具备较大的刚度。分流式减速器齿轮相对于轴承为对称布置，载荷沿齿向分布均匀，可承受较大载荷，常用于较大功率、变载荷的场合。同轴式减速器长度方向尺寸较小，轴向尺寸较大，中间轴较长，刚度较差，但两级大齿轮直径接近，有利于浸油润滑。

图 5-1-2　二级圆柱齿轮减速器

3. 一级圆锥齿轮减速器

如图 5-1-3 所示，轴线可水平布置和垂直布置。可使用直齿、斜齿和曲齿齿轮，传动比一般小于 3，主要用于传递和转换空间运动。

图 5-1-3　一级圆锥齿轮减速器

4. 一级蜗杆减速器

如图 5-1-4 所示，圆周速度 $v \leqslant 4 \sim 5 \mathrm{m/s}$ 时宜采用蜗杆下置式，$v > 4 \sim 5 \mathrm{m/s}$ 时宜采用蜗杆上置式，采用立轴布置时对密封要求较高。一级蜗杆减速器尺寸紧凑，结构简单，但效率较低，适用于载荷较小，间歇工作的场合。

二、传动装置的总体设计

传动装置的总体设计包括确定传动方案、选择电动机型号、合理分配各级传动比和计算传动装置的运动及动力参数，为后续各级传动件的设计提供依据。

（一）传动方案的选择

一般工作机器通常由原动机、传动装置和工作装置三个部分组成。传动装置传送原动机的动力、变换其运动，以实现工作装置预定的工作要求，它是机器的主要组成部分。实践证明，传动装置的重量和成本通常在整台机器中占有很大的比重，机器的工作性能和运转费用

蜗杆下置式　　　　　　　蜗杆上置式　　　　　　　立轴

图 5-1-4　一级蜗杆减速器

在很大程度上也取决于传动装置的性能、质量及设计布局的合理性。由此可见，在机械设计中合理拟订传动方案具有非常重要的意义。

　　合理的传动方案除满足工作要求外，还应具备结构紧凑、便于加工、效率高、成本低、使用维护方便等特点。

　　传动方案通常用运动简图表示。它可以清晰反映原动机、传动装置和工作装置三者之间运动和力的传递关系，是设计传动装置中各零部件的重要依据。图 5-1-5 为带式输送机的一级圆柱齿轮减速器运动简图。

图 5-1-5　带式输送机的一级圆柱齿轮减速器运动简图
1—电动机；2—带传动；3—减速器；4—联轴器；5—滚筒；6—传送带

（二）电动机型号的选择与参数确定

　　原动机是机器运动和动力的来源，其种类繁多，如电动机、内燃机、蒸汽机、水轮机、汽轮机、液动机等。电动机构造简单、工作可靠、控制简便、容易维护，一般生产机械上大多数均采用电动机驱动。

电动机已标准化、系列化，通常由专门工厂按标准系列成批或大量生产。机械设计中应根据工作载荷（大小、特性及其变化情况）、工作要求（转速高低、调速要求、启动和反转频繁程度）、工作环境（尘土、金属屑、油、水、高温及爆炸气体等）、安装要求及尺寸、重量有无特殊限制等条件，从产品目录中选择电动机的类型和结构形式、容量（功率）和转速，确定具体型号。

1. 选择电动机的类型和结构形式

生产单位一般使用三相交流电源，如无特殊要求（如在较大范围内平稳地调速，经常启动和反转等），通常都采用三相交流异步电动机。我国已制定统一标准的 Y 系列是一般用途的全封闭自扇冷式笼型三相异步电动机，其结构简单、启动性能好、工作可靠、价格低廉、维护方便、适用于不易燃、不易爆、无腐蚀性气体和无特殊要求的机械，如金属切削机床、风机、输送机、搅拌机、农业机械和食品机械等。由于 Y 系列电动机还具有较好的启动性能，因此也适用于某些对启动转矩有较高要求的机械（如压缩机等）。在频繁启动、制动和反转的场合，要求电动机转动惯量小和过载能力大，此时宜选用启重及冶金用的 YZ 型或 YZR 型三相异步电动机。

三相交流异步电动机根据其额定功率（指连续运转下电机发热不超过许可温度的最大功率，其数值标在电动机铭牌上）和满载转速（指负荷相当于额定功率时的电动机转速，当负荷减小时，电动机实际转速略有升高，但不会超过同步转速、磁场转速）的不同，选用的型号也不尽相同。为适应不同的安装需要，同一类型的电动机结构又制成不同的形式。各型号电动机的技术数据（如额定功率、满载转速、堵转转矩与额定转矩之比、最大转矩与额定转矩之比等）、外形及安装尺寸可查阅产品目录或有关机械设计手册。

2. 确定电动机功率

电动机的容量（功率）选择合适与否，对电动机的工作和经济性都有影响。当容量小于工作要求时，电动机不能保证工作装置的正常运行，或因电动机长期过载而过早损坏，容量过大时则电动机的价格较高，能量不能充分利用，且因经常不在满载下运行，其效率和功率因数都较低，造成不必要的浪费。

电动机容量与电动机运行时的发热情况有关，而发热又与其工作情况有关。电动机的工作情况一般可分为两类。

（1）用于长期连续运转、载荷不变或很少变化的、常温下工作的电动机。选择这类电动机的容量，只需使电动机的负载不超过其额定值，电动机便不会过热。这样可按电动机的额定功率 P_{ed} 等于或略大于电动机所需的输出功率 P_0，即 $P_{ed} \geqslant P_0$，从附录中的附表 1 选择相应的电动机型号，而不必再作发热计算。通常按 $P_{ed} = (1 \sim 1.3)P_0$ 选择。

电动机所需的输出功率为：

$$P_0 = \frac{P_w}{\eta}(\mathrm{kW})$$

式中，P_w 为工作装置所需功率，kW；η 为由电动机至工作装置的传动装置的总效率。

工作装置所需功率 P_w 应由机器各种阻力和运行速度经计算求得。设计时通常根据设计任务书给定参数，按下式计算：

$$P_w = \frac{F_w v_w}{1000 \eta_w}(\mathrm{kW})$$

式中，F_w 为工作装置的阻力，N；v_w 为工作装置的线速度，m/s；η_w 为工作装置的效率。

由电动机至工作装置的传动装置总效率 η 按下式计算：

$$\eta = \eta_1 \cdot \eta_2 \cdot \eta_3 \cdots \eta_n$$

式中，$\eta_1 \cdot \eta_2 \cdot \eta_3 \cdots \eta_n$ 分别为传动装置中每一级传动副（齿轮、蜗杆、带或链传动等）、轴承、联轴器的效率，其值可查阅《机械设计手册》，表 5-1 列出了部分数据。

表 5-1　机械传动效率和传动比概略值

传动类型	传动类别	效率
圆柱齿轮传动	7 级精度(稀油润滑)	0.98
	8 级精度(稀油润滑)	0.97
	9 级精度(稀油润滑)	0.96
	开式齿轮(脂润滑)	0.94～0.96
圆锥齿轮传动	7 级精度(稀油润滑)	0.97
	8 级精度(稀油润滑)	0.94～0.97
	开式齿轮(脂润滑)	0.92～0.95
带传动	平带传动	0.95
	V 带传动	0.96
链传动	开式	0.90～0.93
	闭式	0.95～0.97
蜗杆传动	自锁蜗杆	0.40～0.45
	单头蜗杆	0.70～0.75
	双头蜗杆	0.75～0.82
	四头蜗杆	0.82～0.92
滚动轴承	球轴承(稀油润滑)	0.99(一对)
	滚子轴承(稀油润滑)	0.98(一对)
滑动轴承	润滑不良	0.94(一对)
	正常润滑	0.97(一对)
	液体摩擦	0.99(一对)
联轴器	浮动式(十字沟槽式等)	0.97～0.99
	齿式联轴器	0.99
	弹性联轴器	0.99～0.995
带式输送机	输送机滚筒	0.96

计算传动装置总效率时应注意以下几点。

① 所取传动副的效率是否已包括其轴承效率，如已包括则不再计入轴承效率。

② 轴承效率通常指一对轴承。

③ 同类型的几对传动副、轴承或联轴器，要分别计入各自的效率。

④ 蜗杆传动效率与蜗杆头数及材料有关，设计时应初选头数，估计效率，待设计出蜗杆传动后再确定效率，并修正前面的设计计算数据。

⑤ 资料推荐的效率值一般在一个范围值内。如工作条件差、加工精度低、维护不良时，则应取较低值，反之取较高值。

（2）用于变载下长期运行的电动机、短时运行的电动机（工作时间短、停歇时间较长）和重复短时运行的电动机（工作时间和停歇时间都不长），其容量选择按等效功率法计算，并校验过载能力和启动转矩。需要时可参阅电力拖动等相关专著。

3．确定电动机转速

额定功率相同的同类型电动机有若干种转速。电动机转速越高，则磁极越少，尺寸及重量越小，一般说价格也越低；但由于所选用的电动机转速较高，当工作机械低速时，减速传动所需传动装置的总传动比必然增大，传动级数增多，尺寸及重量增大，从而使传动装置的成本增加。因此确定电动机转速时应同时考虑电动机及传动装置两个因素。电动机选用最多的是同步转速为 1000r/min 及 1500r/min 两种，如无特殊要求，一般不选用转速低于 750r/min 的电动机。

根据选定的电动机类型、结构、容量和转速，从标准中查出电动机型号，应将其型号、额定功率、满载转速、外形尺寸、电动机中心高、轴伸尺寸、键连接尺寸等记下备用。Y 系列三相异步电动机的技术数据摘列于附录中的附表 1。

（三）传动比计算与分配

电动机选定后，根据电动机的满载转速 n_m 及工作轴的转速 n_w 可确定传动装置的总传动比 $i = n_m/n_w$。总传动比数值不大的可用一级传动，数值大的通常采用多级传动。

其中 i_1、i_2、$i_3 \cdots i_k$ 为各级传动机构的传动比。总传动比 $i = i_1 \cdot i_2 \cdot i_3 \cdots i_k$

合理分配传动比是传动装置设计中的又一个重要问题。它将影响传动装置的外廓尺寸、重量及润滑等很多方面。具体分配传动比时，应注意以下几点。

（1）各级传动的传动比最好在推荐值范围内选取，对减速传动尽可能不超过其允许的最大值。各类传动的传动比常用值及最大值可参见表 5-2。

表 5-2　常用传动机构的传动比适用范围

选用指标 ＼ 传动机构		平带传动	V 带传动	链传动	齿轮传动		蜗杆传动
功率（常用值）/kW		小（≤20）	中（≤100）	中（≤100）	大（最大 50000）		小（≤50）
单级传动比	常用值	2～4	2～4	2～5	圆柱 3～5	圆锥 2～3	10～40
	最大值	5	7	6	8	5	80

（2）设计时尽量使传动级数少、传动机构数少、传动系统简单，以提高传动效率和减少精度的降低。

（3）结构尺寸应协调、匀称并便于安装，绝不能造成互相干涉。V 带-单级齿轮减速器的传动中，若带传动的传动比过大，大带轮半径可能大于减速器插入轴的中心高，造成安装不便；由于高速级传动比过大，造成高速级大齿轮与低速轴干涉相碰。

（4）传动装置的外廓尺寸尽可能紧凑。由于传动比分配不相同，其外廓尺寸会有较大差别。

（5）在卧式齿轮减速器中，设计时各级大齿轮直径应相近，可保证其浸油深度大致相同，便于齿轮浸油润滑。由于低速级齿轮的圆周速度较低，一般其大齿轮直径可大一些，亦即浸油深度可深一些。

（6）总传动比分配还应考虑载荷性质。对于平稳载荷，各级传动比可取简单的整数，对于周期性变动载荷，为防止局部损坏，各级传动比通常取为质数。

（7）对传动链较长、传动功率较大的减速传动，一般按"前小后大"的原则分配传动比，即自电动机向低速的工作轴各级传动比依次增大较为有利，这样可使各级中间轴有较高的转速及较小的转矩，从而可以减小中间级传动机构及其轴的尺寸和重量。但从不同侧重点考虑具体问题时，也可能与这个原则有所不同。

（四）运动与动力参数分配与计算

设电动机轴为 0 轴，减速器高速轴为Ⅰ轴，大齿轮轴为Ⅱ轴，工作机轴为Ⅲ轴。

1. 计算各轴转速

$$n_0 = n_m$$

$$n_{\mathrm{I}} = \frac{n_m}{i_{带}}$$

$$n_{\mathrm{II}} = \frac{n_{\mathrm{I}}}{i_{齿}}$$

$$n_w = n_{\mathrm{II}}$$

2. 计算各轴功率

$$p_0 = p_d$$

$$p_{\mathrm{I}} = p_d \eta_{带}$$

$$p_{\mathrm{II}} = p_{\mathrm{I}} \eta_{轴承} \eta_{齿轮}$$

$$p_{\mathrm{III}} = p_{\mathrm{II}} \eta_{轴承} \eta_{联轴器}$$

3. 计算各轴转矩

$$T_0 = 9.55 \times 10^6 \frac{P_0}{n_0}$$

$$T_{\mathrm{I}} = 9.55 \times 10^6 \frac{P_{\mathrm{I}}}{n_{\mathrm{I}}}$$

$$T_{\mathrm{II}} = 9.55 \times 10^6 \frac{P_{\mathrm{II}}}{n_{\mathrm{II}}}$$

$$T_{\mathrm{III}} = 9.55 \times 10^6 \frac{P_{\mathrm{III}}}{n_{\mathrm{III}}}$$

4. 实例分析计算

带式输送机运送碎粒物料，如谷物、型砂、煤等。输送机运转方向不变，满载启动，工作载荷稳定，工作机传动效率为 0.96。使用年限为 10 年，每年 300 个工作日，每日工作 8h。环境最高温度 350℃，小批量生产。已知输送带的工作拉力 $F = 2700\mathrm{N}$，运输带的速度 $v = 1.2\mathrm{m/s}$，滚筒直径为 $D = 300\mathrm{mm}$，工作机的效率 $\eta = 0.96$。

要求：选择电动机类型、型号和参数；确定总传动比和分配传动比；确定各轴运动及动力参数。

解：（1）传动装置的总效率（电动机至输送带的总效率）

查表 5-1 得：$\eta_{带} = 0.96$，$\eta_{齿轮} = 0.97$，$\eta_{轴承} = 0.99$，$\eta_{联轴器} = 0.99$

$\eta_{总} = \eta_{带} \times \eta_{轴承}^2 \times \eta_{齿轮} \times \eta_{联轴器} \times \eta_{工作机} = 0.96 \times 0.99^2 \times 0.97 \times 0.99 \times 0.96 = 0.867$

（2）电动机的输出功率

$$P_{电动机} = \frac{P_{工作机}}{\eta_{总}} = \frac{Fv}{1000\eta_{总}} = \frac{2700 \times 1.2}{1000 \times 0.867} = 3.74(\mathrm{kW})$$

式中，F 为工作拉力（设计给定的已知值），N；v 为运输带速度（设计给定的已知值），m/s。

电动机的额定功率：$P_{ed} = (1 \sim 1.3)P_d = (1 \sim 1.3) \times 3.74 = 3.74 \sim 4.862(\mathrm{kW})$

（3）电动机转速的确定

① 工作机转速：

$$n_w = \frac{60 \times 1000 v}{\pi D} = \frac{60 \times 1000 \times 1.2}{3.14 \times 300} = 76.4 (\text{r/min})$$

② 电动机转速：

$$n_d = i n_w = (6 \sim 20) \times 76.4 = 458.4 \sim 1528 (\text{r/min})$$

（4）电动机型号的确定　同一功率的电动机有四种不同转速，其中符合这一范围的电动机的转速有 750r/min、1000r/min 和 1500r/min，综合考虑电动机和传动装置的尺寸重量以及带传动和减速器的传动比，比较三个方案可知：方案 2 较适合，见表 5-3。

表 5-3　电动机型号、参数和传动装置各级传动比

方案	电动机型号	额定功率 P_{ed} /kW	电动机转速		传动装置传动比		
			同步转速 /(r/min)	满载转速 /(r/min)	总传动比	带	齿轮
1	Y160M1-8	4	750	720	9.42	3	3.14
2	Y132M1-6	4	1000	960	12.56	3.14	4
3	Y112M-4	4	1500	1440	18.85	3.5	5.4

（5）总传动比分配

① 确定总传动比：$i_总 = \dfrac{n_m}{n_w} = \dfrac{960}{76.4} = 12.56$

② 总传动比分配

查表 5-2，$i_带 = 2 \sim 4$，$i_齿 = 3 \sim 5$，$i_带 < i_齿$，总传动比：$i_总 = i_带 \times i_齿$

设 $i_带 = 3.14$，则 $i_齿 = \dfrac{i_总}{i_带} = \dfrac{12.56}{3.14} = 4$

（6）运动及动力参数计算

① 各轴转速：

$$n_0 = n_{电动机} = 960\text{r/min}$$

$$n_I = \frac{n_0}{i_带} = \frac{960}{3.14} = 305.73 (\text{r/min})$$

$$n_{II} = \frac{n_I}{i_齿} = \frac{305.73}{4} = 76.4 (\text{r/min})$$

$$n_w = n_{II} = 76.4 (\text{r/min})$$

② 各轴功率：

$$P_0 = P_d = 3.74\text{kW}$$

$$P_I = P_d \eta_带 = 3.74 \times 0.96 = 3.59 (\text{kW})$$

$$P_{II} = P_I \eta_{轴承} \eta_{齿轮} = 3.59 \times 0.99 \times 0.97 = 3.45 (\text{kW})$$

$$P_{III} = P_{II} \eta_{轴承} \eta_{联轴器} = 3.45 \times 0.99 \times 0.99 = 3.38 (\text{kW})$$

③ 各轴转矩：

$$T_0 = 9.55 \times 10^6 \frac{P_0}{n_0} = 9.55 \times 10^6 \times \frac{3.74}{960} = 37205 (\text{N} \cdot \text{mm})$$

$$T_I = 9.55 \times 10^6 \frac{P_I}{n_I} = 9.55 \times 10^6 \times \frac{3.59}{305.73} = 112139 (\text{N} \cdot \text{mm})$$

$$T_{\rm II} = 9.55 \times 10^6 \frac{P_{\rm II}}{n_{\rm II}} = 9.55 \times 10^6 \times \frac{3.45}{76.4} = 431250 (\text{N} \cdot \text{mm})$$

$$T_{\rm III} = 9.55 \times 10^6 \frac{P_{\rm III}}{n_{\rm III}} = 9.55 \times 10^6 \times \frac{3.38}{76.4} = 422500 (\text{N} \cdot \text{mm})$$

运动及动力参数见表 5-4。

表 5-4　运动参数及动力参数

参数 轴名	转速/(r/min)	功率/kW	转矩/N·mm	传动比	效率
0 轴（电动机轴）	960	3.74	37205	3.14	0.96
Ⅰ 轴（主动轴）	305.73	3.59	112139		0.96
Ⅱ 轴（从动轴）	76.4	3.45	431250	4	0.96
Ⅲ 轴（卷筒轴）	76.4	3.38	422500	1	0.98

三、传动零件的设计

（一）带传动的设计

1. V 带设计

V 带设计是根据给定的原始数据，如功率、转速、传动比、传动装置要求及工作条件等进行。设计时主要确定带的型号、大小带轮直径、中心距和带长、带的根数以及对轴的压力等，完成 V 带设计。

2. 带轮设计

带轮设计主要是选择带轮的材料和结构。带轮常用材料为铸铁，转速高时可以采用铸钢，小功率也可以采用铸铝或塑料。

轴的结构设计完成后，才能确定带轮轮毂孔的直径，根据带轮的结构形式确定带轮的其他尺寸，并画出大小带轮的结构草图，检查无误后，完成带轮的工作图。

3. 设计 V 带时注意事项

（1）检查带轮尺寸与传动装置外廓尺寸的相互关系，如装在电动机轴上的小带轮直径与电动机中心高是否对称，其轴孔直径与电动机轴径是否一致。

（2）大带轮尺寸不得过大，避免大带轮与减速器机架相碰。

（3）带轮结构设计前，应先绘制轴的装配草图，确定安装带轮的那段轴径，根据轴径确定带轮的轮毂尺寸。

带的设计内容、步骤参阅任务二中的详细介绍。

（二）齿轮传动的设计

设计时应选择正确的设计准则，计算出减速器各齿轮的模数、齿数、分度圆直径、齿宽、中心距等主要参数，以满足结构和使用要求。

设计齿轮时注意事项：

① 正确处理设计出的尺寸数据，视具体情况进行圆整、取标准值，如模数、压力角应取标准值，中心距、齿宽应取整数；

② 传动动力的齿轮啮合，齿轮模数不小于 2mm；

③ 小齿轮齿宽比大齿轮齿宽大 5～10mm；

④ 齿轮各参数计算出来后，应以表格的形式记录下有关尺寸，供绘制装配图和零件图

使用。

齿轮的具体设计内容参阅任务三中详细介绍。

（三）轴的设计

设计轴时应根据装配、加工、受力等情况，合理确定轴各部分的形状和尺寸，使其满足强度、结构和使用要求。

设计轴时注意事项：

① 为了保证轴能正常工作，要求轴具有足够的强度和刚度；

② 防止工作时产生不允许的断裂和变形；

③ 为保证轴上零件能固定可靠、拆装方便，以便轴的加工制造，减少生产费用，要求轴必须具有良好工艺性，并且要求结构合理；

④ 安装在轴上的零件，需要进行轴向和周向定位与固定。

轴的结构设计、步骤参阅任务四。

四、其他传动零件（联轴器、键、轴承）的选择与校核

联轴器、键已经标准化，在使用时可直接选用。轴承可以分滚动轴承和滑动轴承两类，在减速器的设计中常采用滚动轴承。

具体相关内容参阅任务四。

五、装配图的设计与绘制

1. 机械装配图设计概述

如图 5-1-6 所示，机械装配图是表达各零部件之间的相互位置、尺寸关系和各零件的结构形状的一种图形，是绘制零件工作图、进行机械组装和调试的技术依据。

装配图是在总体方案、主要参数和尺寸等初步拟订的基础上设计具体的结构的一种图形。在绘制装配图时应综合考虑工作要求、强度、刚度、寿命、加工、装拆、调整、润滑、检测、维修及经济等多方面的因素，采用"由主到次、由粗到细"、"边绘图、边计算、边修改"的方法逐步完成。由于装配图设计过程较为复杂，一般先用细线、轻线进行装配草图设计，待检查修改完后再进行装配工作图绘制。

2. 装配草图的设计和绘制

（1）装配草图设计的基本任务　装配草图设计的基本任务是通过绘图考察初拟的运动参数、各传动件的结构和尺寸是否协调、是否干涉；确定轴的结构、跨距和受力点的位置（为轴和轴承的设计和选择做铺垫）；确定所有部件和零件的结构与尺寸（为零件工作图设计和装配图总成设计提供必需的结构尺寸和依据）。

装配草图设计包括结构设计、绘图和计算，在其交替进行中常需修改某些零件的结构和尺寸，所以绘制草图着笔要轻、线条要细，由主到次，由粗到细，按选定的图样比例进行。对于已标准化（或规格化）的零件（如滚动轴承等）可先用示意法（仅表示其外形轮廓尺寸，对一些倒圆、倒角等细部尺寸以及剖面线均无需画出）。

（2）装配草图设计的准备工作

① 由运动简图划分部件，明确各部件运动、动力参数及尺寸。如图 5-1-5 所示，运动简图可以划分为电动机、V 带传动、减速器、联轴器、驱动卷筒轴系部件及机架等部件。由总体设计、传动件设计可获得电动机的型号、额定功率、输出功率、满载转速，各轴的转速、输入功率和转矩，减速器两齿轮的模数、齿数、轮宽、中心距和圆周速度，V 带传动

(标题栏)

图 5-1-6　一级圆柱齿轮减速器装配图

的型号、带长，根数、两 V 带轮的宽度，基准直径和中心距等主要参数和尺寸。

　　② 确定结构方案。运动简图通常表示机械传动系统和布局，进行装配草图设计时应进一步考虑其结构方案。如图 5-1-5 所示，V 带传动——用于电动机、齿轮减速器连接，并由

电动机在轨上调整张紧力；减速器——水平剖分式、干壁式、铸造箱体，齿轮浸油润滑，轴承脂润滑并设封油环，采用深沟球轴承、两端单向固定，螺钉连接式轴承盖并用调整垫片组调整轴系位置和间隙，轴伸出处采用毡圈密封；驱动卷筒轴系部件——铸造卷筒用平键、紧定螺钉与轴固定，剖分式滚动轴承座支承；机架——槽钢焊接结构机架，用螺栓分别与电动机滑轨、减速器、卷筒轴轴承座连接；联轴器——弹性联轴器，用于减速器输出轴与驱动卷筒主轴等的连接。

（3）部件装配草图的设计和绘制　在组成机械的各部件中应选择对机械总体关联和影响最大的部件先行设计，胶带输送机中考虑为齿轮减速器。直齿圆柱齿轮减速器装配草图设计、绘制步骤如下。

① 选择视图、图纸幅面、图样比例及布置图面位置。装配图所选视图应以能简明表达各零件的基本外形及其相互位置关系为原则。一般减速器选用正视图、俯视图和侧视图三个视图来表达，结构简单者也可选用两个视图，必要时应加剖视图和局部向视图来表达。

图纸幅面应符合标准规定，建议采用 A1 或 A0 号图纸绘制装配图。

选择图样比例和布置图面前，应根据传动件的中心距、顶圆直径及轮宽等主要尺寸并参考相近似的装配图，估计出外廓尺寸，考虑零件序号、尺寸标注、明细表、标题栏、技术特性表及技术要求的文字说明等所需图面空间，选择图样比例、合理布置图面。通常将正视图和俯视图布置在图纸左侧，明细表、标题栏和技术特性布置在图纸右侧。图样比例须符合标准规定，为增强设计的真实感，应优先采用 1∶1 的图样比例，若视图相对图纸尺寸过大或过小时，也可选用其他合适且常用的图样比例。视图、图纸幅面，图样比例的选择和图面位置的布置，彼此密切相关，绘图时应全盘考虑、统筹兼顾、合理选定。

② 绘制传动件的中心线及轮廓线、箱体的内壁线。传动件、轴和轴承是减速器的主要零部件，其他零件的结构和尺寸通常均需随后设计才能确定。绘图时先画主要零件，后画其他零件，由箱内零件画起，内外兼顾，逐步向外展开。为此，应先画传动零件的中心线（在图面上也起到基准定位的作用）、齿顶圆、节圆、齿根圆、轮缘及轮毂宽等轮廓线，箱体内壁与小齿轮端面应留有一定间距的原则画出沿箱体长度方向的两条内壁线，箱体内壁与大齿轮顶圆应留有一定间距的原则画出沿箱体宽度方向的一条内壁线，画图时应以一个视图为主，兼顾几个视图。对于圆柱齿轮减速器，小齿轮顶圆与箱体内壁间的距离暂不确定，待进一步设计结构时，再由正视图上箱体结构的投影确定。

③ 初估轴的外伸端直径。通过绘图进行轴和轴承部件结构及轴上零件作用力的位置的初步设计。根据初绘草图，分析轴的受力情况，按适当比例绘制弯矩图、转矩图及当量弯矩图，并标出特征点的数值；同时在结构图上判定并标出轴的若干危险剖面。参照教材对各危险剖面校核轴的强度，校核时若发现轴的强度不够，则应加大轴径，或修改轴的结构参数（如加大圆角半径等），以降低应力及应力集中程度。若轴的强度较大，且其计算应力或安全系数与许用值相差不大，则以轴结构设计时确定的轴径为准，一般不再修改。对于强度裕量过大的情况，也应在综合考虑刚度，结构要求以及轴承和键连接等的工作能力后决定是否修改，以防顾此失彼。

滚动轴承的寿命选择最好与减速器的使用寿命或减速器的检修期（2～3 年）大致相符。若计算结果表明轴承的寿命达不到上述要求，可不改变原选轴承而改用 5000～10000h 作为设计寿命，而在使用过程中需定时更换轴承。在轴承寿命达不到规定要求时，宜先考虑选用另一种直径系列的轴承，其次再考虑改换轴承类型，提高轴承基本额定动载荷。

平键连接主要校核挤压强度，计算时需注意许用挤压应力，应按键、轴、轮毂三者材料最弱的选取，并注意正确计算键长。若强度不够，则可通过加大键的长度，改用双键、花键，加大轴径等措施来满足强度要求。

④ 进一步绘图，进行传动零件、固定装置、密封装置，箱体及附件的结构设计。上述设计的具体结构和尺寸关系可参阅本书任务二、三、四的阐述与分析，学生应在融会贯通的基础上发挥创造性，独立进行本阶段的设计工作，并注意绘图时应先主件后附件、先主体后局部、先轮廓后细部，同时在三个视图上交替进行。

⑤ 装配草图的检查和修正。上述工作完成之后，应对装配草图仔细检查，认真修正，检查次序亦如绘制装配草图"由主到次"进行。检查的主要内容如下。

a. 装配草图是否与传动方案（运动简图）一致。如轴伸出端的位置，电动机的布置及外接零件（带轮和联轴器等）的匹配是否符合传动方案的要求。

b. 传动件、轴、轴承及轴上其他零件的结构是否合理，定位、固定、加工、装拆及密封是否可靠和方便。

c. 箱体的结构与工艺性是否合理，附件的布置是否恰当，结构是否正确。

d. 重要零件是否满足强度、刚度、耐磨等要求，其计算是否正确，计算出的尺寸是否与设计计算相符。

e. 图纸幅面、图样比例、图面布置等是否合适。视图表达是否符合机械制图标准的规定，投影是否正确，可重点检查三个视图的投影关系是否协调一致，啮合轮齿、螺孔及滚动轴承等的规定画法和简化画法是否正确，为帮助学生自己检查和修正装配草图。

以上较详细地阐述了单级圆柱齿轮减速器装配草图的设计和绘制，读者可以由此得到启发，从而自己进行两级圆柱齿轮、圆锥-圆柱齿轮以及蜗杆等减速器装配草图的设计与绘制；设计与绘制装配草图的步骤和方法基本相同。

3. 装配工作图的绘制和总成设计

在完成装配草图的基础上，应进一步将总成绘制成为可供生产使用的、正式的、完整的装配工作图。工作图包括必要的结构视图、尺寸、零部件序号、明细表、标题栏以及技术特性和技术要求等内容。具体内容如下。

（1）按机械制图标准绘制结构视图　装配工作图各视图应完整、清晰，避免采用虚线表示零件的结构形状，对必须表达的内部结构或细节结构，可以用局部剖视或向视图表示。装配图上某些结构可用机械制图标准规定的简化画法，例如螺栓、螺母、滚动轴承可以采用简化画法；对于类型、尺寸、规格、材料均相同的螺栓连接，可以只画一个，其他则用中心线表示。

装配工作图也应先用轻线绘制，待零件工作图设计完成，进行某些必要的修改后再加粗。如果装配草图质量良好，无需做较多的或大的改动。也可以在原装配草图上继续进行装配工作图的绘制与总成设计工作。

（2）标注主要尺寸和配合

① 特性尺寸。反映技术性能、规格或特征的尺寸。

② 外形尺寸。表明占有的空间尺寸：如减速器的总长、总宽和总高等，可供包装、运输和布置安装场所作参考。

③ 安装尺寸。为设计支承件（如机架、电动机座），外接零件提供联系的尺寸：如减速器箱体底面的尺寸，地脚螺栓孔的直径与中心距，地脚螺栓孔的定位尺寸，轴外伸端的配合

直径、配合长度、中心高及端面定位尺寸等。

④ 配合尺寸。表明各配合零件之间装配关系的尺寸，如传动件与轴头，轴承内孔与轴颈，轴承外围与轴承座孔的配合尺寸。在标注这些尺寸的同时，应认真考虑并注明选用何种基准制、配合性质及精度等级。

（3）编制零件序号、明细表和标题栏　装配工作图上所有零件均应标出序号，但对形状、尺寸及材料完全相同的零件只需标一个序号。各独立部件，如滚动轴承，通气器和油标等，虽然是由几个零件组成，也只可编一个序号。对于装配关系清楚的零件组（如螺栓、螺母及垫圈），可用一条公用指引线，但各零件仍应分别给予编号。

序号应安排在视图外边，并沿水平、垂直方向以顺时针或逆时针方向整齐排列，不得重复和遗漏。各序号引线不应相交，并尽可能不与视图的剖面线平行。

明细表和标题栏在装配工作图上的布置可参见机械制图标准，标题栏应布置在图纸的右下角，明细表和标题栏的格式可参见图 5-1-7。对装配图中每一个序号均应在明细表中由下向上顺序编填，各标准件应按规定方式标记。材料应注明牌号，外购件一般应在备注栏内写明。编制明细表也是最后确定材料及标准件的过程，应认真对待，要注意尽量减少材料和标准件的品种和规格。

图 5-1-7　标题栏和明细表格式

（4）标出技术特性　通常采用列表形式在装配图上的适当位置标出技术特性，减速器的技术特性所列项目一般为输入功率、转速、传动效率、总传动比和传动特性（各级传动比及各级传动的主要参数、精度等级）等。

（5）撰写技术要求　装配工作图上的技术要求是用文字来说明。在视图上难以标出的有关装配、调整、检验、润滑、维护等方面的内容，具体则与设计要求有关。在减速器装配图上通常写出的技术要求有如下几方面：a. 装配前的零件表面要求；b. 安装和调整要求；c. 润滑要求；d. 密封要求；e. 试验要求；f. 包装和运输要求等。各项具体的技术要求是根据该直齿圆柱齿轮减速器的设计要求编写的。啮合传动的侧隙量和接触斑点是根据传动件精度确定的，齿轮副的最小和最大法向侧隙应根据齿厚极限偏差和传动中心距极限偏差等通过计算来确定。用涂色法检查齿面接触斑点是在主动轮齿面上涂色，主动轮转动2～3周，观察从动轮齿面的着色情况，并分析沿齿高和齿长接触区位置以及接触面积大小，若侧隙及接触斑点不符合要求时，可对齿面进行刮研、跑合或调整传动件的啮合位置。

待上述工作完成后，应对装配工作图的质量逐项仔细检查，使之正确无误。

关于总装配图的绘制与总成设计，其工作内容和前述减速器部件装配图的绘制与总成设计基本类似。带输送机的总装配图中，由于减速器，弹性联轴器、驱动卷筒轴组件等均另行绘制了部件装配图，在总装配图的序号和明细表中则将它们分别作为一个单元编制，其外形和配合尺寸等一般均无需在总装配图中标注。总装时用的螺栓、螺母及垫片等标准件常集中一起编写序号。

六、零件工作图的设计与绘制

1. 零件工作图设计概述

机器或部件中每个零件的结构尺寸和加工要求在装配图中没有完全反映出来。因此，要把装配图中的各个零件制造出来（除标准件外），还必须绘制出每一零件的工作图。合理设计、正确绘制零件工作图也是设计过程中的一个重要环节，只有完成零件工作图的绘制，制造产品所需的设计图纸才算齐备。

零件工作图是零件制造、检验和制订工艺规程的基本技术文件。它既要反映设计的意图，又要考虑制造的可能性和合理性。一张正确设计的零件工作图可以起到减少废品、降低生产成本、提高生产率和机械使用性能的作用，在机械设计课程设计中，绘制零件工作图的主要目的是培养学生的设计能力，掌握零件工作图的绘制方法。由于时间有限，只要求绘制由教师指定的2～3张典型零件的工作图。

零件工作图的要求如下。

（1）正确选择和合理布置视图　零件工作图必须根据机械制图中规定的画法并以较少的视图和剖视合理布置图面，清楚而正确地表达出零件内、外各部分的结构形状和尺寸。为了方便起见，零件工作图应以较大的比例绘制，对于局部的细小结构，还可以再用更大的比例画出局部放大图。

（2）合理标注尺寸　要求认真分析设计要求和零件的制造工艺，正确选择尺寸基准面，做到尺寸齐全，标注合理，尽可能避免加工时再计算，不遗漏，不重复，更不能有差错。零件的结构尺寸应与装配图一致，不得任意更改，以防发生矛盾。但有时零件的结构影响装配时，也可在保持零件工作性能的前提下，修改零件的结构，但是在修改零件结构的同时，也要对装配图做相应的改动。

对装配图中未标明的一些细小结构，如退刀槽、圆角、倒角和铸件壁厚的过渡尺寸等，在零件工作图中都应完整、正确地绘制出来。

另外，有一些尺寸不应从装配图上推定，而应以设计计算为准，例如齿轮的齿顶圆直径等。零件工作图上的自由尺寸应加以圆整。

（3）标注公差及表面粗糙度　对于配合尺寸和精度要求较高的几何尺寸，应标注出尺寸的极限偏差。并根据不同要求标注零件的表面形状和位置公差。自由尺寸的公差一般可不标注。形位公差值可用类比法或计算法确定。

（4）编写技术要求　技术要求是指一些不便在图上用图形或符号标注，但在制造或检验时又必须保证的条件和要求。它的内容广泛多样，需视具体零件的要求而定。

（5）画出零件工作图标题栏（见图 5-1-7）

2. 轴类零件工作图的设计和绘制

（1）视图　轴类零件的工作图，一般只需一个主视图，在有键槽和孔的地方，可增加必要的局部剖面，对于退刀槽、中心孔等细小结构，必要时应绘制局部放大图，以便确切地表达形状。

（2）标注尺寸　轴类零件一般都是回转体，因此主要是标注直径尺寸和轴向长度尺寸。标注直径尺寸时，应特别注意有配合关系的部位。当各轴段直径有几段相同时，都应逐一标注，不得省略。即使是圆角和倒角等细部结构尺寸也应标注无遗，或者在技术要求中说明。标注长度尺寸时，既要按照零件尺寸的精度要求，又要符合机械加工的工艺过程，不能给机械加工造成困难或给操作者带来不便，因此需要考虑基准面和尺寸链等问题。

（3）标注尺寸公差和形位公差　轴类零件工作图有以下几处需要标注尺寸公差和形位公差。

① 安装传动零件（齿轮、蜗轮、带轮、链轮等）、轴承以及其他回转件与密封装置处轴的直径公差。公差值按装配图中选定的配合性质从公差配合表中查出。

② 键槽的尺寸公差。为了检验方便，键槽深度一般柱注尺寸的极限偏差（此时极限偏差值取负值）。

③ 轴的长度公差。在减速器中一般不做尺寸链的计算，可以不必标注长度公差。自由公差按 h12，h13 或 H12，H13 决定（一般不标注）。

④ 各重要表面的形状公差和位置公差。根据传动精度和工作条件等，可标注以下几方面的形位公差：配合表面的圆柱度与滚动轴承或齿轮（蜗轮）等配合的表面，其圆柱度公差约为轴直径公差的 1/4，或取圆柱度公差等级为 6～7 级。与联轴器和带轮等配合的表面其圆柱度公差约为轴直径公差的 0.6～0.7 倍，或取圆柱度公差等级为 7～8 级。

（4）标注表面粗糙度　轴的各个表面都要进行加工，其表面粗糙度可按推荐的数值选用，或查阅其他有关手册推荐用的轴加工表面粗糙度数值。

（5）撰写技术要求　轴类零件工作图中的技术要求主要包括下列几个方面。

① 对材料的力学性能和化学成分的要求及允许代用的材料等。

② 对材料表面性能的要求，如热处理方法、热处理后的硬度、渗碳层深度及淬火深度等。

③ 对机械加工的要求，如是否要保留中心孔（留中心孔时，应在图中画出或按国家标准加以说明）。若与其他零件一起配合加工（如配钻或配铰等），也应予以说明。

④ 对图中未注明的圆角、倒角的说明，个别部位的修饰加工要求，以及对较长的轴要求毛坯校直等。

（6）轴的零件工作图示例　图 5-1-8 为轴的工作图，为了使图示内容层次分明，便于辨认和查找，对于不同内容应分别划区标注，例如在轴的主视图下方集中标注轴向尺寸和代表基准的符号。

3. 齿轮类零件工作图的设计和绘制

齿轮类零件包括齿轮、蜗杆和蜗轮等。这类零件的工作图绘制时除了零件图形和技术要求外，还应绘制啮合特性表。

齿轮类零件的图形应按照国家有关标准规定绘制，要求完整地表示出零件的几何形状及

图 5-1-8　轴工作图

轮坯的各部分尺寸和加工要求，如图 5-1-9 所示。这类零件工作图一般需要有两个主要视图，但可按规定对视图作某些简化。齿轮轴和蜗杆轴的视图与轴类零件相似。图上的尺寸可按回转件的尺寸标注方式进行标注，径向尺寸可标注在垂直轴线的视图上，也可标注在齿宽方向的视图上。齿轮类零件的分度圆虽然不能直接测量，但它是设计的基本尺寸，应标注在图上或写在啮合特性表中。对于倒角、圆角和铸（锻）造斜度等都应逐一标注在图上或写在技术要求中。尺寸公差、形位公差以及表面粗糙度等应标注在视图上，具体数值的确定与齿轮类零件的精度、工作条件等有关。齿轮类零件工作图的技术要求如下。

（1）对铸件，锻件或其他类型坯件的要求。

（2）对材料力学性能和化学成分的要求及允许代用的材料。

（3）对材料表面力学性能的要求。

（4）对未注明倒角圆角的说明。

（5）对大型或高速齿轮的平衡校验的要求。

齿轮的轴向尺寸标注比较简单，对于小齿轮只有齿宽 b 和轮毂宽度 L 两个尺寸．前者为自由尺寸，后者为轴系组件装配尺寸链中的一环。当齿轮尺寸较大时，为了减轻重量可采用盘形辐板结构。如辐板用车削方法形成时，则标注凹部的深度 c_1，以便于加工时测量。对于用锻、铸方法形成的辐板，则宜直接标注辐板的厚度 c。对于轮缘厚度、辐板厚度、轮毂及辐板开孔等尺寸，为便于测量，均应进行圆整。

为了保证齿轮加工的精度和有关参数的测量，标注尺寸时要考虑到基准面，并规定基准面的尺寸和形位公差，齿轮的轴孔和端面既是工艺基准也是测量和安装的基准。为了保证安装质量和切齿精度，对端面与孔中心线的垂直度和端面跳动度均应有要求。齿轮的齿顶圆作为测量基准时有两种情况：一是加工时用齿顶圆定位或找正，此时要控制齿顶圆的径向跳动；另一种情况是用齿顶圆定位检验齿厚或基节尺寸公差，此时要控制齿顶圆公差和径向跳动。

图 5-1-9　圆柱齿轮工作图

七、设计计算说明书的编写

1. 设计计算说明书内容

设计计算说明书是对设计的合理性、经济性、可靠性、润滑密封和其他附件选择的说明。说明书的内容和设计任务有关。对于以减速器为主的机械传动装置设计，其说明书的内容主要包括以下几个方面。

（1）目录（标题，页次）

（2）设计任务书（设计题目）

（3）前言（题目分析，传动方案的拟订等）

（4）电动机的选择，传动系统的运动、动力参数的计算（计算电动机所需的功率，选择电动机，分配各级传动比，计算各轴转速，功率和转矩）

（5）传动零件的设计计算（确定带传动、齿轮或蜗杆传动的主要参数）

（6）轴的设计计算及校核

（7）轴承的选择和计算

（8）键连接的选择和校核

（9）联轴器的选择和校核

（10）箱体的设计（主要结构尺寸的设计计算及必要的说明）

（11）润滑和密封的选择，润滑剂的牌号及装油量计算

（12）传动装置（减速器）的附件及说明

（13）设计小结（简要说明课程设计的体会，本设计的优缺点及改进意见等）

（14）参考资料（资料的编号、作者、书名、出版单位和出版年、月）

2. 设计计算说明书的要求和注意事项

设计计算说明书除系统的说明设计过程和计算项目外，还应阐明设计的合理性、经济性以及装拆的有关问题。同时还要注意下列事项。

（1）计算正确完整，文字简洁通顺，书写整齐清晰。对计算内容应先写出计算公式，再代入数据，然后得出结果，不必写出中间的演算过程。说明书中还应包括与文字叙述和计算有关的必要简图。

（2）说明书中所引用的重要计算公式和数据，应注明出处。对所得的计算结果，应有简要的结论。

（3）说明书需用设计专用纸按上述推荐的顺序及规定格式撰写，同时标出页次，编好目录，最后装订成册。

设计说明书的书写格式示例

设计内容	计算及说明	结　果
1. 高速级齿轮传动计算 (1)选择齿轮材料 (2)许用接触应力	五、齿轮传动设计计算 小齿轮：选用 45 钢，调质处理 260HBS 大齿轮：选用 45 钢，正火处理 200HBS $[\sigma]_{H1} = \dfrac{\sigma_{Hlim1}}{S_H} Z_{N1}$	小齿轮：45 260HBS 大齿轮：45 200HBS $[\sigma_{H1}] =$

附　　　录

一、Y 系列三相异步电动机 （JB/T 10391—2008 摘录）

附表 1　Y 系列（IP44）电动机数据

电动机型号	额定功率/kW	满载转速/(r/min)	堵转转矩/额定转矩	最大转矩/额定转矩	电动机型号	额定功率/kW	满载转速/(r/min)	堵转转矩/额定转矩	最大转矩/额定转矩
同步转速 3000r/min，2 级					同步转速 1500r/min，4 级				
Y801-2	0.75	2825	2.2	2.2	Y801-4	0.55	1390	2.2	2.2
Y802-2	1.1	2825	2.2	2.2	Y802-4	0.75	1390	2.2	2.2
Y90S-2	1.5	2840	2.2	2.2	Y90S-4	1.1	1400	2.2	2.2
Y90L-2	2.2	2840	2.2	2.2	Y90L-4	1.5	1400	2.2	2.2
Y100L-2	3	2880	2.2	2.2	Y100L1-4	2.2	1420	2.2	2.2
Y112M-2	4	2890	2.2	2.2	Y100L2-4	3	1420	2.2	2.2
Y132S1-2	5.5	2900	2.0	2.2	Y112M-4	4	1440	2.2	2.2
Y132S2-2	7.5	2900	2.0	2.2	Y132S-4	5.5	1440	2.2	2.2
Y160M1-2	11	2930	2.0	2.2	Y132M-4	7.5	1440	2.2	2.2
Y160M2-2	15	2930	2.0	2.2	Y160M-4	11	1460	2.2	2.2
Y160L-2	18.5	2930	2.0	2.2	Y160L-4	15	1460	2.2	2.2
Y180M-2	22	2930	2.0	2.2	Y180M-4	18.5	1470	2.0	2.2
Y200L1-2	30	2950	2.0	2.2	Y180L-4	22	1470	2.0	2.2
Y200L2-2	37	2950	2.0	2.2	Y200L-4	30	1470	2.0	2.2
Y225M-2	45	2970	2.0	2.2	Y225S-4	37	1480	1.9	2.2
Y250M-2	55	2970	2.0	2.2	Y225M-4	45	1480	1.9	2.2
同步转速 1000r/min，6 级					Y250M-4	55	1480	2.0	2.2
Y90S-6	0.75	910	2.0	2.0	Y280S-4	75	1480	1.9	2.2
Y90L-6	1.1	910	2.0	2.0	Y280M-4	90	1480	1.9	2.2
Y100L-2	1.5	940	2.0	2.0	同步转速 750r/min，8 级				
Y100L-6	2.2	940	2.0	2.0	Y132S-8	2.2	710	2.0	2.0
Y112M-6	3	960	2.0	2.0	Y132M-8	3	710	2.0	2.0
Y132M1-6	4	960	2.0	2.0	Y160M1-8	4	720	2.0	2.0
Y132M2-6	5.5	960	2.0	2.0	Y160M2-8	5.5	720	2.0	2.0
Y160M-6	7.5	970	2.0	2.0	Y160L-8	7.5	720	2.0	2.0
Y160L-6	11	970	2.0	2.0	Y180L-8	11	730	1.7	2.0
Y180L-6	15	970	1.8	2.0	Y200L-8	15	730	1.8	2.0
Y200L1-6	18.5	970	1.8	2.0	Y225S-8	18.5	730	1.7	2.0
Y200L2-6	22	970	1.8	2.0	Y225M-8	22	730	1.8	2.0
Y225M-6	30	980	1.7	2.0	Y250M-8	30	730	1.8	2.0
Y250M-6	37	980	1.8	2.0	Y280S-M	37	740	1.8	2.0
Y280S-6	45	980	1.8	2.0	Y280M-8	45	740	1.8	2.0
Y280M-6	55	980	1.8	2.0					

二、常用滚动轴承

附表 2　深沟球轴承（GB/T 276—1994 摘录）

标准外形　　　　　安装尺寸　　　　　简化画法

轴承代号	基本尺寸/mm				安装尺寸/mm			基本额定动载荷 C/kN	基本额定静载荷 C/kN
	d	D	B	r_s	d_{amin}	D_{amax}	r_{amax}		
6004	20	42	12	0.6	25	37	0.6	9.38	5.02
6204		47	14	1.0	26	41	1.0	12.80	6.65
6304		52	15	1.1	27	45	1.0	15.80	7.88
6404		72	19	1.1	27	65	1.0	31.00	15.20
6005	25	47	12	0.6	30	42	0.6	10.00	5.85
6205		52	15	1.0	31	46	1.0	14.00	7.88
6305		62	17	1.1	32	55	1.0	22.20	11.50
6405		80	21	1.5	34	71	1.5	38.20	19.20
6006	30	55	13	1.0	36	49	1.0	13.20	8.30
6206		62	16	1.0	36	56	1.0	19.50	11.50
6306		72	19	1.1	37	65	1.0	27.00	15.20
6406		90	23	1.5	39	81	1.5	47.50	24.50
6007	35	62	14	1.0	41	56	1.0	16.20	10.50
6207		72	17	1.1	42	65	1.0	25.50	15.20
6307		80	21	1.5	44	71	1.5	33.20	19.20
6407		100	25	1.5	44	91	1.5	56.80	29.50
6008	40	68	15	1.0	46	62	1.0	17.00	11.80
6208		80	18	1.1	47	73	1.0	29.50	18.00
6308		90	23	1.5	49	81	1.5	40.80	24.00
6408		110	27	2.0	50	100	2.0	65.50	37.50
6009	45	75	16	1.0	51	69	1.0	21.10	14.80
6209		85	19	1.1	52	78	1.0	31.50	20.50
6309		100	25	1.5	54	91	1.5	52.80	31.80
6409		120	29	2.0	55	110	2.0	77.50	45.50
6010	50	80	16	1.0	56	74	1.0	22.00	16.20
6210		90	20	1.1	57	83	1.0	35.00	23.20
6310		110	27	2.0	60	100	2.0	61.80	38.00
6410		130	31	2.1	62	118	2.1	92.20	52.20

续表

轴承代号	基本尺寸/mm				安装尺寸/mm			基本额定动载荷 C/kN	基本额定静载荷 C/kN
	d	D	B	r_s	d_{amin}	D_{amax}	r_{amax}		
6011	55	90	18	1.1	62	83	1.0	30.20	21.80
6211		100	21	1.2	64	91	1.5	43.20	29.20
6311		120	29	2.0	65	110	2.0	71.50	44.80
6411		140	33	2.1	67	128	2.1	100.00	62.50
6012	60	95	18	1.1	67	88	1.0	31.50	24.20
6212		110	22	1.5	69	101	1.5	47.80	32.80
6312		130	31	2.1	72	118	2.1	81.80	51.80
6412		150	35	2.1	72	138	2.1	108.00	70.00
6013	65	100	18	1.1	72	93	1.0	32.00	24.80
6213		120	23	1.5	74	111	1.5	57.20	40.00
6313		140	33	2.1	77	128	2.1	93.80	60.50
6413		160	37	2.1	77	148	2.1	118.00	78.50
6014	70	110	20	1.1	77	103	1.0	38.50	30.50
6214		125	24	1.5	79	116	1.5	60.80	45.00
6314		150	35	2.1	82	138	2.1	105.00	68.50
6414		180	42	3.0	84	166	2.5	140.00	99.50
6015	75	115	20	1.1	82	108	1.0	40.20	33.20
6215		130	25	1.5	84	121	1.5	66.00	49.50
6315		160	37	2.1	87	148	2.1	112.00	76.80
6415		190	45	3.0	89	176	2.5	155.00	115.00

注：表中 r_{smin} 为 r_s 的单向最小倒角尺寸，r_{amax} 为 r_a 的单向最大倒角尺寸。

附表 3　角接触球轴承（GB/T 292—2007 摘录）

标准外形　　　　　　　　安装尺寸　　　　　　　　简化画法

轴承代号	基本尺寸/mm					安装尺寸			基本额定动载荷 C/kN	基本额定静载荷 C/kN
	d	D	B	r_{smin}	r_{1smin}	d_{amin}	D_{amax}	r_{amax}		
7204C	20	47	14	1.0	0.3	26	41	1.0	14.5	8.22
7204AC									14.00	7.82
7204B									14.00	7.85

轴承代号	基本尺寸/mm					安装尺寸			基本额定动载荷 C/kN	基本额定静载荷 C/kN
	d	D	B	r_{smin}	r_{lsmin}	d_{amin}	D_{amax}	r_{amax}		
7205C	25	52	15	1.0	0.3	31	46	1.0	16.5	10.50
7205AC									15.80	9.88
7205B									15.80	9.45
7305B		62	17	1.1	0.6	32	55		26.20	15.20
7206C	30	62	16	1.0	0.3	36	56	1.0	23.0	15.00
7206AC									22.00	14.20
7206B									20.50	13.80
7306B		72	19	1.1	0.6	37	65		31.00	19.20
7207C	35	72	17	1.1	0.6	42	65	1.0	30.50	20.00
7207AC									29.00	19.20
7207B									27.00	18.80
7307B		80	21	1.5	0.6	44	71	1.5	38.20	24.50
7208C	40	80	18	1.1	0.6	47	73	1.0	36.80	25.80
7208AC	40	80	18	1.1	0.6	47	73	1.0	35.20	24.50
7208B									32.50	23.50
7308B		90	23	1.5	0.6	49	81	1.5	46.20	30.50
7408B	40	110	27	2.0	1.0	50	100	2.0	67.00	47.50
7209C	45	85	19	1.1	0.6	52	78	1.0	38.50	28.50
7209AC									36.80	27.20
7209B									36.00	26.20
7309B		100	25	1.5	0.6	54	91	1.5	59.50	39.80
7210C	50	90	20	1.1	0.6	57	83	1.0	42.80	32.00
7210AC									40.80	30.50
7210B									37.50	29.00
7310B		110	27	2.0	1.0	60	100	2.0	68.20	48.00
7211C	55	100	21	1.5	0.6	64	91	1.5	52.80	40.50
7211AC									50.50	38.50
7211B									46.20	36.00
7311B		120	29	2.0	1.0	65	110	2.0	78.80	56.50
7212C	60	110	22	1.5	0.6	69	101	1.5	61.00	48.50
7212AC									58.20	46.20
7212B									56.00	44.50
7312B		130	31	2.1	1.1	72	118	2.1	90.00	66.30
7213C	65	120	23	1.5	0.6	74	111	1.5	69.80	55.20
7213AC									66.50	52.50
7213B									62.50	50.20
7313B		140	33	2.1	1.1	77	128	2.1	102.00	77.80
7214C	70	125	24	1.5	0.6	79	116	1.5	70.20	60.00
7214AC									69.20	57.50
7214B									70.20	57.20
7314B		150	35	2.1	1.1	82	138	2.1	115.00	87.20
7215C	75	130	25	1.5	0.6	84	121	1.5	79.20	65.80
7215AC									75.20	63.00
7215B									72.80	62.00
7315B		160	37	2.1	1.1	87	148	2.1	125.00	98.50

注: 1. 表中 r_{smin}、r_{lsmin} 分别为 r_s、r_{ls} 的单向最小倒角尺寸，r_{amax} 为 r_a 的单向最大倒角尺寸。

2. 轴承代号中的 C、AC、B 分别代表轴承接触角 α 为 15°、25°、40°。

三、联轴器

附表 4　弹性柱销联轴器（GB/T 5014—2003 摘录）

标记示例：HL7 联轴器 $\dfrac{ZC75\times107}{JB70\times107}$ GB 5014

主动端：Z 型轴孔，C 型键槽，$d_z=75\text{mm}$，$L_1=107\text{mm}$

从动端：J 型轴孔，B 型键槽，$d_2=70\text{mm}$，$L=107\text{mm}$

型号	公称转矩 /(N·m)	许用转速 /(r/min) 铁	许用转速 /(r/min) 钢	轴孔直径* d_1、d_2、d_z	轴孔长度/mm Y型 L	轴孔长度/mm J、J_1、Z型 L	轴孔长度/mm J、J_1、Z型 L_1	轴孔长度/mm J、J_1、Z型 L	D /mm	质量 /kg	转动惯量 /(kg·m²)	许用补偿量 径向 ΔY	许用补偿量 轴向 ΔX mm	角向 Δα
HL1	160	7100	7100	12,14	32	27		32	90	2	0.0064		±0.5	
				16,18,19	42	30		42						
				20,22,(24)	52	38		52						
HL2	315	5600	5600	20,22,24					120	5	0.253		±1	
				25,28	62	44		62						
				30,32,(35)	82	60		82						
HL3	630	5000	5000	30,32,35,38					160	8	0.6	0.15		
				40,42,(45),(48)	112	84		112						
HL4	1250	2800	4000	40,42,45,48,					195	22	3.4		±1.5	
				50,55,56										
				(60),(63)										≤0°30′
HL5	2000	2500	3550	50,55,56,60,63,	142	107		142	220	30	5.4			
				65,70,(71),(75)										
HL6	3150	2100	2800	60,63,65,70,					280	53	15.6			
				71,75,80										
				(85)	172	132		172						
HL7	6300	1700	2240	70,71,75	142	107		142	320	98	41.1	0.20	±2	
				80,85,90,95	172	132		172						
				100,(110)										
HL8	10000	1600	2120	80,85,90,95,100,	212	167		212	360	119	56.5			
				110,(120),(125)										
HL9	16000	1250	1800	100,110,120,125					410	197	133.3			
				130,(140)	252	202		252						
HL10	25000	1120	1560	110,120,125	212	167		212	480	322	273.2	0.25	±2.5	
				130,140,150	252	202		252						
				160,(170),(180)	302	242		302						

注：1. 该联轴器最大型号为 HL14，详见 GB/T 5014—2003。

2. 带制动轮的弹性柱销联轴器 HLL 型可参阅 GB/T 5014—2003。

3. "＊"栏内带括号的值仅适用于钢制联轴器。

4. 轴孔形式及长度 L、L_1 可根据需要选取。

附表 5　弹性套柱销联轴器（GB/T 4323—2002 摘录）

Z型轴孔　J型轴孔　1　2　3　4　5　6　J₁型轴孔　Z₁型轴孔

1、7—半联轴器；
2—螺母；
3—弹簧垫圈；
4—挡圈；
5—弹性套；
6—柱销

标记示例：LT3 联轴器 $\dfrac{ZC16\times30}{JB18\times42}$ GB/T 4323

主动端：Z 型轴孔，C 型键槽，$d_z=16\,\text{mm}$，$L_1=30\,\text{mm}$

从动端：J 型轴孔，B 型键槽，$d_2=18\,\text{mm}$，$L=42\,\text{mm}$

型号	公称转矩 T_n (N·mm)	许用转矩 $[n]$ (r/min)	轴孔直径 d_1、d_2、d_z (mm)	轴孔长度/mm Y型 L	Y型 L_1	J、J₁、Z型 L	$L_{推荐}$ (mm)	D (mm)	A (mm)	质量 m (kg)	转动惯量 (kg·m²)
LT1	6.3	8800	9	20	14	—	25	71	18	0.82	0.0005
			10,11	25	17	—					
			12,14	32	20	—					
LT2	16	7600	12,14	32	20	—	35	80		1.20	0.0008
			16,18,19	42	30	42					
LT3	31.5	6300	16,18,19	42	30	42	38	95	35	2.20	0.0023
			20,22	52	38	52					
LT4	63	5700	20,22,24	52	38	52	40	106		2.84	0.0037
			25,28	62	44	62					
LT5	125	4600	25,28	62	44	62	50	130		6.05	0.0120
			30,32,35	82	60	82					
LT6	250	3800	32,35,38	82	60	82	55	160	45	9.57	0.0280
			40,42	112	84	112					
LT7	500	3600	40,42,45,48	112	84	112	65	190		14.01	0.0550
LT8	710	3000	45,48,50,55,56	112	84	112	70	224	65	23.12	0.1340
			60,63	142	107	142					
LT9	1000	2850	50,55,56	112	84	112	80	250		30.69	0.2130
			60,63,65,70,71	142	107	142					
LT10	2000	2300	63,65,70,71,75	142	107	142	100	315	80	61.40	0.6600
			80,85,90,95	172	132	172					
LT11	4000	1800	80,85,90,95	172	132	172	115	400	100	120.70	2.1220
			100,110	212	167	212					
LT12	8000	1450	100,110,120,125	212	167	212	135	475	130	210.34	5.3900
			130	252	202	252					
LT13	16000	1150	120,125	212	167	212	160	600	180	419.36	17.5800
			130,140,150	252	202	252					
			160,170	302	242	302					

注：质量、转动惯量按材料为铸钢、无孔、$L_{推荐}$ 计算近似值。

参 考 文 献

[1] 燕晓红主编．机械设计基础（四合一）．北京：北京理工大学出版社，2010.
[2] 张萍主编．机械设计基础．北京：化学工业出版社，2004.
[3] 韩翠英主编．汽车机械基础．北京：化学工业出版社，2010.
[4] 陈霖，甘露萍主编．机械设计基础．北京：人民邮电出版社，2008.
[5] 朱凤芹，周志平主编．北京：北京大学出版社，2008.
[6] 霍振声主编．机械技术应用基础（机械设计四合一）．北京：机械工业出版社，2003.
[7] 陈立德主编．机械设计基础课程设计指导书．第3版．北京：高等教育出版社，2007.
[8] 杨可桢主编．机械设计基础．第3版．北京：高等教育出版社，1989.
[9] 陈立德主编．机械设计基础．北京：高等教育出版社，2004.
[10] 杨可桢，程光蕴主编．机械设计基础．第5版．北京：高等教育出版社，2006.
[11] 濮良贵，纪名刚主编．机械设计．第7版．北京：高等教育出版社，2001.
[12] 倪森寿．机械技术基础．北京：人民邮电出版社，2009.
[13] 林宗良主编．机械设计基础．北京：人民邮电出版社，2009.
[14] 谭放鸣主编．机械设计基础．北京：化学工业出版社，2005.
[15] 袁建新，刘显贵主编．机械设计基础．北京：北京理工大学出版社，2007.
[16] 徐春艳主编．机械设计基础．北京：北京理工大学出版社，2009.
[17] 关玉琴主编．工程力学．北京：人民邮电出版社，2006.
[18] 王洪，银金光主编．工程力学．北京：中国林业出版社，2006.
[19] 李青禄，关玉琴主编．机械设计课程设计指导．北京：化学工业出版社，2013.